Goddesses in Everywoman

女人如何活出自我

女性生命中的强大原型

[美] 简·筱田·博伦（Jean Shinoda Bolen） 著

张钧驰 译

人民东方出版传媒
People's Oriental Publishing & Media
东方出版社
The Oriental Press

图字：01-2023-2870

Goddesses in Everywoman.Thirtieth Anniversary Edition of the Work.Copyright © 1984 by Jean Shinoda Bolen,M.D.All rights reserved.

图书在版编目（CIP）数据

女人如何活出自我：女性生命中的强大原型 /（美）简·筱田·博伦著；张钧驰译.
— 北京：东方出版社，2023.11
书名原文：Goddesses in Everywoman：Powerful Archetypes in Women's Lives
ISBN 978-7-5207-3713-5

Ⅰ.①女… Ⅱ.①简… ②张… Ⅲ.①女性－修养－通俗读物 Ⅳ.① B825.5-49

中国国家版本馆 CIP 数据核字 (2023) 第 200940 号

女人如何活出自我：女性生命中的强大原型

（NVREN RUHE HUOCHU ZIWO：NVXING SHENGMING ZHONG DE QIANGDA YUANXING）

作　者：[美]简·筱田·博伦
译　者：张钧驰
策划编辑：鲁艳芳
责任编辑：黄彩霞
出　版：東方出版社
发　行：人民东方出版传媒有限公司
地　址：北京市东城区朝阳门内大街 166 号
邮政编码：100010
印　刷：三河市冠宏印刷装订有限公司
版　次：2023 年 11 月第 1 版
印　次：2023 年 11 月北京第 1 次印刷
开　本：700 毫米 ×1000 毫米　1/16
印　张：20
字　数：295 千字
书　号：978-7-5207-3713-5
定　价：69.80 元
发行电话：（010）85924663　85924644　85924641

致我的母亲——医学博士惠·山口·筱田，

她坚定地把我培养成一名这样的女性：

觉得自己生为女孩很幸运，

可以做任何自己想做的事情，

而这些正是她没能获得的。

题 词

种子里生出根，发出芽；新芽中，萌发出幼苗的叶子；叶子中长出树干；围绕树干，生发出枝丫；在树梢，有花……既不能说是种子导致了生长，也不能说是土壤孕育了一切。成长的潜力存在于种子中，存在于神秘的生命力中。如果培养得当，就会以某种形式呈现出来。

——M.C. 理查兹《通过陶艺、诗歌和人定心》[①]

[①] 节选自 M.C. 理查兹（Mary Caroline Richards）出版于 1964 年的《通过陶艺、诗歌和人定心》（*Centering in Pottery, Poetry and the Person*）。作者理查兹是一名陶艺师、诗人，也是一位老师。她以转动的陶轮和陶土隐喻人生，向读者描述了一场向内认识自我的静心之旅。——译者注

目　录

女人如何活出神性

一、引言

文化集体的欲望是明显的——女性需要发展，发展自身的神性，或者说，圆满自身的神性，再或者说，她们本具神性，只是乌云蔽日，未曾醒悟。

如果一个女人真的能够成神，如同电影《超体》（*Lucy*）里面的时髦女郎，她化学成佛，修通宿命，穿越时间，回到人类进化的起点——380万年前的东非草原，与南方古猿Lucy——人类远祖——心手相连，她是否会发出疑问，对一只猿猴而言，它会把自己定义为女性吗？它心中具有"女性"和"男性"这样的性别概念吗？

还是只是我们人类，根据自己投射，把猩猩社会划分出了猩猩老爸、猩猩老妈、猩猩老公、猩猩老婆，我们把人性投射给了兽性社会？

如果第三次世界大战打响，俄罗斯和北约互射核弹，在偏执心态的作用下，他们要摧毁所有国家的核武库……千年之后，人类退化回原始社会，从零开始，人类还会逐渐演化出母权社会、父权社会、平权社会吗？在这社会演化的过程中，人类会再次创造出各种神话吗？

也就是说，人类仍然需要借助神性，来整合发展人性和兽性吗？

在弗洛伊德的心性学说中，他把兽性、人性、神性这三个部分，分别命名为本我、自我和超我。

弗洛伊德学派的总体倾向是希望解放兽性、放低神性、活出人性，所以民间流传的弗洛伊德的人生观是这样的：人类应该解放爱本能，解放后再把它持续地投入"爱"与"工作"这两件事情上。

"爱与工作"这种人生信条，有一点清教徒的味道，更接近儒家的"修身—齐家—治国—平天下"四部曲。总体上来说，它是一种强烈世俗主义的信仰。

而弗洛伊德及其后续者们，似乎根本不愿想也不敢想，爱欲解放之后，可以用来炼丹修仙，修行成佛。如果一个女人号称修炼成女神，就更让他们怀疑了，究竟应该如何诊断这种心态，是神经症性的自恋幻想，还是精神病性的自恋妄想呢？

但是这个世界上的确有非常多的人都相信，人类的确可以像张三丰道长或者莲花生大师那样，把本我的能量修炼为神性的存在，乃至最终超越本我—自我—超我这种人格结构，乃至无意识都可以被完全意识化，也就是所谓的梦醒同一。

这在深信精神分析和科学心理学的世俗主义者看来，实在太扯淡了。他们会对这种信仰展开精神分析——精神分析的目标是让人从神经症的冲突转化为日常的不快，这种幻想是对日常不快的否认和逃避，这是一种乌托邦式的逃避不快。

虽然可能承担如此骂名，弗洛伊德的朋友荣格，还是在偷偷摸摸地进行这种修炼神性的实验，他躲进小楼成一统，阅读了各种修炼秘籍，自得其乐地发明了一种冥想方法，激发出自己各种幻觉和小小神通——那个冥想方法被他称为"积极想象"，那小小神通被称为"共时性现象"。

荣格知道，这些灵魂炼金术，在那个年代是典型的怪力乱神，所以他小心守护这些秘密，把它们记录在《红书》这本修行日记中，直到死后48年才公之于世。

但是在日常生活中，荣格及其追随者们，还必须把荣格打扮成一个比弗洛伊德更加科学的科学主义者。因为扮演科学家荣格太入戏了，荣格自己好像也忘了，除了虔诚信仰科学的精神科医师，他同时还有另外一个身份——灵魂炼金术士。他在故乡的塔楼中，在噼啪作响的火炉边，一字一句地刻画那与神沟通、与鬼对话的疗愈日记。走向神性的他，日渐远离人性，更加孤独，如荒原上独自游荡的一匹战狼。

荣格死后23年，旧金山的精神科医生简·筱田·博伦（Jean Shinoda Bolen），挥笔写下女神理论的奠基之作，她回归西方文化的传统——古希腊-罗马的神话故事，把其中的各位女神逐个提炼出来，变成了一个个原型意象，供读者们识别、命名、分析和认同。时代不同了，科学和灵性可以并行不悖了，她可不用躲躲藏藏自己对灵性的喜爱。

此书出版后旋即成为畅销书，连带着作者的其他书也畅销全球。此书能被译为中文，实为中文读者之福。我时不时都推荐此书英文版给个案们做自助阅读材料，但英文版毕竟没有中文版方便。感谢编辑郭光森兄邀请我写序，这篇文章主要想补充一些本书的背景资料和相关理论，首先会介绍博伦本人的治疗思想，并在其基础上对女神理论进行的简要综合和扩充。

二、简·筱田·博伦简介

博伦是美国加州的精神科医师、荣格分析师和环保人士、女性运动推动者。她出生于医学世家，于 1958 年进入加州伯克利大学和加州大学洛杉矶分校学医，1962 年成为医学博士，开始住院医师实习，实习期间她发现自己和精神科的病人特别谈得来，又发现自己实习的精神病院，是全美唯一一所教授荣格理论的精神病院，从而决定成为精神科医师和荣格分析师。

此后的多年内，她参与了多个精神医学协会和荣格协会的组织和教学工作，在职业生涯的后期，她开始从事女性主义和环保主义的活动。因为在这些领域的杰出贡献，她得到了诸多奖项。具体可以参考其个人网站 https://www.jeanbolen.com/。

迄今为止，她写作了 13 部书籍、少数几篇论文，发表了大量的演讲，这些演讲在 Youtube 等平台可以看到。

下面简要概述一下她 13 部书籍的内容：

《心理学之道：共时性和自性》（*The Tao of Psychology: Synchronicity and the Self*）。这是一本 103 页的小书，以散文的笔调写就。她以"道"这个中国文化概念，来论述共时性现象的意义，甚至有一章专门论述《易经》；还有一章提出，心理分析的过程类似阿加莎·克里斯蒂的侦探小说，非常有趣。

《女人如何活出自我：女人生命中的强大原型》（*Goddesses in Everywoman: Powerful Archetypes in Women's Lives*），就是本书。这是她的成名作，也是她最畅销的著作。本书结构清晰，以多个女神故事为模板，来论述这些原型意象如何影响女性的一生，形成了女性的性格特质。此书阅读的关键点在于书后附录的女神表格，尤其是它与 MBTI 的关系值得探索。

《每个男人心中的男神：塑造男人生命的原型》（*Gods in Everyman: Archetypes that Shape Men's Lives*），是《女人如何活出自我》的姊妹篇，论述了影响男人的 8 个男神原型，尤其是突出论述了父权制度对于男性身份认同的影响。

《权力指环：瓦格纳〈指环〉和我们心中的象征与主题》（*Ring of Power: Symbols and Themes in Wagner's Ring Cycle and in Us*）。这本书专门探索了权力情结，以瓦格纳的《尼伯龙根的指环》四联剧为分析文本，探索了其中的家庭角色配对——自恋、独裁的父亲，愤怒、抱怨的母亲，讨好、委屈的女儿，自恋、英雄化的儿子等。权力情结对于中国人，尤其是对家族企业的临床工作也很有启示。

《穿越阿瓦隆：中年女子追寻神圣女性之旅》（*Crossing to Avalon: A Woman's Midlife Quest for the Sacred Feminine*）。这本书相当于博伦本人的中年危机疗愈日记。她在离婚 1 年后的纪念日，恰好收到邀请去欧洲的各处圣地，于是她借此展开了灵性之旅，有不少领悟。遗憾的是，该书行文却没有用到多少她自己的女神理论。

（传说中，阿瓦隆四周为沼泽、树林和迷雾所笼罩，只能通过小船才能抵达。在亚瑟王传说中，阿瓦隆象征来世与身后之地，是彼世中神秘的极乐仙境，由 9 位擅长魔法的仙后守护着。）

《痛彻骨髓：威胁生命的疾病开启灵魂之旅》（*Close to the Bone: Life Threatening Illness as a Soul Journey*）。这本书介绍了人们如何来面对致死性疾病，其中运用了不少女神理论，比如珀尔塞福涅（Persephone）、普赛克（Psyche）等人的神话故事。最感人的是，书中也讲述了博伦自己的生命经历：她的儿子患病去世了，在儿子患病时，她的母亲还有其他朋友也接二连三地患病。除打动人心外，本书也有不错的技术讨论，比如对祈祷技术的描述，就既有研究依据，又有荣格心理学深度。

《百万个朋友圈：如何改变我们、改变世界》（*The Millionth Circle: How to Change Ourselves and the World*），这是一本女性主义运动的小手册，70页左右，为"百万个朋友圈"这个组织写的。这个组织是她和几个朋友在参加了联合国妇女大会后提出的创意。正如男权社会的男人们形成了各种圈子，从而具有了各种权力一样，女性也需要形成一个圈子。一个个女性的圈子发展下去，就会形成百万个圈了，让世界为之改变。这本手册鼓励的女性的圈子风格，不是以金钱和权力为基础，而是以心灵共鸣、心灵成长为目标。整本手册的大多数语言都像诗歌那样抒发情感，其中也应用了一些禅宗和荣格心理学的理念，比如认为女性的圈子形成一个中心、一个曼陀罗，具有自性原型的功能。

《年长女性心中的女神：50岁后女性的原型》（*Goddesses in Older Women: Archetypes in Women over Fifty*）。这本书极大地弥补了《女人如何活出自我》的不足，串联起了之前数本书的内容，主要体现在它拓展了女神理论的广度和深度，尤其是对智慧女神进行了细致划分，包括实用智力女神、密修灵性智慧女神、直觉精神智慧女神、禅修智慧女神等。与智慧女神相对应，本书还增加了三组"慈悲"类的女神，包括转化性愤怒女神、疗愈性大笑女神和慈悲女神。对于之前阐述过的女神，本书也进行了进一步深化，尤其描述了这些女神原型在中老年期的变化。除此之外，本书也弥补了之前女神理论的不足——之前的论述只有发展心理学、人格心理学等，没有具体的疗愈技术，而这一次增加了很多观想技术、积极想象技术。

《老妇不牢骚：水灵女人的浓缩智慧》（*Crones Don't Whine: Concentrated Wisdom for Juicy Women*）。这本小书只有90页，而且字体超大，更加接近于一篇长文。通过抒情的散文、诗歌笔调，本书强调了老年女人仍然可以有充实、水灵的人生，老妇人可以培养自己的13个心灵特质，包括"不牢骚""水灵""热爱自然""用心选择自己人生道路""带着慈悲说出真相"等。

《来自伟大母亲的警讯：召集女性，拯救世界》（*Urgent Message from Mother: Gather the Women, Save the World*）。这本书可以看作是一个女性主义的

宣言，其中总结回顾了女性主义运动的历史，批判了父权社会、男权社会的恶行——从政治、文化到教育、经济等方面，火力还是集中在文化批判，尤其是批判一神教（基督教等）的劣根性，最后还提出了各种荣格心理学技术帮助女性觉醒，当然还包括了建立女性朋友圈的倡议，乃至号召大家把这本宣言的每一章当作女性朋友圈每周学习的材料。书中居然还提供了不少心理学研究证据，证明男性和女性的差异。作为宣言，此书实在太长也太学术化。历史老人告诉我们，任何宣言，如果长度和深度超过《共产党宣言》（14914个字），其号召群众"干就完了"的拉康式爽快度都必然大打折扣。

《如树一般：树木、女性和爱树人如何拯救星球》（*Like a Tree: How Trees, Women, and Tree People Can Save the Planet*）。这本书的选题和目录非常吸引人，它是继荣格的《炼金术之树》后，唯一一本研究"树"这个原型意象的书。书中试图研究讨论"树"这个原型意象的各个侧面，号召人们如树一般站立、如树一般给予、如树一般生存、如树一般具有灵性、如树一般具有神圣性、如树一般具有智慧。但是，全书各个章节和段落之间，缺乏足够的联系性，阅读时跳跃感很明显。虽然有一个大树禅修的段落，但是类似这样的操作性内容比较稀少。虽然列出了不少参考文献，但是这些参考文献和文中的对应关系也有些稀松。全书既像一本荣格生态心理学著作，又像一本女性生态主义宣言。

《迈向百万朋友圈运动：赋能全球女性运动》（*Moving Toward the Millionth Circle: Energizing the Global Women's Movement*）。这本书是1999年那本《百万个朋友圈》的续作，除了之前的内容外，增加了一些有关共时性和中老年女性的讨论在结尾处的诗歌中，她意识到了东西方女性的差异，提出相比较而言西方女性具有更多的权力，故而她们在女性解放运动中也具有更大的责任。

《阿尔忒弥斯：女性心中不可征服的灵魂》（*Artemis: The Indomitable Spirit in Everywoman*）。看书名和章节标题，这本书是比较让人兴奋和期待的，因为作为狩猎女神和月亮女神，阿尔忒弥斯是独立女性、职场女性、成功女性的守护神，当然也是我们心理治疗的主要客户群。正如在弗洛伊德时代，家庭主妇是典型的女性客户群一样，如今的心理咨询师们，不太可能不遇到阿尔忒弥斯附体的成功女性，尤其是在 EAP（公司员工支持系统）中工作时。而且，博伦自己作为女性主义的倡导者，应该也是经常被阿尔忒弥斯这个原型意象驱动的。但实际上，这本书看下来多少有些令人失望，因为作者大多数的文笔都用于阐述另外一个神话故事了，只有少数篇幅用于论述如何就阿尔忒弥斯展开工作。阿尔忒弥斯原型是造成单身女性的驱动力之一，人类社会已经进入到单身时代，博伦也意识到了这个社会现象，谈及对于心理咨询业的挑战，她还引用了艾里克·克里南伯格（Eric Klinenberg）的力作《单身社会》（Going Solo)。但是她的解决之道，显然不如大洋彼岸的上野千鹤子教授来得带劲和彻底——上野教授告诉单身女性同胞们，准备好孤独终老，只有一个人死在东京的公寓里，才是一种体面优雅的死法，才配得上孤清孤傲的月亮女神范儿。

三、女神疗愈与女神发展

在这一部分，本人意图简要评述一下女神理论的优点和不足，并提出我们如何结合当今的社会文化，更好地运用这个理论进行心理成长。

心理咨询有三大问题，分别是：是什么？为什么？怎么办？

其一，这是什么心理问题？也就是详细描述、了解一个心理现象的认知、情感、需要等各方面，并且命名它。在命名它之后，我们有望在前人的研究那里得到这个问题的解答，或者，我们发现这是前人没有研究过的心理问题，从而也会借此术语和同行交流，打造好共同的语言平台，供后人研发。比如说，有人说有个心理现象叫做"巨婴"，我们根据这种描述来探索就会发现，原来以前就有 infantile personality 这样的名词；还比如说，有人说"空心症"，我们根据其内涵，就发现它和前人提出的"意义神经症"相差无几，那么，如果有个案再次说自己或他人"巨婴""空心"的时候，我们咨询师就可以比较淡定地来修通这些问题。

其二，为什么会出现这个心理问题？通过了解心理问题的原因，一是帮助我们找到对因治疗的手段，而不仅仅是对症治疗；二是帮助我们形成"无条件自我接纳"

的态度，比如说存在单身女性这个现象，我们如果了解到它的成因——有很大一部分在于社会演化，是工业化进程、城市化进程的必然结果，就自然能够帮助个案接受这个现象，而不是拼命自我谴责，从而开始充满活力地选择结婚还是单身，不再把"结婚"标定为"正常"，也不把"单身"标定为"变态"。毕竟，临床心理学里面并没有"单身型人格障碍"这种诊断，更没有"孤独的人是可耻的"这种集体主义迷思。

其三，这个心理问题怎么办？也就是找到处理问题的方式，一般来说，大多数心理问题的解决，都是"接纳"和"改变"这两种心态的平衡，就像中医是阴阳平衡一样。但是具体到如何辩证平衡，就涉及数百种心理治疗技术的调配，就像一服中药要从成千上万中药材里面调配选择一样。

基本上每个心理治疗的流派，都会对这三个问题做出回答，我们评价一个流派的优劣，也往往根据它对这三个问题回答的程度，就像人们主要根据语文、数学和外语三门功课来考察学生一样。比如认知行为治疗在"怎么办"这门功课上得到了高分，存在－人本主义却比较注重"是什么"，而精神分析则专攻"为什么"，每个心理现象都能找到七八种解释，让人豁然开朗，顿悟人生的荒谬与无常。

博伦的女神理论，属于精神分析中的荣格分析这一分支，比较突出研究了"是什么"和"为什么"这两个模块，偏重于分析、觉知各种女神原型意象，分析它们对女性的影响。在某种程度上，它可以看作是荣格的心理类型学的发展，和 MBTI 有异曲同工之处。

与 MBTI 比较起来，它的特点在于使用了欧洲文化的女神系统来命名各种心理类型，这有诸多优势。

其一，让整个理论的语言风格呈现出古雅和优美的特色。

其二，让人们自然而然地对这些心理类型产生一种神圣的情感链接，在这种敬畏的神圣情感作用下，人们如果再使用她推荐的各种观想和祈祷技术，就容易产生顿悟感、依归感，有时也会引发各种共时性事件。

其三，如果一个人熟悉希腊神话，这一套女神系统也很容易引发人们的文化共鸣，比如我们说一个人是孤独的月亮女神阿尔忒弥斯，就比起 INFP 这四个 MBTI 的字母缩写，更加让人觉得形象生动。

本书的不足大约有以下几方面：

其一，这本书是女神理论系列著作之一，所以读者们如果想要系统完整地自助，最好把其他几本也纳入阅读书目，尤其是《年长女性心中的女神》。另外，我还会经常推荐另外一个作者莫琳·默多克（Maureen Murdock）的两本书与博伦的书配套，一本名为《女英雄之旅：女人对整休性的追寻》（*The Heroine's Journey: Woman's Quest for Wholeness*），另外一本是《女英雄之旅工作手册：每个女人追寻之路的地图》（*The Heroine's: Journey Workbook: A Map for Everywoman's Quest*）。女英雄这个意象，看起来是介于女人和女神之间的过渡性客体，在女英雄理论中，通过 10 个步骤讲述了女性的自我实现次第，尤其是它配套的工作手册技术丰富多样。

其二，本书呈现出一定的时代局限性。它产生的年代，是美国女权主义高峰时期。有人认为女权主义有三波浪潮，逐步从激进女性解放走向了全人类的解放，但是它打娘胎里就自带性别主义特色，也就是说，它建立在这样的假设上：（1）"男性"和"女性"是两种泾渭分明的身份认同；（2）"女性"的心理发展和心理特色，必然有其独一无二的特色。这样的假设当然有一定道理，尤其是社会心理学等研究也支持其假设的合理性。

但是在实际生活中，我们遇到的都是个性而非共性，都是一个个具体的男人和女人，而不是统计学报告上的男性数据 2 或女性数据 1。比如对林黛玉来说，她爱的是贾宝玉这个人作为男人的共性，还是贾宝玉这个人的个性呢？如果她爱的是共性，那就是任何一只被命名为"人类"的雄性哺乳动物她都爱，无论这只动物叫做"宝玉"还是"薛蟠"。

走进心理咨询室，我们更不难发现，张三这个东北大汉，居然也受到各种女神原型意象的支配；李四那个江南女子，也受到各种男神意象的控制。何况现在还有不少人的性别身份认同既是男性又是女性，既不是男性又不是女性。

女性主义，作为一种社会运动、一种政治理念，其发力处和着眼点，可能更多的还是各种促进立法、促进投资的社会组织，比如博伦自己参加的联合国妇女大会、自己组建的"百万个朋友圈"活动。另外，心理咨询室中也可以采纳部分女性主义的理念，促进对女性们被压抑的社会无意识的理解。

其三，它具有强烈而鲜明的欧洲传统文化和美国文化色彩，显然是为旧金山的知识分子群体而写。书中大量的美国文化例子，对于不了解美国文化的人来说，难免有生疏感。而欧洲的传统神话，也并非所有国人都了然于胸，虽然《希腊古典神话》等书籍也是我国中学生语文学习的选读书目。不过现实生活中，有些人忙于刷题，没有时间来读选读书目，有些人读过也就遗忘了，就像他们遗忘掉了那中学校园的参天榕树和那树下静坐读书的白衣少年一样。

为了帮助读者们更好地使用女神理论自助，接下来会简要地介绍一下女神理论的基础理论，并讨论一下西方女神中对应的东方女神系统，以及简单的心理自助技术。（本书的写作，和伍迪·艾伦的电影一样，默认读者已经了解了精神分析的本能理论、情结理论、发展心理学理论。）

这些理论总结为附录的"情结原型发展表（女神版）"，在鄙人拙著《荣格的30个梦》中，有对此表的更加详细的介绍。

首先，我们需要了解的是女神系统属于"原型意象"。原型，相当于心理的DNA，它们必然会表达出来，DNA表达出来的第一个产物，就叫做"原型意象"。原型意象再进一步地在母婴关系、家庭关系、社会文化中进行投射和认同，从而形成各种各样的"情结"。这些情结驱动着人们产生各种心态和行为。根据驱动力的发展方向，它们被区分为爱本能和死本能。

根据埃里克森等精神分析师、发展心理学家的研究，我们可以把驱动我们终生发展的情结总结为8种，分别是自恋情结、控制情结、三角情结、学习情结、青春情结、名利情结、家国情结和生死情结。根据马斯洛等人的论述，它们体现为8种需要。为了实现这8种需要，人类的自我需要动用8种心理功能。

引导这8种需要、8种功能和8种情结的，就是8组原型配对，它们就像DNA碱基配对一样相反相成。这8组原型配对，在表达的时候，就形成了8套女神原型意象。其实在 8 套女神原型起作用的时候，必然有 8 套男神系统也被启动，这些男神意象会被投射到外界，投射到客体关系"八老"（老爸老妈、老哥老弟、老板老师、老公老小）上面，然后被他们认同，形成我们的人际关系。所以女性读者们，其实也有必要阅读本书作者写的《每个男人心中的男神》这本书，借以了解身边的男人们。正因为人的内心天生就产生这样的二元对立——相反相成的原型系统、本能系统和自体－客体关系系统，所以人类心理的本质就是分裂的，就像一个细胞必然会发生分裂一样。有分裂才有增生，才有生命；没有分裂，生本能就停止作用了；当然分裂过度了、增生过度了，那就形成了肿瘤乃至癌症。这种分裂的倾向投射到人际关系、社会情结中，就形成相反相成的 8 种心理冲突。

而心理咨询的目标，就是了解识别目前我正在经历什么样的心理冲突（是什么），分析是哪些原型、哪些情结、哪些心理功能、哪些原型意象诱发了我的心理冲突（为什么），以及我应该如何来整合这些冲突，让我更好地度过这个人生阶段（怎么办）。

因为原型如此地神奇、神秘莫测，支配一切，所以原型被人类称为"神力"，与之配套的原型意象，就被人类命名为"神性"。它们对人生的影响具体描述如下：

第一阶段，自恋情结，这是人们从出生到断奶（1 岁或 1 岁半）形成的情结，也是我们咨询工作中最常见的情结。精神分析发展心理学家埃里克森把这个阶段的发展描述为"安全感 VS 怀疑感"的整合。一个自恋整合良好的人，首先对自己和别人具有安全感，体现了正性的自恋情结，也就是说，他眼中的别人都能够提供三种自恋需求给他：第一种自恋需求叫镜映欣赏感，也就是感觉到别人都是能够看到我的，就像我看镜子中的我自己一样，而且别人看我的眼神都是满带欣赏的；第二种自恋需求叫理想他人感，就是这个人感觉到，我的客体关系"八老"都是挺理想的、足够好的，所以我也是挺理想的、足够好的；第三种自恋需求叫孪生连体感，就是感觉到别人——至少一部分别人，与我血脉相连，同呼吸共命运，是我的灵魂伴侣。这三大自恋需求，可以被简称为"自恋三求"：求欣赏、求理想、求共鸣。生命中缺乏这三大自恋需求满足，就会不断外求而非不假外求，从而形成负性自恋情结，也就是贪婪地追求三大自恋需求，如同饥荒时期的婴儿。我们不难看出，这三大自恋需求，来自母婴相互融合的身心相互联系，正如大卫·萨夫（David Scharff）在《性与家庭的客体关系观点》（*The Sexual Relaionship: An Object Relations View of Sex and the Family*）一书中所总结的，这种身心一体感，来自婴儿投射了伟大母亲原型给自己的照料者，而照料者认同了伟大母亲这一原型意象。这种伟大母亲－神圣婴儿的原型互动，在画家拉斐尔的一系列圣母－圣婴画像中得到了生动表现。在博伦的女神原型中，则是使用少女之神和冥后珀尔塞福涅来代表这种原型力量；在东方的神话中，与之对应的是地藏菩萨。在地藏菩萨的故事中，地藏菩萨也是一个女孩，也是和母亲形成一体相连的关系，也是为了拯救母亲而下沉到地狱中，这种母女同心、类似母婴一体的状态，说明双方产生了自恋融合。疗愈这个时期的创伤，就可以通过博伦的珀尔塞福涅的祈祷和观想来进行。当然，喜欢东方文化的人们，可以使用地藏菩萨的经书、祈祷文来进行，也可以就近到各地供奉地藏菩萨的寺庙参与活动。

弗洛伊德就是秉持科学主义世界观的知识分子代表。事到如今，可以说大部分受过现代心理学和物理学教育的人，都觉得这种观点落后可笑。哪怕是标榜自己"最科学"的美国心理治疗界，也不但不排斥灵性，相反还会整合灵性，使之成为心理治疗的组成部分。

比如美国心理学会的大刊《心理治疗》（*Psychotherapy*）出过一期专刊讨论心理治疗中灵性整合的研究证据，让人惊奇地看到，这方面居然有如此多的研究，而且居然有元分析了，具体可以参考理查兹（Richards）和巴克汉姆（Barkham）所写的文章《推进灵性整合治疗的循证实践：进展到实践为证据基础的范式》（*Enhancing the Evidence Base for Spiritually Integrated Psychotherapies: Progressing the Paradigm of Practice-based Evidence*）。文中总结了不少灵性心理治疗的研究证据，号召大家"科学地"在临床实践中运用灵性心理治疗的模块。

第二阶段，权威情结，或者说控制情结、权力情结，它从婴儿断奶和直立行走开始，一直到大小便训练完成，大约是 1 岁半到 3 岁左右。学步的幼儿，在此期间学会了定时定点大小便，这是他融入社会生活的第一步，也是他走出原始自恋的标志。一个原始自恋的婴儿，万事万物以我为核心，当然不会让大小便这种事情听从外界的安排。

所以父母作为权威，其不可推卸的责任就是要控制婴儿、管理婴儿。这时候也是幼儿父亲原型投射的关键期，即便是暖男奶爸，也会被幼儿视为有力的、敬畏的对象，这说明人们内心的父亲原型总是倾向于阳刚威武的。

这样的父亲原型的投射和认同，形成了幼儿早期的一种自我克制和自我压抑，从自我克制随地大小便的冲动开始，他学会了克制各种各样不为社会所容的个人欲望，这就是个人阴影的来源。

这个时期的心理冲突，体现为一个人可能会变得比较独立自主——如果他敬畏权威，或者不希望被权威控制。当然，如果权威和他形成了溺爱关系，或者他恐惧自己有独立性会被权威严厉惩罚，他就有可能变得依赖权威。

在女神系统中，充分体现这一时期特征的是月亮女神和狩猎女神阿尔忒弥斯，她代表着非常强的独立性和自主性。在东方神话中，和她类似的女神是嫦娥。在传统文化的理念下，嫦娥抛夫弃子奔月，似乎有点大逆不道，但是从女性解放和女性独立的角度看，似乎又是值得赞许的。

尤其是在心理治疗中，奉行独身主义的女性越来越多，她们大多数都需要和这样的女神建立链接。当然，在中国民间，已经很少有嫦娥崇拜的女神仪式和系统了。可以作为替代的可能是道教中的太阴星君，或者叫作月光娘娘，有些地方佛道合一，也称之为月光菩萨。不过佛教中本来的月光菩萨是药师佛的助手，根据《药师经》的记载，其应该主要是男性的形象。

当然，佛教中的菩萨本来就可男可女，超越了性别对立，而且他们几乎全部都是独身主义者，这和阿尔忒弥斯颇有相似之处。

有人可能对于把月亮之神和权力意识链接起来感觉不舒服，似乎女性天生就应该远离权力和政治，但是，其实权力斗争既贯穿于人类历史的各个阶段，又贯穿于爱情－婚姻和家庭的所有生命周期，所以爱情心理学家们会把爱情分为三个时期：浪漫幻想期、权力争夺期和整合承诺期。如果一位女性被月亮女神这样的独立女神精神附体，难免走上嫦娥奔月、抛夫弃子的女权之路。

第三阶段，三角情结，也就是弗洛伊德说的俄狄浦斯情结，因为俄狄浦斯情结的本质，说到底还是两个客体和一个自体的关系。它的雏形是好客体—坏客体—自体的三角关系，在俄狄浦斯期被投射为父亲－母亲－孩子的爱恨情仇，所以命名为"三角情结"更为贴切。这个时期大概从孩子自主排便开始，到孩子和父母分床独立入睡结束，一般来说是 3 岁到 6 岁。好多人把俄狄浦斯情结称为"恋母情结"或者"恋父情结"，这是因为这个时期的主题表现为孩子就像爱上了父亲或母亲一样，比如会嫉妒父母可以睡在一起，仇恨不再和自己睡在一起的父母。这些人愤怒地发现，原来父母之间的爱情，比和自己的亲情更加亲密、更加重要。一个能够超越三角情结的女孩会琢磨，既然我妈能够战胜我拥有我爸，那么她必然有超过我之处，所以我要认同我妈，变得和她一样，长大后嫁给一个我爸那样的男人。（这种情况被称为正性俄狄浦斯情结的解决——俄狄浦斯情结有正性、负性、倒错性三种，这里只论述一下最常见的正性俄狄浦斯情结）。

女孩之所以在这个时候对于和父亲结合、睡在一起融为一体特别感兴趣，表面上看起来类似于一种自恋融合，但是俄狄浦斯情结的内核并不是母亲－婴儿无性别差异的融合，而是女孩明确地意识到自己是女性，以女性的身份和男性融合，所以它体现的是一种阴阳融合的本能，被称之为化合原型——化合的意思，就是两种对立的元素产生化学作用，合二为一。这种化合的驱动力，被弗洛伊德命名为性本能。原始的性本能就体现为动物一样的交配，无所谓君臣父女、乱伦禁忌，而在人类社会中，这种本能必须被压抑，所以它成了一种人类集体的阴影。还有另外一种历史更加悠久的本能，那就是杀戮和攻击的本能。这种本能受到压抑的历史，可能要回溯到古代猿人时期，所以有人认为这种集体阴影原型可能有上百万年的历史。多年前，有一本书《两百万岁的自性》，就是根据当时的考古学认为人类可能有 200 万年历史提出的，现在这个时间已经被大大延长，甚至有人认为人类的历史可以扩充到 600 万年前。

女性俄狄浦斯情结的解决，就在于女孩认同母亲的角色，认同母亲的功能。在大部分文明时期，这个理想的母亲角色叫"贤妻良母"。在女神系统中，炉灶女神赫斯提亚（Hestia）最能引导人们认同贤妻良母。贤妻良母之贤良，在农业文明中，就体现在操持家务、整理厨房，为种田劳作一天的丈夫和子女奉献出热气腾腾、美味可口的饭菜，毕竟，人们交流爱的方式，主要还是在一起吃饭，然后才是在一起做爱。这种口欲母亲的痕迹仍然存在于比较保守的文化中，比如在美国电视剧《人人都爱雷蒙德》中，雷蒙德的妈妈就是以厨艺作为自身价值、自身魅力的主要来源；唐朝诗人王建的《新嫁娘词·其三》所描述的"三日入厨下，洗手作羹汤。未谙姑食性，先遣小姑尝"，体现的也是农业文明下女性的正性俄狄浦斯情结会认同母亲的厨艺。

与赫斯提亚对应的中国厨神，就是道教和民间崇拜的灶王奶奶，不少地区还保留着小年夜祭拜灶王奶奶、灶公灶母的习俗。

但是认同母亲的厨艺，在某种程度上其实是退行到婴儿期（口欲期）的表现。修通俄狄浦斯期情结的女孩，还需要认同母亲的性魅力，也就是像母亲一样为父亲这个悦己者容，梳妆打扮得漂漂亮亮的，就像唐代诗人朱庆馀描述的新娘："洞房昨夜停红烛，待晓堂前拜舅姑。妆罢低声问夫婿，画眉深浅入时无？"（朱庆馀这首《近试上张水部》把自己的试卷比喻为新娘，其实是试探讨好科举考官张籍的。被献诗的张籍回了一首《酬朱庆馀》："越女新妆出镜心，自知明艳更沉吟。齐纨未足人间贵，一曲菱歌敌万金。"这个故事，如果是同性恋者之间互通心曲，那么可以用倒错性俄狄浦斯情结来解释，否则，该考虑如此假设——爱欲投射到了学习和名利中，形成了学习情结和名利情结。）

追求化妆打扮，用性魅力来赢得爱情，这是美神和爱神的功能。对爱神的崇拜遍布于西方文化中，尤其是夫妻之爱，被认为是基督教修行者的核心内容。

在东方的儒家文化中，爱神的地位没有那么显赫，但是人们还是发明出了东方爱神和美神，最有名的应该是洛神。虽然其他女神比如嫦娥、西王母、何仙姑等也都以美貌闻名，但是洛神的美丽却是准备流传的，这其中文学名篇《洛神赋》厥功甚伟。可惜的是，洛神的观想祭拜仪式已经很少传承于民间，甚至连洛神庙也所剩无几了。而佛教中的绿度母，具有众多化身和功能，她在唐卡中经常被描述成美丽的少女样貌，可以作为东方美神的替代者。

第四阶段，学习情结。俄狄浦斯期也是儿童认知功能开始发展的时期，之后人们就进入发展的第四阶段——在 6 岁到 12 岁之间，人们把生命力主要投注于学习之中，学习成了人生意义之所在。

中国人对此应该说非常熟悉。比如儒教，就是一种学习的宗教，学习就是儒生的修行。而主宰学习之神，在西方文化中当然就是智慧女神——父亲的女儿雅典娜（Athena）。中国的学习之神是孔子——一个和父亲关系有点疏远的儿子。在各地的孔庙中，供奉的基本上都是男性——孔子及其学生，翻开儒教的历史，也几乎没有女性的位置。好在还有道教和佛教做补充。

每年高考人们为了子女的学业祈祷时，除了去孔庙祭拜孔圣人及其弟子，也经常去祭拜文殊菩萨。文殊菩萨可男可女，在汉传佛教中，她的造像和观音一样，突出的是女性特征，可以说是人们在文化无意识中试图弥补儒教过于阳刚的取向，是对儒家文化中男权主义倾向的纠偏。佛教中还有许多其他女性化的智慧女神原型意象，比如般若佛母等。

在学习女神的领导下，女孩们试图整合"勤奋少儿"和"散漫少儿"这两个自我意象。勤奋少儿，多多少少是一种人格面具的雏形，因为几乎任何社会都会要求少儿们学习劳动生产技能，故而大部分社会有法律规定的义务教育年限。如果学习是一种快乐的本能，就像吃饭、做爱一样，为何要法律规定强制执行呢？所以可以说，这个时候成人自己是被人格面具这个原型主宰的，因此也希望儿童形成足够强大的人格面具。

所谓人格面具原型的功能，就是它会要求人们适应社会要求，服从社会安排。精神分析中有一个美国派别叫作自我心理学，它就特别强调要帮助人们适应社会，所以我们可以说这个派别是受到人格面具驱动的。

与人格面具相对抗的，就是文化阴影这种原型。比如说，好学的勤奋少儿是儒教文化的人格面具，那么，贪玩的散漫少儿就是它的文化阴影。最典型的例子，就是《红楼梦》中贾政和贾宝玉的冲突。贾政越是希望儿子宝玉变成勤奋好学者，儿子越是变成了散漫好玩者，与流氓表哥薛蟠打成一片。直到贾政回想起，自己年轻时也贪玩散漫，才开始收回人格面具投射，父子关系才稍有缓解。

第五阶段，青春情结。孩子们接受了学习规训6年后，迎来了人格发展的第五个阶段，这个阶段形成了"青春情结"。青春期是指一个人从性成熟到生活独立于父母的时期。以前一般认为是12岁到18岁，但是现在也有人认为是从10岁到22岁，把这个时段扩展了很多。大体的看法是，在古代是没有青春期一说的，人们一旦性成熟就行成人礼，但是现代社会，让初来月经、开始遗精的少男少女独立生活、结婚生育，是不太可能的。弗洛伊德把这个时期称为"第二俄狄浦斯期"，因为恋父杀母的主题随着少男少女的性成熟才真正地显露出来。6岁小女孩妒忌母亲，她有什么可以和母亲竞争呢？只是"可爱"二字而已。而16岁的少女则不然，她们具备了和母亲匹敌的性魅力。要是人类还是东非草原上的黑猩猩，作为中年油腻男的黑猩猩爸爸，会选择与16岁青春活泼的黑猩猩女儿交配，还是与人老珠黄的黑猩猩妈妈做爱呢？其实答案很可能是，它们大概没有"父－母－女"这样的概念和家庭结构，只是听从发情期性激素的安排，逮谁算谁，只要能保持足够的种群数量，不被鬣狗、狮子实施种族灭绝就可以。

西方的爱神和美神维纳斯，具有典型的性感的特征，显然非常符合青春期的永恒少女特质，而佛教中的红度母（作明佛母），也具有让人们爱情美满的特质。

第六阶段，名利情结。在青春情结后，我们的心理发展进入了第六个阶段，称为青年成人期。它从少年们学习毕业、进入社会、财务独立开始，一直到完成社会任务，成家立业终止，大约是22岁到40岁。青年成人期形成的是"名利情结"。

说到"名利"二字，很多人可能觉得未必低俗了一些，其实对名和利的追求，可以说是爱本能、生本能发展的主旋律。比如说，前文说到的婴儿期自恋三求——求欣赏、求理想、求共鸣，就体现为青年期对"名声"的追求。而我们知道幼儿期的控制情结，核心就在于追求控制感，请问，对一个刚刚迈入社会的青年来说，他会发现什么东西可以颠倒众生、控制人们？答案必然是钱。连《周易》也如此教导古代帝王将相："何以守位？曰仁。何以聚人？曰财。理财正辞、禁民为非曰义。"

有人可能会问，那爱情呢，难道没有人在乎爱情吗？非也，爱情和名利并非势同水火的关系，它们都是爱欲在不同时期投射和认同形成的境界。弗洛伊德所说的爱欲发展的三阶段，可以如此简要概括：人生，无非是求名、求利、求爱。口欲期和肛欲期形成了对名和利的追求，俄狄浦斯期则在超越自恋和控制的基础上形成了对爱的追求。"爱、名、利"三者，在潜伏期，就体现为以学习换取"名利"，换取父母和老师的"爱"。到了青春期，就是爱占据了主题，名利放在后面，爱神战胜了财神。

到了青年成人期，人们发现高中时期那种纯纯的爱情不存在了，榕树下的白衣男孩，要是没有白花花的银子当彩礼，生活也还是艰难困苦的。男孩们也领悟到，最性感的事情还是"名利双收"，然后诗歌与远方才是浪漫的，否则就变成失业民工在四处流浪。

名利是婚姻的基础，至少在阶级社会中，对于中下阶层而言，这是不言自明的事实。主管名利的神仙，在西方大多数都是男性，大概是因为求名求利的爱欲造就了男权社会吧。西方有一位女神具有财神的内涵，那就是丰收女神德墨忒尔（Demeter），不知道为何，博伦的系统中对这位女财神没有太多描述。毕竟，无论女性主义、女权主义还是女拳主义，都赞同女性独立，而其首要条件就是财务独立，否则就是一句空话。

东方人似乎很了解名闻利养对于女性的重要性，所以存在丰富多彩的女财神。尤其在佛教中，有主管五谷丰登的尊胜佛母，有招财进宝的佛眼佛母，有掌管权力和爱的作明佛母（她似乎对于度过爱情的权力争夺期也有作用），还有观音菩萨的多个化身，比如如意轮观音、千手观音、准提观音、绿度母等，都具有让人不缺财富的功能。除此之外，还有吉祥天母、妙音天女、给萨财神、黄色财续母等，辅助广大佛教徒发家致富。

青年成人期和学龄期一样，驱动人们发展的主要还是人格面具这个原型——人格面具其实就是人的社会本能、人类的社会化属性。正因为人类天生是一种社会化动物，所以人类天生就需要戴上面具，克制兽性本能，融入社会。换句话说，人格面具就是引导一头东非的黑猩猩迈向人性、走向神性的力量。

在大多数世俗社会，都会期待学龄期的儿童成为一个勤奋好学的儿童，而期望一个青年成为一个渴望亲密的青年，结婚生子、传宗接代、爱国爱人、投身于社会建设的滚滚洪流中。与此同时，与世隔绝这种性格极度内倾的倾向，就是不受欢迎的，它可能会成为一个人携带的文化阴影。

比如说，贾宝玉作为一个古代的贵族子弟，就不被允许具有一点点与世隔绝的倾向，哪怕是看《庄子》这样的名著，也会被他老婆薛宝钗劝告。有些极度内倾者，以为自己可以通过削发为僧、出家做和尚来了断尘缘，但是僧人也要融入僧团的集体生活、社会生活。

名利情结的最终目标，还是导向人口再生产，用大白话说，就是结婚生子。在女神系统中，婚姻女神赫拉（Hera）被看作是引导这个时期的终极原型力量。中国神话中，承担起婚姻之神角色的，分别是女娲、织女和红鸾星。女娲同时也是大母神，红鸾本来是玉皇大帝的女儿，后来演变成了婚姻之神，甚至可以在八字中计算她什么时候降临到命运之中。

表面上看起来这非常迷信，但在实际生活中这的确具有心理疗愈的作用。比如说某个案，独身多年，总是东挑西拣，对追求自己的男性百般挑剔，但是又不甘心就此孤独终老，心理咨询的目标当然不可能设定为"让她嫁人"或者"让她独身"，而是不断地分析和理解驱动她"嫁人"与"独身"冲突的各种情结——自恋情结、控制情结、三角情结、学习情结、青春情结、名利情结。但是多年多次咨询，最后还是算命先生一句话让她拿定主意。算命先生告诉她，今年你红鸾入命，有婚运，之后就再无婚运，会孤独终老。

然后，她果真实现了这个预言、这个宿命——她开始看一个男孩越看越顺眼，越看越觉得他就是真命天子和灵魂伴侣。虽然这个男孩也具有她之前看不上的诸多缺点。（对于算命，心理咨询师持中立态度，把命运当作原始背景客体来对待，帮助个案整合有关命运的三种心态：听天由命、逆天改命和乐天知命。它们对应着客体关系学派所说的偏执－分裂心态、抑郁心态和超越心态。）

现实生活中有种"嫁下不嫁上"的现象。表面上来看，"下嫁情结"是一种负性的名利情结，但是其内核往往是女性的一种负性的自恋情结。

当然，有时候这种"嫁下不嫁上"的行为也可能是被三角情结驱动的，因为家族企业中往往容易形成"母系恨男联盟"，也就是女人们联合到一起，贬低男人、攻击男人。当然，所谓"苍蝇不叮无缝的蛋"，家族企业的男人们也多多少少会沾染上诸多恶习，有些是因为认同长辈，有些是因为工作需要。

在这样的环境下长大的女孩环顾四周，就几乎找不到一个"爱男人"的贤妻良母作为模范认同，自然也无法形成正性恋父情结，往往是和母系的女人们形成复仇者联盟对抗父亲。有时候下嫁一贫如洗的男人，是为了攻击父亲——偏偏不嫁父亲给她安排好的金龟婿；有时候是她假设这个男人看起来很老实，绝对不会有父亲叔伯都有的恶习。

度过青年期后，人们来到中年期，它起始于子女长大，终止于自己退休。大多数人这个时期是40岁到60岁，有些人希望青春永驻，就说中年期是60岁到80岁，这种心态本身就是中年危机的表现。

中年期的主要发展任务是整合繁衍感和停滞感两种心态。正常的繁衍感就是在工作上传帮带、培养新人，感受到自己的事业后续有人；在家庭中则是欣喜于孩子们都已经长大成人，长江后浪推前浪。正常的停滞感，就是能够愉快地接纳自己已经到达更年期，需要学会健康变老，不但没有必要跟年轻女孩们争奇斗艳、争名夺利，相反地应该祝福她们的美丽和成就。

中年的繁衍感过强，就可能是被永恒少年原型占据，变成油腻中年人；反之，如果停滞感过强，可能是被智慧老人占据了，提前进入了老年期，变成老气横秋的中年人。

中年人的爱欲，容易投注到家国故园，形成家国情结。引导中年家国情结的女神之一，就是母神德墨忒尔。虽然女性从基因来说，天生具备母性，从生育儿童的第一天，就自然地成了生物学母亲，但是女性要成为一个心理学意义上的母亲，实在是需要经历漫长的心路历程——艰辛的英雄之旅，往往要到中年期——40岁左右，孩子进入青春期了，才会稳定地认同母亲这个角色。要是认同不稳定，就很难顺利度过孩子的青春期危机。

其实所谓孩子的青春期身份认同危机，有一大半是和老父亲老母亲的中年危机交叉重叠、相互传染的，就像对待病毒，只有拿捏好分寸、掌握好火候，才能动态清零、身心和谐。青春期的孩子要整合的是稳定和混乱的身份认同，中年期的父母要整合繁衍和停滞的感受，而中年期父母往往在这个时候青春期旧伤复发，又开始不稳定了，不甘心就这样活下去进入老年期。

充满慈悲的母神当然是对治更年期危机的良方妙药。中国文化中母神崇拜非常发达，比如观音菩萨，就被国人改造成了母神，乃至出现了送子观音这样的造型。

妈祖，则是另外一个流传甚广的母神，甚至有些国家和地区的领导人还率众供奉祭祀她。她是一个孝女，具有地藏王菩萨的特点，能满足儒家的正性家国情结。她本人又是独身女性，具有女性解放色彩，类似月亮女神。她还是海神，对于借海洋文明发财的商旅人士来说，也是财神中的财神。

在经历了自恋冲突、权力争夺、三角之爱、学习成年、青春梦醒、名利追逐、家国故园这七个情结后，人生终于到了最后一个阶段——老年期，从一个人退休到死亡，大约是60岁到80岁，当然人类有逼近百岁的可能性。这个阶段的心理发展，主要是整合统整感和绝望感。一个统整的老人，会觉得自己度过了心满意足的一生，整合起过去七个阶段的爱恨情仇，所以有人把60到80岁称为"乐龄期"——的确，这个阶段甚至可能比幸福的童年还要快乐。

具有正常统整感的老人，往往也具有正常的绝望感，也就是能够愉快地接受以下两点：第一，我作为老人，能力最终会归零，第二，我作为老人，可爱程度最终也会归零。也就是说，他可以愉快地接受自己成为一个"老废物"，拥抱死亡，含笑而死，在一定时间就停止各种延长寿命的活动，静静等待死亡的来临。

否则，这个老人要是整合不好，就会发生心理退行——如果她退化到中年期，就会变成老来一枝花，到站不下车、到点不退休。如果老人退行到了婴儿期和幼儿期，那就更加让子女们痛心疾首了：这位白发苍苍的老人，会找儿孙辈满足婴儿期的需求——求欣赏、求理想、求共鸣。儿孙们好不容易欣赏了她，扮演了她想要的孝子贤孙，无条件关爱父母，天天共情理解支持肯定她，结果发现她来到了幼儿期，追求全能控制感，甚至要求医院能够全能地控制死神的步伐，这往往会造成不好的结果。

有些家族企业，就是在这种愚忠愚孝文化的支配下，让一个已经大脑退化、心理退行的老人主持企业，最后造成了家族企业的灭亡。有些封建王朝的覆灭，也是因为老人专制、独裁。比如说莎士比亚的《李尔王》，就描述了一个昏庸的老人，为了在子女身上寻求自恋满足，导致子女愚忠愚孝，最终引发了王国的分崩离析，所以不少精神分析师喜欢分析这部戏剧。比如说，武汉的中美精神分析培训班的老师杰弗里·斯特恩（Jeffrey Stern），就专门写了一篇文章《李尔王：王国的移情》（*King Lear: The Transference of the Kingdom*），从自恋的角度探索了李尔王老年的生死情结无法化解，如何退行回到家国情结和自恋情结。

老年人要做出选择，是贪生怕死，还是舍生向死？所以称为"生死情结"。引导老年期的女神，当然应该是具足慈悲和智慧、整合生本能与死本能、超越女性与男性的女神。在博伦写作《女人如何活出自我》之时，其实并没有找到这么一个神，而是把爱神放到了核心的位置。但是在后来的著作中，博伦就发现了这一类自性圆满的女神，比如千手千眼的观音，她既是救苦救难的生命之神，又是西方极乐世界的三圣之一，负责接引死者，所以是一位可亲的死神。她的化身之一绿度母，则统率了 21 个度母，更能满足人们那急于求成的心态。荣格分析师瑞秋·伍藤（Rachel Wooten），则把佛教的 21 度母修法赋予了现代心理学意义，写作一本了书，名为《度母：女性佛陀的解放力量》（ *Tara: The Liberating Power of the Female Buddha* ）。（对于有佛教信仰的个案来说，这是一本非常有益的自助书，但此书佛教色彩太强烈，更接近于一个心理学化的佛教修行法本，应该是专门为佛教徒写的，心理咨询师对其他个案使用则需要谨慎，避免发生价值观偏倚。）

李孟潮

（精神科医师，心理学博士，个人执业）

情结原型发展表（女神版）

情结	需要与功能	原型意象：女神	心理冲突
自恋情结	内倾感知觉 （生理需要）	少女之神、冥后（珀耳塞福涅） 地藏菩萨	安全婴儿－ 怀疑婴儿
权威情结	外倾感知觉 （安全需要）	狩猎和月亮女神（阿尔忒弥斯） 嫦娥	自主幼儿－ 依赖幼儿
三角情结	内倾情感 （爱与归属需要）	炉灶女神（赫斯提亚） 灶王奶奶 爱神与美神（阿佛洛狄忒） 洛神、绿度母（少女相）	主动小儿－ 内疚小儿
学习情结	外倾思维 （认知与了解需要）	智慧女神（雅典娜） 般若佛母、文殊菩萨	勤奋少儿－ 散漫少儿
青春情结	外倾直觉 （尊重需要）	爱神与美神（阿佛洛狄忒） 红度母（作明佛母）	稳定少年－ 混乱少年
名利情结	外倾直觉 （尊重需要）	丰收女神（德墨忒尔） 婚姻女神（赫拉） 女娲、织女、红鸾星	渴望亲密青年－ 与世隔绝青年

序　言

　　我想邀请大家，尤其是那些像我一样曾经对本书的主题感到抗拒的朋友，一起走进这本书。您可能和我一样会质疑：来自过去的、父权制神话中的女神，怎么可能帮助我们分析当下的现实，或者协助大家实现一个平等的未来呢？

　　其实，就像我们会购买值得信赖的好友所推荐的书籍一样，正因为我了解本书的作者，我才有动力阅读它。

　　我刚认识简·筱田·博伦博士的时候，她正在组织精神病学专家们为《平等权利修正案》（ERA）而努力。丰富的专业实践经验使得美国精神病学协会（APA）的这些男性专家和女性专家们相信，由法律所保障的平等治疗权对女性的心理健康至关重要。因此，他们支持《平等权利修正案》的通过。

　　尽管所有的团体都离不开多方力量的努力，但在这个团体中，简显然是一个有力的、鼓舞人心的组织者。她不仅仅设想出了这样一个团体，激发了同事们的想象力，还教科书式地一步步将截然不同的人们组织起来，在百忙之中建立了一个有凝聚力的全国性的组织。在此过程中，她调研了准确和相关的信息，小心谨慎地弥合了代际、种族和专业差异。哪怕最顽固的反对者都会在此过程中感到被尊重和有所收获。

　　简用实际行动证明了她是一位着眼于当下的、务实而专业的组织者；作为一位温和的革命者，她的冷静以及她乐于接受的精神，不仅仅有着治愈他人的力量，同时也很好地证明了女性主义革命能够开创一个更美好的世界。她在这个国家最负盛名和最有影响力的专业组织之一内部创建了一个变革中心：所有这一切都是她作为一名少数族裔女性，在一个男性占比 89%、白人居多，且常被弗洛伊德的男性主导理论所限制的行业中做到的。我相信，在书写美国精神病学协会的历史，或讲述精神病学专家所要承担的社会责任时，这个身材娇小、轻声细语的女人将占有一席之地。

在阅读《女人如何活出自我：女性生命中的强大原型》头几章时，我仿佛可以在简清晰、朴实的行文风格中，听到她那令人信赖的声音；但我仍禁不住对接下来要登场的女神怀有一些浪漫化和宿命论的看法。由于荣格等人将原型置于集体无意识中时用了非此即彼的、男性／女性的二分法来下定论——这抑制了男性及女性的完整性，并使女性处于劣势——我担心别人会滥用这些原型，也怕女性会模仿这些原型并接受其局限性。

书中对每个女神的具体描述不仅打消了我的疑虑，还提供了新的理解方式。

首先，展现在我们眼前的七种女神原型复杂而多变，且彼此之间能以各种方式进行组合。她们超越了父权制下诸如处女／妓女、母亲／情人的简单二分法对女性的限制。当然，的确有女神只通过与有权势的人建立关系来确定自己的身份——毕竟，她们和我们一样生活在父权制社会之中——但不管是通过正大光明的办法还是借助一些见不得人的手段，她们都展示了自己的力量。此外，从性和知识到政治和精神，她们以各种各样的形式诠释了"独立自主"。更难能可贵的是，本书也描述了一些女性互相拯救和建立联结的例子。

其次，根据女性的具体需要，我们可以对这些复杂的原型进行相应的组合和调用。设想，如果在媒体上瞥见女性榜样都能对女性的生活产生重大影响，那激活并召唤女性内心的原型对女性的影响该有多么深刻？

最后，我们并不是非要把自己框定在一位或几位女神身上。这些女神共同构成了人类的所有品质。事实上，她们都源自同一位女神——大母神，一个曾经生活在父权制时代的完整的人类女性——至少在宗教和想象中是如此。也许那时和现在一样，迈向完整性的第一步就是将完整性想象出来。

至少，这些原型女神是描述和分析许多行为模式和人格特质的捷径。而从广义上来说，她们能够展望并唤起我们所需的内在力量和品质。正如诗人和小说家爱丽丝·沃克（Alice Walker）在她的小说《紫色》（*The Color Purple*）中清晰而动人地表达的那样，我们想象出上帝的模样，并将我们生存和成长所需的品质赋予她/他。[①]

　　这本书的最高价值体现在它能引起读者的共鸣。作者将读者与书中文字交流碰撞产生共鸣的时刻标记为顿悟时刻：在那一瞬间我们理解和内化了书中的文字；我们从书中看到了自己的经历，察觉到了人生的真相，继而产生信赖感，并发出"是的，就是这么回事"的感叹。

　　每个读者都能从本书中学到不同的东西——我们的顿悟是属于自己的。对我来说，阅读阿尔忒弥斯（Artemis）的故事时有了第一个顿悟时刻。她与其他女人建立了联结，拯救了自己的母亲，但她不希望自己像母亲。这个原型在父权社会中是罕见的。能够作为这个原型在生活中的例子被写到书中，我感到被认可，也感到自豪。但我也知道，我尚未培养出阿尔忒弥斯那直面冲突的无畏精神，也没有实现真正的独立自主。珀耳塞福涅（Persephone）的优缺点对我来说是另一个顿悟时刻，她映射出了大多数人在青少年时期的感受：等待他人的形象或社会期望投射到我们身上，并尝试将各种身份套在自己身上。其他女神也各有特色。雅典娜（Athena）的典型特征是持续不断地阅读，以及习惯于生活在自己的头脑里；赫拉（Hera）、德墨忒尔（Demeter）、珀耳塞福涅有着发散意识和接受意识；阿佛洛狄忒（Aphrodite）在人际关系和创造性工作中重视情感的强度和自发性，而非持久性。

　　有些女神能够指引我们培养特定的才能，或帮助我们了解他人的品行。例如，从赫斯提亚（Hestia）处理日常家务的认真态度中，我领悟到，从更抽象的精神层面来看，家务活就是对待办事项的整理和排序。我非常羡慕雅典娜和阿尔忒弥斯的

[①] 爱丽丝·沃克是美国非裔小说家、诗人。她的长篇小说《紫色》出版于 1982 年，曾获普利策小说奖，并被改编成电影。该书通过描绘一名黑人女性的一生，深刻揭露了美国社会的种族歧视和妇女问题。——译者注

专注力，也因此对那些学会了不去"注意"或不去照亮视野边缘的事物的男人有了更深的理解。从这两位独立女神的例子中我懂得了，遇到冲突和敌意不应该太往心里去，因为这些矛盾可能是必要的，甚至是积极正面的。

在作者的敏锐分析下，女神原型不再是父权制框架下被剥削的女性。重新呈现在我们眼前的，是超凡不群但依然真实可信的女性形象。

举例来说，从现在开始，每当我想要自在地、默契地与人交流时，我可能就会联想到阿佛洛狄忒。我希望大家能够受她影响，像在音乐中即兴发挥一样享受对话，从而使得这种集体创作远大于部分之和。类似地，当我需要退到壁炉旁沉思时，赫斯提亚可以为我领路。当我缺乏代表自己或其他女性直面冲突的勇气时，阿尔忒弥斯就是一个值得学习的女性榜样。

现实和对现实的想象谁先谁后不再重要。正如简·休斯敦（Jean Houston）在《人类的可能性》（*The Possible Human*）中所写："我认为神话从未真实存在过但又一直在发生。"[1]

当我们逐渐走出不平等的社会时，男神和女神可能会合二为一。与此同时，这本书为我们提供了新的征途：看世界和做自己的新方式。

你会发现，神话能够唤起内心的现实。

格洛丽亚·斯泰纳姆（Gloria Steinem）[2]

---

① 简·休斯敦是一名美国作家、心理学家、哲学家。她于 1982 年出版了自己的著作《人类的可能性》。该书介绍了作者领导的"人类潜能运动"，带领读者深入理解和调用自己的内在资源。——译者注
② 格洛丽亚·斯泰纳姆是一名美国记者、政治家和社会活动家，是活跃于 20 世纪 60 年代和 70 年代的女性主义者。——译者注

30 周年纪念版简介

古希腊女神的名字和她们的神话已经存在了 3000 多年。《女人如何活出自我》最初于 1984 年出版，并基于这些古希腊女神提出了一种新的女性心理学。它先是成为畅销书，然后成为永不绝版的经典——就像一个骨相良好的女人，似乎永远不会老。

我既是精神科医生和荣格分析师，也是身处女性主义时代的女人。《女人如何活出自我》这本书将我的专业知识和生活体验结合在了一起。我目睹了女性的独特存在和行为方式如何受制于父权制的评判标准，也意识到内在的人格模式决定着一个女性如何回应她所讨厌的事物。与此同时，我不由自主地被希腊神话吸引，渐渐发现神话与现实生活之间有着不可思议的相似性，从而深受启发。在希腊神话中，每一个女神都有独特的才能和价值观，而作为一个整体，她们囊括了人类特质的全景（这其中也包括竞争和智力）。作出这样的对应和联系令我感到兴奋。我好像一个考古学家一样，渐渐从陶瓷碎片中看清花瓶的完整模样。在此过程中，这花瓶在它的时代所起到的真正用途也变得明朗起来。对我的读者们来说也是如此。过去的这些年，许多读者反馈说她们在读本书的过程中对自己有了顿悟，并能透过这些来自过去的女神的视角，重新看待自己的现代生活经验。《女人如何活出自我》肯定了她们真实的自我，也因此改变了她们的生活。

通过翻译成不同语言，《女人如何活出自我》将它所表达的信息，带到了欧洲、南美洲、日本、韩国、中国台湾，最近也传到了俄罗斯等地区。它也被秘密地翻译成了波斯语，被伊朗女性广泛传阅。在女性备受压迫且被当作物品对待的许多地区，"女性的权利就是人的权利，反之亦然"这个道理尚未广为人知。民主和人权的广泛传播具有地理上的相似性，因此，有关女性赋权和平等的观点也会在不同的地区应运而生。尽管这样的观点还没有抵达某些地区，但它们已经在路上了。本书所提出的女性心理学支持每个女性做出自己的选择，并且做自己人生故事的主角。这样的心理学能促使女性发生改变，而这种改变在全球范围内有着一种涟漪效应。

对于许多地区的女性来说，历史上从未有过比现在更好的时机，能够实现个人潜力，并拥有一种充实、长寿、健康的人生。那些对我们个人来说重要的事物，决定了我们能否过上有意义的生活：是否热爱我们的事业，我们爱着谁又被谁爱着，有没有根据自己的价值观来生活。当这些价值观是勇气、爱、同理心、公平以及公共事业时，我们的世界将会变得更美好。在这样一个人性能够自我毁灭并将地球上的所有生灵都拖下水的时代，人类所作所为的重要性也会大大超出个人的范畴。

《女人如何活出自我》为女性心理学提供了一种我称之为双目视觉的认知。我们通过双眼看世界得到的两个图像在大脑中合成了 3D 图片。相对应地，通过心理觉察我们发现，有两股强大的力量塑造了每个女性的生活：我们内心的原型，以及外在的家庭、社会、宗教这些文化因素。为了能在只此一次的宝贵人生中做出清醒的选择，我们需要充分认识这两股力量。

在《女人如何活出自我》中，我描述了每个女神的人格化特质、符号象征、血缘关系，并且重新讲述了关于她们的古老神话。之后，我描写了每个女神所代表的原型以及这些原型是如何在女性身上表现为个性品质，并通过女性人生的不同阶段进行表达的。所有这些女神原型都有潜在的阴影特性，其中一些阴影变成了症状，还有一些会为他人带来困扰或引起与他人的冲突。一个女性蜕变成完整的人的可能性，会被她自身的单一性以及她对某个特定原型的认同所限制和伤害。此外，阴影部分对女性来说是消极负面的。因此，书中每个女神的最后部分都探讨了相关的成长方式。

对于每个不同的个体来说,原型的强度都是不同的——正如每个人的音乐天分、聪明才智、身体平衡能力等都各不相同。发展、表达我们内心深处的潜力能令人感到愉悦。女神原型是每个女性内心深处的独特欲望:对独立自主、创造力、权力、智力挑战、精神信仰、性或者关系的渴望。这些内在的推动力指向职业、事业、行动、冥想或艺术表达,也使得我们想要拥有爱人、渴望成为母亲、期待结婚或希望保持单身。内心的原型是我们快乐和悲伤的来源。当我们的生活与我们内心的原型交流碰撞时,独属于我们自己的人生意义便升华出来。

《女人如何活出自我》出版5年后,《每个男人心中的男神》也于1989年出版了。当我讲女神原型时,有男性朋友这样问:"那我们呢?"读过《女人如何活出自我》后,他们能够更好地理解身边的女性,意识到自己会被某种特定类型的女神原型吸引,也会对那些有这种特质的女性产生兴趣。甚至还有男性说过,他们发觉有女神原型生活在他们内心或者通过他们来生活。在我写作《每个男人心中的男神》时,我发现将书名定为《每个人心中的男神和女神》(*Gods and Goddesses in Everyone*)更为准确。不过,那样一来,书的内容将会是现在的两倍多。

简·筱田·博伦

加利福尼亚州米尔谷

简　介

每个女性内心都有女神

　　将每一位女性的人生故事徐徐展开，她们都是当之无愧的主角。作为精神科医生，在听过上百个私人故事后，我在其中嗅到了神话的味道。这些女性来看精神科的原因各不相同，或者因为心情低落、无法正常生活，或者聪明地意识到了自己必须理解和改变当下的困境。在我看来，无论哪种情况，都是为了学习如何在自己的人生故事中成为一个更好的主角或英雄。而为了能达到这个目标，女性需要清醒地作出决定，从而塑造自己的人生。其实，正如文化刻板印象对女性施加了强大的影响，而女性曾对此毫无察觉，同样，对于内心的强大力量如何影响着自己做什么和感受什么，她们可能也一无所知。在本书中，我将借用希腊女神来阐述这些内心的力量。

　　这些强大的内在模式——或原型——造成了女性与女性之间的不同。比如，有些女性需要依靠一夫一妻制、婚姻或者孩子来获得满足感。传统的角色对于她们来说非常有意义，当这些目标遥不可及时，她们便会感到悲伤和愤怒，而这与另外几类女性截然不同。比如，有一些女性，她们珍视自己，追求个人独立，专注于实现那些对自己来说很重要的目标。还有一种女性，她们所寻找的是高强度的情感刺激和崭新的人生体验，因而总是不停地在关系中沦陷或者经常换工作。此外还有一些女性，她们寻求孤独，觉得自己的精神世界才是最重要的。由于内心之中被激活的女神有所不同，所以同样一件事物，对一种类型的女性来说可能会带来满足和愉悦，但对另一种类型的女性来说则毫无意义。

不仅如此，在同一个女性内心可能还会存在多个女神。越是复杂难懂的女人，在其内心活跃着的女神可能就越多。除此之外，一个女神也许能够滋养其心灵的某一部分，但对其心灵的其他部分来说可能毫无意义。

女神可以帮助女性了解自身，了解自己与其他男人和女人的关系，了解自己与父母、爱人和孩子的关系。与之相关的知识也能帮助人们窥探到内心的驱动力、失望感或者满足感的根源，以及为什么这些根源并不能对所有女性都施加影响。

男性也能从这些与女神相关的知识中获取丰富的信息。对于那些想要更好地去了解女性的男人来说，借助于女神模式，他们能够了解不同类型的女性并调整对女性的期待。此外，女神模式还能够帮助男性来了解那些看起来复杂而矛盾的女人。

对于那些与女性工作的心理治疗师来说，与女神有关的知识可以在他们的临床工作中发挥作用，帮助他们真正走进患者的人际冲突和内心冲突。女神模式能够解释人格差异，帮助分辨潜在的心理障碍和精神症状，同时也能预示处在特定女神模式中的女性将会如何成长。

在过去的3000年里，希腊女神始终栩栩如生地活在人类的想象力之中。借由希腊女神所提供的女性形象，本书从一个崭新的心理学视角来重新认识女性。这样的女性心理学与之前所有用来定义所谓"正常"女性的理论不同，不会将女性框定在"正确的"模型、"正确的"人格模式，抑或"正确的"心理结构之中。

我对女性的认知很大程度上来自我的职业生涯——在办公室作为一名精神科医生和荣格分析师时，在督导学生以及教书时，在加州大学精神病学系作为临床学教授时，以及担任旧金山荣格学院的分析师督导时。然而本书所试图构建的女性心理学不仅仅来自这些专业经验，更取材于我作为女性的生活经验。我所承载的女性身份——女儿、妻子、母亲，都为此贡献颇多。与女性朋友们的交流以及在女性团体中的经历，也令我获益匪浅。透过交流，我与其他女性互为镜像——在她们的经验中照见自己，发现新的自我，也映射出彼此的共性。

时代经验也滋养了我对女性心理学的新认识。1963年，我成为一名精神科住院医师，而那一年发生的两件事，渐渐引领我走向20世纪70年代的女性主义运动。第一件事，是贝蒂·弗里丹（Betty Friedan）发表《女性的奥秘》（*The Feminine Mystique*）清晰地揭露了一代女性的空虚和不满：她们或者为他人而生活，或者通过他人来生活。弗里丹描述道，女性不快乐的根源在于身份认同，其核心为成长停滞和逃避成长。她认为我们的文化不允许女性接纳自己的基本需求，所以女性无法得到作为人所需要的成长，难以实现自己的潜力，因而助长了这种身份认同问题。作为吹哨人，她打破了文化上的刻板印象、弗洛伊德的教条以及媒体对女性的操控，在书中呈现了划时代的观点——这些观点宣泄了被压制的愤怒，孕育了妇女解放运动，并在之后推动了全美妇女组织NOW的创立。

同一年发生的另一件事，是肯尼迪总统的妇女地位委员会发布了报告，记录了美国经济体系中的不平等：女性没有享受到同工同酬的待遇，女性的就业和升职通道受阻。这赤裸裸的不公进一步折射出女性身份被贬低、被限制的现状。

因此，当美国正处在妇女运动的临界点时，我进入了精神病学领域，并在20世纪70年代逐渐觉醒。我渐渐意识到了针对女性的不平等和歧视，了解到那些由男性主导的文化标准在通过女性刻板角色对女性进行奖惩。因此，我加入了北加州精神病学协会和美国精神病学协会的女性主义同事的队伍中。

女性心理学的双目视觉

在逐渐收获女性主义视角的同时，我也成为一名荣格分析师。1966年，结束作为精神科住院医师的实习之后，我走进了旧金山荣格学院，成了一名受训候选人，并在1976年成为了认证分析师。我的女性心理学视角随着时间的推移稳步成熟，渐渐囊括了女性主义和荣格原型心理学。

在荣格分析师和女性主义精神科医生这两个身份之间来回地探险时，我像是在给这两个世界搭桥。我的荣格分析师同事们对政治和社会动态并不上心，他们大多只是模模糊糊地了解一些妇女运动。我在精神病学领域的女性主义朋友们，就算真的曾经把我看作荣格分析师，也只不过认为荣格心理学是我个人的一种深奥的、神秘的兴趣，或者将其看作与女性议题没太大关系的一个细分领域。在这两个世界里穿梭时，我发现当不同的视角——荣格和女性主义——碰撞出火花时，一种充满深度的理解便应运而生。这两者共同提供了一种审视女性心理学的双目视觉。

荣格心理学的视角让我认识到，女性被化身为希腊女神的强大内心力量／原型影响。女性主义视角给了我另外一些理解和认识：外部力量／刻板印象——社会期待女性所遵循的那些身份角色——加强了某些女神模式并压制了另一些模式。因此，在我眼中，每个女性都是"夹在中间的女性"——同时被内心的女神原型，以及外在的文化刻板印象影响。

一旦女性感知到这些影响她的力量，便能从中得到能量。"女神"是强大的、看不见的力量，塑造行为也影响情绪。这些与内在"女神"有关的知识，是女性觉醒的新领地。了解到内心的主导力量由哪些女神构成之后，便能收获更多的自我理解：感知直觉和本能的力量，了解优先级和才能，看到实践他人并不鼓励的一些选择来找到自我意义的可能性。

女神模式也影响着女性与男人的关系，能够解释亲密关系中的困境，厘清特定男女之间的吸引力。她们是因为这些男性的强大和成功才选择了他们吗？还是因为他们的残缺和充满创造力？抑或者因为他们的孩子气？哪个女神是看不见的催化剂，驱使着女性被某种特定类型的男性吸引？女神模式影响了选择，也影响了关系的稳定度。

父－女、兄－妹、姐－妹、母－子、爱人－爱人、母－女——每一对关系模式都有着特定女神的印记。

每个女性都能心存感激地去学习和接纳女神赋予的天分。每个女性也都有着女神赋予的弱点，为了作出改变，她必须辨别并克服这些弱点。她会不由自主地践行某种被内在女神原型决定的模式，直到她感知到模式的存在，且意识到这些模式正试图通过她来达到自己的目的。

神话：洞察力工具

通过阅读荣格分析师埃利希·诺伊曼（Erich Neumann）的著作《阿莫尔与普赛克》（*Amor and Psyche*）[1]，我第一次察觉到神话模式和女性心理学之间有重要联系。诺伊曼用神话描述女性心理学，这种将神话和心理评述相结合的方式，是非常有力的"洞察力工具"。

在有关普赛克的希腊神话中，普赛克的第一项任务是整理一大堆杂乱的种子，把不同种类的种子分置到相对应的谷堆里。面对这项任务，她的第一反应是绝望，正如她面对余下三项任务时的感受一样。我注意到，很多女性患者也挣扎在各种各样的重要任务中，与这个神话恰好对应。比如，有一位研究生对她的期末论文感到头疼，不知道该怎么整理散乱的资料。还有一位抑郁的年轻母亲，不得不理清楚自己的时间都去哪儿了，搞明白各种事物的优先级，并找到一种能继续画画的办法。她们像普赛克一样，被召唤来做超出她们能力范围的事情，尽管她们可以自行决定如何完成任务。这则神话能够反映她们的处境，使这些女性患者从中学到许多知识，对于如何应对人生中的新挑战有了更深的理解，也为她们的痛苦挣扎赋予了更宏大的意义。

当一个女性察觉到她所承受的某件事中有神话的维度在，其内心深处的创造力便会被唤醒。神话唤起了情感和想象力，触碰到了人类集体智慧的结晶。希腊神话——以及其他被人类诉说了几千年的童话和神话——始终是与个体息息相关的，因为在这些故事中，可以窥见人类的一些真相。

在解读神话时，我们会有一些智力上或者直觉上的收获。神话就像那些我们虽然不理解但也能回想起来的梦，具有很重要的象征意义。神话学家约瑟夫·坎贝尔（Joseph Campbell）认为："梦是个性化的神话，神话是去个性化的梦境。"怪不得神话看起来总是既熟悉又陌生。

---

[1] 埃利希·诺伊曼的著作《阿莫尔与普赛克》完成于 1956 年，通过描述有关普赛克的神话故事，讲述了当代女性的心灵成长。Amor 在英文中有"爱情"的意思，psyche 在英文中有"心灵"的含义。——译者注

当正确地解读一个梦时，随着梦境所指向的事物变得愈发清晰，做梦者会有一闪念的灵感——某种顿悟，这意味着做梦者凭借直觉掌握并享有了这份知识。

如果一则神话象征性地表达了对某个人来说很重要的事物，那么她/他便能在解读神话的过程中产生顿悟，进而掌握一些人生真相。当我讲述神话并阐释它们的意义时，在一些听众身上便发生了这种深层次的理解。这是一种扣人心弦的学习方式，如此一来，女性心理学的理论就变成了关于自己的知识，或者与在场的男女听众所熟悉的女性有关的知识。

20世纪60年代末和70年代初，先是在加州大学医疗中心——兰利·波特精神病医院，之后在加州大学圣克鲁兹分校以及旧金山荣格学院，我在各种各样的女性心理学研讨会上讲述了神话学。在15年的授课过程中，来自西雅图、明尼苏达、丹佛、堪萨斯、休斯敦、波特兰、韦恩堡、华盛顿特区、多伦多、纽约，以及我所居住的旧金山湾区的听众，给予了我宝贵的反馈，我的想法也因此逐渐成熟。不论到哪里演讲，我都会得到同样的回应：当我将神话与临床材料、个人经历以及从女性运动中获得的见解结合起来时，新的更深层次的理解便应运而生。

一般来说，我会从普赛克的神话开始讲述，因为这则神话的主角是那些把关系放在首要位置的女性。接着我便描述第二则神话，它的女主角/女英雄是阿塔兰忒（Atalanta）——一个善于疾走的猎手。我认为第二则神话的意义在于，它向我们展示了并非所有女性在面对挑战时都会变得不知所措。那些遇到挑战时迎难而上的女性，在学校里和社会上往往表现得更出色。就像阿塔兰忒，无论是奔跑还是打猎，她都比那些试图打败她的男性更杰出。她的美丽不输于代表狩猎和月亮的希腊女神阿尔忒弥斯。

这种教学方式自然引出了关于其他女神的疑问。我开始阅读有关这些女神的神话，并好奇她们具体代表了什么，以及她们到底在多大程度上具有代表性。我开始拥有自己的顿悟时刻。例如，当一个嫉妒的、报复心强的女性走进我的办公室，我在她身上认出了那个愤怒的、被羞辱的婚姻女神——宙斯的配偶赫拉。配偶的花言巧语使得这位女神不断地去寻找并摧毁"别的女人"。

这名患者刚发现自己的丈夫有外遇，她开始着了迷似的像间谍一样关注"那个女人"。她有着报复性的幻想，她觉得自己疯了，却仍然深陷其中，想要查到些什么。她的愤怒不是指向那个欺骗她、对她不忠的丈夫，这一点和赫拉如出一辙。对我的患者来说，能意识到她丈夫的不忠在她内心唤起了和赫拉一样的反应，这对她是很有帮助的。她现在能理解为什么她觉得自己被愤怒支配，以及这愤怒对她来说多么具有破坏性。她最终意识到她所要做的是直面丈夫的所作所为，以及他们两个之间的婚姻问题，而不是变成一个复仇的赫拉。

我一直坚定地支持《平等权利修正案》，但我的一位女同事却出人意料地发表了一些反对它的言论。当愤怒与痛苦的情绪涌上心头时，我突然有了一个顿悟：我与同事的意见不合正是我们心灵中不同类型的女神在对抗。那一刻，针对《平等权利修正案》，我像阿尔忒弥斯一样感受和表现，像一个大姐姐原型，是女性的保护者。而对比来看，我的对手像是雅典娜——那个从宙斯脑袋里生长出来的女儿，因此她是男英雄的女性守护者，是男权社会的捍卫者，在很大程度上是"父亲的女儿"。

在另一个场合下，我读了关于帕蒂·赫斯特（Patty Hearst）绑架案的报道。[①]我意识到，那个曾经被冥王哈迪斯（Hades）诱拐、强奸、囚禁的珀耳塞福涅的神话故事，正在报纸头条上重演。那时，赫斯特是加州大学的一名学生，是被两个富有的当代奥林匹斯神保护得很好的女儿。她被绑架——被"共生解放军"（SLA）头领带到了冥界——关在了一个黑暗的衣柜中，反复地遭到强暴。

不久之后，我开始对"女人如何活出自我"有所察觉。我发现，如果能够了解哪个女神正在参与此时此刻的生活，那么我对每日琐事以及戏剧性事件的理解会变得更深刻。比如，想想看，当你正在准备饭菜和做家务时，哪个女神正在施展她的魔力呢？

---

① 帕蒂·赫斯特是美国报业大亨威廉·伦道夫·赫斯特的孙女。1974 年，19 岁的她被"共生解放军"组织绑架并遭受了非人的折磨。之后，帕蒂·赫斯特加入该组织，因参与银行抢劫案而被捕，获刑 7 年。帕蒂·赫斯特绑架案是斯德哥尔摩综合征的经典案例。美国总统比尔·克林顿于 2001 年签发赦免令，撤销了帕蒂·赫斯特的罪名。——译者注

可以这样简单地思考一下：当丈夫离家一周时，女性会为自己做什么饭，家里会变成什么样？当一个赫拉女人（指影响这名女性的女神主要是赫拉）或一个阿佛洛狄忒式女人孤独地享用一顿晚饭时，可能会显得十分凄惨：也许这晚饭只是纸盒子里的干奶酪。对独自一人待着的她来说，不管冰箱或者橱柜里有什么，都会是很不错的一顿饭。这与当她丈夫在家时，她所精心准备的饭菜形成了极其鲜明的对比。她为了他而做饭。她是一个会准备美味大餐的好妻子，她做的饭菜自然是他喜欢的，而不是自己更爱吃的（赫拉）。她的动力来自她与生俱来的母性，她想照顾好他（德墨忒尔）；她会做能令他开心的事情（珀耳塞福涅）；或者想让自己对他有吸引力（阿佛洛狄忒）。但是，如果影响她的那位女神是赫斯提亚，那么当她独自一人在家时，她就会将桌子布置好，为自己做一顿真正的饭，而且家里会像平时一样保持整洁有序的状态。与之对应，即便其他女神也能为女性提供做家务活的动力，但在她丈夫回家前夕，这股动力都可能被忽视掉。一个赫斯提亚女性会为她自己准备鲜花，这是那个缺席的男人无缘享受的。她的公寓或房子总是像家一样温馨，不为别人，只为她自己。

你可能会问："别人也会觉得这种通过神话来了解女性心理的方式有用吗？"当我做与"女人如何活出自我"相关的演讲时，答案出现了：把神话当作洞见的工具，能令观众们感到兴奋和被启发。神话是一种帮助人们理解女性的情感的工具。随着我分享这些神话，人们逐渐看到、感知到、听到了我所讲述的故事；而随着我对这些神话作出解析，人们开始有了顿悟。不管是男性听众还是女性听众，都从神话中窥见了自己人生的真相，证实了一些想法，目光变得越来越清晰。

我也在专业会议上与精神病学专家和心理学专家讨论了我的想法。本书的部分内容就源自我在国际分析心理学协会（IAAP）、美国精神分析学会（AAP）、美国精神病学协会、美国行为精神病学妇女研究所（WIAOA）以及超个人心理学协会（ATP）等专业组织上所做的演讲。我的同事们觉得我提出的这种工作方式在临床上很有用，并且非常欣赏"女神"提供的关于性格模式和精神症状的洞见。对他们中的大多数人来说，这是他们听到的第一个由荣格分析师带来的女性心理学演讲。

只有我的荣格同事们知道，我正在推进一些与荣格的概念不同的、关于女性主义心理学的新想法，同时也在整合原型心理学与女性主义视角。尽管本书是为普通读者而写，但那些对荣格心理学颇有了解的读者可能会注意到，这种基于女性主义原型的女性心理学，挑战了荣格的阿尼玛—阿尼姆斯理论的普遍适用性（见第三章）。许多荣格心理学作家曾描写过作为原型意象的希腊男神和女神，我在书中也借鉴了他们的工作，在此，我要对他们表示感谢。然而，通过选择7个希腊女神并根据她们的心理功能将其分为三个具体的类别，我创造了一种用以理解内心冲突的崭新的分类方式（具体描述贯穿全书）。在这种分类方式中，我在荣格理论所探讨的聚焦意识和发散意识外，增加了第三种模式——引入了阿佛洛狄忒意识（见第十一章）。

本书还介绍了如下两个新的心理学概念，然而为了使本书的主题更加紧凑，后文并未深入讨论这两个新概念。

一、针对女性行为和荣格心理类型理论之间的不一致，"女神"能够提供一些解释。根据荣格的心理类型理论，一个个体总是可以二分地用"要么/要么"解释：要么是外向，要么是内向；做评判的时候要么运用情感，要么运用思维；感知事物的时候要么运用直觉，要么运用感受（通过五感）。此外，这四个功能（思维/情感；直觉/感受）之中，总会有一个是被我们开发得最好且最受我们依赖的；不管这个功能来自两组功能中的哪一组，其所在组合中的另外一个功能都会是最不常被我们依赖或者最不能被我们感知到的。对于荣格的"要么/要么，最强的/最弱的"模型，荣格心理学家琼·辛格（June Singer）和玛丽·卢米斯（Mary Loomis）曾描述过一些例外情况。类似地，我认为女神原型能够很好地解释关于女性的例外情况。

例如，随着女性转换人生轨道，她能够从一个女神模式转向另一个女神模式。比如，在一个情境中，她可能是外向的、有逻辑的雅典娜，很重视细节；在其他的场合中，她可能是一个内向的、顾家的赫斯提亚，静水流深。判断一个多面的女性属于哪种荣格心理类型，难点就在于女性的这种"转换能力"。再举一例，这名女性也许能够非常热切地留意到审美细节（受阿佛洛狄忒影响），但却并没有注意到别的细节，比如灶台上的火还开着或者天然气快没了（雅典娜不会错过的细节）。占主导地位的"女神"能够解释这种矛盾，即为什么同一个功能（在本例中是"感受"功能）既能被充分调动又能够同时处于无意识中（见第十四章）。

二、在临床观察中，我意识到女神原型的强大力量能够淹没女性自我并诱发一些精神症状，而随着女神力量的逐步递减——从古代欧洲的大母神到希腊女神这些女儿辈女神或少女女神，女神原型的影响力也在减弱（见第一章）。

本书为心理治疗师提供了一些前沿的理论和有用的信息。同时，本书也是为每一个想要更好地理解女性的普通人（尤其是为了理解那些对我们来说很亲近、很珍贵或者很神秘的女性）所著。此外，我也希望本书能帮助女性发现自己内心的女神。

第一章

作为内在意象的女神

一个虚弱的女婴被放在我朋友安的手臂中,这是一个有先天性心脏缺陷的"青紫色婴儿"。抱着小婴儿,看着她的脸,安十分动情。同时她也感受到了来自胸腔深处的隐隐作痛。在这短短的几分钟内,安就和小宝宝结了缘。自那以后,安常常探访这个婴儿,尽可能地和她保持联络。小婴儿没能在开胸手术中幸存下来。尽管她只生存了几个月,却在安的生命里留下了深深的印记。因为在第一次见面时,她便触碰到了安内心深处那情感充沛的内在意象。

1966 年,精神科医生、作家安东尼·史蒂文斯(Anthony Stevens)在希腊雅典附近的米特拉婴儿中心研究婴儿的依恋。他所观察到的孤儿和护士之间的互动与安的经历很像。他发现,通过互相吸引,婴儿和一个特定的护士之间会形成一种特殊的纽带,而这个过程就像陷入爱情一样。

"橱柜之爱理论"(cupboard love theory)认为,母亲和孩子之间的纽带是通过养育和喂养逐渐形成的。[①] 然而,史蒂文斯的观察推翻了这个理论。他发现,即使某个护士不常照顾或者未能定期照顾婴儿,依然有不少于三分之一的婴儿会对她产生依恋。而依恋形成之后,她总是会为这个孩子付出更多,这是对她这种依恋的回馈。而当"属于自己的"护士不在时,孩子常常会拒绝其他护士的照料。

---

① 弗洛伊德认为,婴儿对食物和安全的需求都是通过母亲来满足的。在这个过程中,婴儿逐渐对母亲产生依恋,这种依恋常常被称为"橱柜之爱"。——译者注

一些新手母亲能立刻与她们的新生儿建立依恋；当她们抱着自己刚生下的可爱又无助的婴儿时，一种强烈的、带有保护欲的爱和无限柔情涌上心头。我们说，这个婴儿唤起了这些女性内心的母亲原型。而对其他一些新手母亲来说，母爱是在随后几个月的时间里慢慢生发的，直到婴儿八九个月大时才会变得明显。

如果生孩子没能激活女性内心的"母亲"，她往往会意识到自己未能感知到其他母亲所感知到的事物（或者未能感知到她以往通过别的孩子感知到的事物）。如果"母亲"原型没有被激活，这个孩子就会缺失一种重要的联结，而且孩子会渴望这种联结的出现。（尽管作为原型的母亲-孩子模式能够通过亲生母亲之外的其他女性来得到满足，比如希腊孤儿院的护士。）孩子这种对缺席的依恋的渴求会一直持续到其成年之后。一名45岁的女性曾经参加过我的女性团体，在谈到母亲的死亡时她落泪了，因为她一直盼望建立的联结随着她母亲的去世彻底化为泡影。

"母亲"是孩子能在女性内心激发出来的一种深切的存在方式，类似地，寻找自己的"母亲"也是每个孩子的"出厂设置"。在母亲和孩子（即"全人类"）心中，母亲的形象是与母性的行为、情感紧密相关的。这种在心灵中运行的内在形象——一种能够在潜意识层面决定行为和情感反应的形象——就是一种原型。

"母亲"仅仅是女性内心可被唤醒和激活的众多原型之一——或者说，是潜在的、由女性内心把握的众多角色之一。学会辨别不同的原型后，我们便能更清晰地看出哪个原型正活跃在自己或他人内心。本书中，我将介绍那些化身为希腊女神并在女性心灵中活跃着的原型。例如，母性女神德墨忒尔是母亲原型的化身。其他的原型还包括珀耳塞福涅（女儿）、赫拉（妻子）、阿佛洛狄忒（爱人）、阿尔忒弥斯（姐妹和竞争者）、雅典娜（战略家）以及赫斯提亚（家庭守卫者）。只有当这些女神的形象与女性的感受相契合时，以她们来命名原型才是有用的，因为原型本身并没有姓名。

荣格将原型的概念引入了心理学。他认为原型是一种包含在集体无意识中的本能。集体无意识是潜意识的一部分，它是普遍的而非个体所独有的，其内容和行为方式在不同地区以及不同的人身上都是大抵相同的。

正如意象和主题是梦的表达，神话和童话则是原型的表达方式。来自不同文化的神话之间有着很大的相似性，这正是所有民族都有共同的原型模式的原因。作为预先存在的模式，它们影响了我们的行为以及我们如何对他人作出回应。

作为原型的女神

我们大多数人都曾在课堂上了解过奥林匹斯山的男神和女神，也曾见到过关于他们的雕塑和绘画。罗马人崇拜这些神，用拉丁名字来称呼他们。奥林匹斯众神有着凡人的特性：他们的行为、情绪反应、外表以及神话传说都呈现了与人的行为和姿态相对应的模式。而这些神之所以为我们所熟悉，是因为他们是原型的；也就是说，他们代表着我们从人类共享的集体无意识中识别出来的一些生存和行为模型。

他们之中最有名的莫过于 12 位奥林匹斯神：6 位男神——宙斯（Zeus）、波塞冬（Poseidon）、哈迪斯（Hades）、阿波罗（Apollo）、阿瑞斯（Ares）、赫菲斯托斯（Hephaestus）；6 位女神——赫斯提亚、德墨忒尔、赫拉、阿尔忒弥斯、雅典娜、阿佛洛狄忒。这 12 位中的其中一位，也就是赫斯提亚（炉灶女神），后来被酒神狄俄尼索斯（Dionysus）代替，因此男女比例的平衡被打破，变为 7 个男神和 5 个女神。我在本书中所描述的女神原型是 6 位奥林匹斯女神——赫斯提亚、德墨忒尔、赫拉、阿尔忒弥斯、雅典娜、阿佛洛狄忒——再加上珀耳塞福涅，因为她的神话传说与德墨忒尔不可分割。

我将这 7 位女神划分为三类：处女女神、脆弱女神、炼金术女神（或称转化女神）。处女女神在古希腊时便已被归在一起，其他两类则由我命名。一些显著特征，比如意识模型、偏爱的角色以及动力因素，可以用来区分这几类不同的女神。对他人的态度、依恋需求以及关系的重要性在这三类女神身上也有截然不同的表现。在一个女性的生命中，需要展现这三类女神的特质才能深刻地去爱，开展有意义的工作，表达感性与创造力。

在本书中你遇到的第一类女神是处女女神：阿尔忒弥斯、雅典娜、赫斯提亚。

阿尔忒弥斯（罗马人称之为"戴安娜"）是狩猎和月亮女神。她的疆域在荒野。她是有着精准目标的弓箭手，也是所有年轻生灵的保护者。雅典娜（以"密涅瓦"为罗马人所知）是智慧和手工艺女神，是那个沿用她名字的城市雅典的守卫者，也是无数男英雄的守护神。她通常被刻画成穿着盔甲的模样，并且以战场上的最佳战略家为人所知。炉灶女神赫斯提亚（即罗马女神"维斯塔"），是奥林匹斯众神中最不为人知的一位。她在家庭和神庙中化身为炉灶中央的火焰。

处女女神代表了女性独立、自足的品质。与其他的奥林匹斯神不同，这三位女神不会轻易陷入爱情。她们不会因为情感上的依恋而将视线从那些对她们来说重要的事情上移开。她们没有被迫害，也没有受苦受难。作为原型，她们表达了女性独立自主的需求，以及专注在对自己来说有意义的事物上的能力。阿尔忒弥斯和雅典娜代表着目标指向和逻辑思考，这意味着她们是以成就为导向的原型。赫斯提亚原型则向内关注女性人格的精神中心。这三位女神是积极寻找自己人生目标的女性原型。她们拓展了女性特质的概念，将胜任力和自给自足囊括了进来。

我把第二类女神——赫拉、德墨忒尔以及珀耳塞福涅——称之为脆弱女神。赫拉（罗马人称"朱诺"）是婚姻女神。她是奥林匹斯主神宙斯的妻子。德墨忒尔（罗马女神"克瑞斯"）是谷物女神。在关于她的最重要的传说中，她作为母亲的角色被着重强调。珀耳塞福涅（拉丁语称"普洛塞庇娜"）是德墨忒尔的女儿。希腊人也称她为科瑞——"少女"。

这三位脆弱女神代表了传统角色——妻子、母亲、女儿。她们是以关系为中心的女神原型，其身份认同和身心健康依赖于拥有一段重要的关系。她们表达了女性对亲密关系以及与他人联结的需求。她们努力适应他人并且十分容易受到影响。这三位女神曾被男神强暴、诱拐、控制或羞辱。当依恋破灭或不被尊重时，她们每一位都以自己特有的方式受苦，并且出现了类似心理疾病的症状。她们都是逐渐发展变化的，能够帮助女性深入理解自己对待丧失的模式，也展示了通过苦难获得成长的可能性——而这正是这三位女神原型与生俱来的本领。

第三类女神是爱与美的女神阿佛洛狄忒（即罗马人口中耳熟能详的"维纳

斯"），她作为炼金术女神自成一体。她是众女神中最美、最有魅力的。她有许多风流史，与许多伴侣孕育了后代。她创造了爱与美、情欲吸引、感官享受、性欲和新生。她总是按照自己的意愿选择开启一段关系，从未当过受害者。因此，她既像处女女神们一样保持了自己的独立自主，又像脆弱女神们一样处在种种关系里。她的意识既是专注的又是接纳的，能够通过一种双向交换来影响自己和他人。阿佛洛狄忒原型激励女性在关系中追求强烈的情感浓度，而不是关系的永久性，重视创造性的过程，并对改变持开放态度。

家族图谱

为了更好地了解这些女神究竟是谁，以及她们与其他的神之间有什么样的关系，让我们先把她们放在神话的语境里来考量。在这里我们要感谢赫西俄德（Hesiod，大约生活在公元前 700 年），是他最先试着整理这些与神有关的传说，将它们有序排列。他的主要著作《神谱》讲述了神的起源和谱系。

根据赫西俄德的说法，在最初的时候有卡俄斯，这是一切的起点。这之后诞生了盖亚（大地）、幽暗的塔尔塔洛斯（地狱深渊）以及厄洛斯（爱）。

大地女神盖亚生下了儿子乌拉诺斯，他代表了天空。这之后她与乌拉诺斯结合，生下了十二提坦巨神——被古希腊人膜拜的古老的、原始的、大自然的力量。在赫西俄德给出的神族家谱学中，这些提坦曾是统治世界的古老神族，也是奥林匹斯众神的父辈和祖父辈。

乌拉诺斯是希腊神话中第一个父权形象和父亲形象，他后来逐渐对他和盖亚的孩子产生不满，于是孩子们一出生，便被乌拉诺斯束缚在了盖亚体内。这使得盖亚非常痛苦和愤怒。她请自己的提坦孩子们来帮助她。可是除了最小的孩子克罗诺斯（Cronos）以外，其他的提坦都很怕介入此事。克罗诺斯回应了母亲的求助，按照母亲制订的计划，带着母亲给他的镰刀，静静地等待他的父亲。

当乌拉诺斯来与盖亚交合时，克罗诺斯拿起镰刀，砍掉了父亲的生殖器，扔进了大海。克罗诺斯由此成了最强大的男神。他和提坦们统治了整个世界并且创造了新的神。这其中，许多神代表了大自然的元素，比如河流、风和彩虹。其余的则是一些怪物，是邪恶或危险的化身。

克罗诺斯与他的姐姐瑞亚（Rhea）交合。他们生出了第一代奥林匹斯神——赫斯提亚、德墨忒尔、赫拉、哈迪斯、波塞冬和宙斯。

父权制祖先再一次试图除掉他的孩子们，这次作恶的是克罗诺斯。他曾被警告过，说他注定会被自己的儿子打败。为了阻止这件事成真，每当他的孩子出生时，他便将孩子一口吞下——甚至不去看一眼这新生命是儿子还是女儿。克罗诺斯共计吞掉了三个女儿和两个儿子。

瑞亚为孩子们的悲惨命运感到伤心欲绝。当她再次怀孕时，便请求盖亚和乌拉诺斯救救这最后一个孩子，并且惩罚克罗诺斯阉割乌拉诺斯以及吞掉自己五个孩子的罪行。她的父母让她在克里特岛生产，再将一块石头包在婴儿衣服里来迷惑克罗诺斯。克罗诺斯以为石头就是他的孩子，便急不可耐地吞了下去。

这最后一个幸免于难的孩子就是宙斯，他的确在之后推翻了父亲的领导，统治了所有的神和凡间生灵。在被悄悄地抚养长大后，他用计骗父亲将他的哥哥姐姐们反刍出来。有了兄弟姐妹的帮助，宙斯开始了一场争夺霸权的长期斗争。这场斗争以克罗诺斯和提坦战败，以及他们被囚禁在塔尔塔洛斯的地牢里而告终。

在赢得胜利之后，三兄弟宙斯、波塞冬、哈迪斯通过抽签来决定如何瓜分这个世界。宙斯赢得了天空，波塞冬得到了海洋，哈迪斯掌管了地府。尽管大地和奥林匹斯山属于共享领土，宙斯却将他的权力扩张到了这些领土。三姐妹赫斯提亚、德墨忒尔和赫拉没有任何财产权，这刚好与希腊宗教中的父权本质相符。

通过与他的情人们交合，宙斯做了下一代神的父亲：阿尔忒弥斯和阿波罗（太阳神）是宙斯和勒托（Leto）的孩子，雅典娜是宙斯和墨提斯（Metis）的女儿，珀耳塞福涅是德墨忒尔和宙斯的女儿，赫尔墨斯（众神使者）是宙斯和迈亚的儿子，而阿瑞斯（战争之神）和赫菲斯托斯（锻造与冶炼之神）则是宙斯和天后赫拉的儿子。关于阿佛洛狄忒的诞生有两个版本：一说她是宙斯和狄俄涅的孩子；另一说是她先于宙斯降生。此外，宙斯在与一名凡人女子塞墨勒发生婚外情后，生下了狄俄尼索斯。

本书的最后列出了一个人物表——按照字母序排列的男神和女神们的传记速写，来帮助大家记住希腊神话中的这些神。

历史和神话

诞生了这些希腊男神和女神的神话起源于历史事件。希腊神话是尊崇宙斯和男英雄的父权制神话，它映射了一场相遇和征服：被侵略的民族有着以母亲为基础的宗教，入侵者则拥有战神和以父亲为基础的神学。

加州大学洛杉矶分校欧洲考古学系的教授玛丽亚·金伯塔斯（Marija Gimbutas）描述过"旧欧洲"——欧洲的第一缕文明，它可以追溯到至少 5000 年前（甚至可能是 25000 年前）。男性宗教兴起前的旧欧洲曾经崇拜大母神，是母权制社会、定居文明，拥有宁静和平、热爱艺术的文化，既有乡土文明也有海洋文明。从墓穴中搜集的证据表明，旧欧洲是一个不分阶层的平等主义社会，被来自遥远的北方和东方的马背上的半游牧民族——印欧人的渗透摧毁。这些入侵者是父权的、流动的、好战的，他们仰望星空，但对艺术漠不关心。

入侵者们认为自己是更优越的民族，因为他们有能力征服文化上比他们更发达的早期定居者。这些本地人崇拜大母神。这个伟大的女神以许多不同的名字为人所知——阿施塔特、伊师塔、伊南娜、努特、伊西斯、阿什托雷斯、奥赛特、哈索尔、尼娜、纳姆和宁格尔等——大母神作为与自然和生育密切相关的女性生命力量被人们崇拜，她既能创造生命，也可以毁灭生命。蛇、鸽子、树以及月亮都是她神圣的象征。根据历史学家和神话学家罗伯特·格雷夫斯（Robert Graves）所言，在父权制神话出现前，大母神被视为不朽的、不变的和无所不能的。她找情人的目的不是为了给孩子们一个父亲，而是为了享乐。彼时父权尚未被引入宗教思想，（男）神也还不存在。

印欧人一波又一波的入侵使得大母神逐渐被废黜。权威人士们给出了这些入侵的起始日期——大约在公元前 4500 年到公元前 2400 年之间。在这个过程中，女神们并没有被完全压制，而是被吸收进了入侵者的宗教。

侵略者将他们的父权文化和武士宗教强加给被征服者。大母神成为侵略者诸神的奴仆，原本属于女性神的属性或权力被剥夺并赋给了男性神。强奸第一次出现在神话中，渐渐地，有一些神话开始讲述男英雄杀蛇的壮举——蛇是大母神的象征。而且，正如希腊神话所反映的那样，曾经属于大母神的特质、象征和力量被分配给了许多女神。神话学家简·哈里森（Jane Harrison）注意到，大母神变得碎片化，四分五裂成了许多更小的女神。这些更小的女神中的每一个都获得了曾经属于大母神的一些属性：赫拉得到了神圣的婚姻仪式，德墨忒尔得到了她的神秘，雅典娜得到了她的蛇，阿佛洛狄忒得到了她的鸽子，阿尔忒弥斯则继承了她"荒野女士"（野生动物）的职能。

根据《当上帝为女性时》（*When God Was a Woman*）的作者莫林·斯通（Meiln Stone）的说法，大女神的退位始于印欧入侵者，最终由后来出现的希伯来、基督教和穆斯林完成。自此，男神占据了显赫的位置，女神们渐渐地淡入幕后，随之而来的是社会上的女性也纷纷谢幕。斯通写道："我们或许会好奇，在多大程度上，打压女性的宗教地位就是打压女性的权力。"

历史上的女神和原型

大母神作为生命的创造者和毁灭者被崇拜，她对生育负责，也对大自然造成了破坏。大母神现在仍然以原型的形式在集体无意识中存在着。我经常在患者身上感受到令人敬畏的大母神的存在，比如一个产后病人曾将自己视为大母神糟糕的一面。格温是个年轻的妈妈，她在孩子出生后患上了精神疾病。她确信自己已经吞噬了世界，产生了幻觉，变得抑郁。她在医院的休息室踱步，沉浸在内疚和忧伤中无法自拔。当我跟上她的脚步陪伴她时，她告诉我她已经"吞噬并摧毁了世界"。在她怀孕期间，作为生命的创造者，她认同了大母神积极的一面。在分娩之后，她觉得自己是那个有能力摧毁她所创造的生命并且真的这样做了的大母神。她的情感信念如此强烈，以至于她忽略了那些能够表明这个世界仍然存在的证据。

这个原型依然有积极的一面。比如，很多人都将大母神看作生命维系者。这样的人确信他或她的生命本身取决于与特定女性保持联系。这个特定女性被"误认"为是大母神。这是一种相当普遍的错觉。当这种关系的丧失充满了破坏性以至于导致某人自杀时，这个人的生命确实依赖于它。

在大母神还被大家敬仰时，她拥有着至高无上的力量。同样，大母神原型也有着所有原型都没有的最强大的影响力；她能够唤起非理性的恐惧并扭曲现实。希腊女神们没有大母神强大，而且她们更专长化。她们每个人都有自己擅长的领域和仅限于该领域的力量。在女性的心灵中，希腊女神的力量同样没有大母神强大——她们在情感上的压倒性力量和扭曲现实的能力比大母神弱。

在这 7 个代表女性典型原型模式的希腊女神中，阿佛洛狄忒、德墨忒尔和赫拉最有权决定一个人的行为。这三位女神与大母神的关系比其他四位更为密切。在作为生育女神的职能方面，阿佛洛狄忒是大母神的一个缩小版。在作为伟大母亲的职能上，德墨忒尔是大母神的缩小版。赫拉是"天后大母神"的缩小版。然而，虽然每个女神都比大母神"小"，但由于她们代表了心灵中的本能力量，所以当她们"要给自己讨回公道"时，这种力量可能会令人毫无招架之力——正如我们将在后面的章节中看到的那样。

被这三位女神中的任何一位影响的女性必须学会抵抗，因为盲目地听从阿佛洛狄忒、德墨忒尔或赫拉的吩咐会对女性的生活产生不利影响。这些原型——就像她们对应的古希腊女神一样——并不在乎凡人女性的最大利益，或者她们与他人的关系。原型存在于时间之外，不关心女性生活的现实或她们的实际需求。

其余四个原型中的三个——阿尔忒弥斯、雅典娜和珀耳塞福涅——是属于女儿这一代神的"少女"女神。她们与大母神之间又多隔了一代人。作为原型，她们相对来说不那么强势，主要是对性格模式有一定的影响。

而赫斯提亚作为她们之中最年长、最聪明、最受尊敬的女神，则彻底远离了权力。她代表了女性所尊崇的精神力量。

希腊女神和当代女性

希腊女神是在人类的想象中生活了 3000 多年的女性形象，是女性形象的模式或代表——她们拥有比历来女性被允许的更多的权力和多样化的行为。她们美丽而坚强。她们的动力来自那些对她们来说真正重要的事情，而且——正如我在本书中所表达的那样——她们代表了可以塑造女性生活进程的固有模式或原型。

这些女神各不相同，每一位都有积极的一面，也有潜在的消极特征。从她们的神话故事中，我们可以了解到对她们来说什么是重要的，也可以通过神话的隐喻了解到一个与特定女神相似的女人可能会做些什么。

奥林匹斯山的每一位希腊女神都是独一无二的，而其中一些女神是相互敌对的，这仿佛隐喻了复杂而多面的女性内部所充斥的多样性和冲突。所有的女神都可能存在于每个女人身上。当好几位女神都在争夺女性心灵的主导权时，她需要决定何时表达自己的哪一面。否则，她将先被拉往一个方向，然后再被扯向另一个方向。

希腊女神也和我们一样生活在父权社会中。男神统治着地球、天空、海洋和冥界。每个独立的女神都以自己的方式适应这一现实：与男人分离，加入男人成为他们中的一员，或者向内心撤退。与男神相比，每一个重视特定关系的女神都是易受影响的和相对无力的，男神可以否认她想要的东西并打败她。因此，女神代表了特定父权文化下的特定生活模式。

第二章

将女神激活

古希腊的女性知道，她们所从事的行业和她们所处的人生阶段将她们置于某个令人敬仰的女神的支配下：纺织女工需要雅典娜的庇护，年轻女孩受阿尔忒弥斯的保护，已婚女性向赫拉致敬。女性在这些女神的祭坛上参拜、献贡，以寻求她们的帮助。正在分娩的女性祈祷阿尔忒弥斯能把她们从痛苦中解脱出来；她们邀请赫斯提亚来到她们的炉灶旁，将她们的房子变成温馨的家。女神是强大的神，祭祀、礼拜、供奉等都是为了向她们献上敬意。女性还要给女神们献上自己的财物，因为她们害怕如果自己不这么做，女神们会愤怒并严惩她们。

在现代女性当中，女神以原型的形式存在，并且像古希腊一样能够支配她们的从属者。即便不知道自己从属于哪个女神，女性也会在某段时间里（甚至终生）将她的忠诚"给予"某个特定的原型。

例如，一个女孩在十几岁的时候可能很容易疯狂迷恋男孩子，她可能会过早地体验性行为，甚至有意外怀孕的危险——她对自己正在被阿佛洛狄忒影响毫无察觉：爱神阿佛洛狄忒，她那趋向结合与生育的本能悄无声息地影响着早熟的女孩。她也可能被阿尔忒弥斯保护，她重视独身生活，喜欢荒野——她可能是一个喜欢骑马的狂热的青少年或者一个女童子军背包客。又或许，从她第一次玩洋娃娃开始，她就像是渐渐萌芽的德墨忒尔，幻想着什么时候能有自己的孩子。或许，她像少女珀耳塞福涅一样在草丛里采花，是一个等待某些事物或某人将她带走的、不太有目标的女性。

所有这些女神在一切女性心中都是可能存在的，只不过在每个女性心中，有一些女神被激活了（这些女神是活跃的或者被充分发展的），而另外一些女神没被激活。荣格曾借助水晶的形成过程来解释原型模式（人类共通的）与被激活的原型（在我们内心中运行着的）区别：原型就像看不见的模式，决定着水晶最终会长成什么样的形状和结构；水晶一旦成型，其模式便可以被识别，因此可以类比为被激活的原型。

原型也可以与种子中的"蓝图"作对比。种子的生长依赖土壤和气候状况，特定营养的供给，园丁是悉心照料还是粗心大意，容器的大小和深度，以及这种植物本身的耐力。

类似地，哪个或哪些女神（可能会有多个女神同时存在）于特定时刻在某些女性心中被激活，取决于一系列因素的互相作用和共同影响：女性自身的性格、家庭和文化、荷尔蒙、他人、未被选择的境遇、选择的活动以及所处的人生阶段。

天生的秉性

婴儿生来就有自己的个性——活泼的、任性的、温和的、好奇的、能够独处的、喜爱社交的——这些性格特征都有更契合自己的女神原型。一个小女孩到了两三岁，就开始显现出某些女神的特质了。性格温顺、愿意听妈妈话的女孩，与已经能够独自探索街坊四邻的女孩是非常不同的——就像珀耳塞福涅与阿尔忒弥斯一样不同。

家庭环境与女神

家庭对孩子的期待支持了某些女神，压抑了另一些女神。如果家长期待女儿乖巧完美或成为"小棉袄"，那么他们就会奖励并增强女儿的珀耳塞福涅和德墨忒尔特质。若是一个女孩子有自己的主见，想要获得跟她的兄弟一样的待遇和机会，那么她也许会被认为是"任性"的，然而，她只是在坚持做自己——阿尔忒弥斯。或者，当她展现自己像男孩子一样的雅典娜一面时，她会被要求"表现得像个女孩子一样"。此外，现在的小女孩可能会发现自己正处在相反的境地：她可能不被鼓励待在家里，也不被鼓励玩过家家、扮演妈妈（而这也许恰恰是她想做的事情）。相反，家长会帮她报名足球课和早教课（这是父母想要她发展的领域）。

　　小孩子的内在女神模式与家庭期望相互作用。如果父母反对特定的女神，那么尽管女孩会学着压抑自己的天性，自尊心也会受挫，但她并不能使自己的感受停下来。如果她的女神受到家人的厚爱，可能也会有一些弊端。例如，如果一个女孩子常常听从别人的领导——因为她最像珀耳塞福涅，那么她可能会在通过取悦别人获得奖赏后，对自己究竟想要什么感到迷茫。聪明的、跳级的"小雅典娜"是在牺牲了与同龄人的友情的基础上发展了自己的智力。当内在的模式和家人"合谋"使女性顺应某一个女神时，她的发展就会变得单一。

　　如果家庭能够奖励和鼓励女孩子发展自己的天性，那么在她做自己觉得重要的事情时，就会对自己感觉良好。如果这个女孩的女神模式遭到了家庭的反对，那么相反的事情就会发生在她身上。这种反对并不会改变内在的模式，只是会使得这个女孩因为自己所拥有的特质和兴趣而自我感觉糟糕。而如果她假装自己是另外一个人，她会觉得自己活得不真实。

文化对女神的影响

　　通过允许女性拥有某些角色，文化支持了哪些"女神"呢？对女性的刻板印象造就了女神原型的正面或负面形象。在父权制社会，被接受的角色通常是少女（珀耳塞福涅）、妻子（赫拉）和母亲（德墨忒尔）。阿佛洛狄忒被谴责为"妓女"或"妖妇"，是对这种原型的感官欲望的扭曲和贬低。一个强势或愤怒的赫拉变成了"悍妇"。而在某些文化中，不管过去还是现在，都极力否认女性在独立、智力和性欲上的表达——因此任何有关阿尔忒弥斯、雅典娜和阿佛洛狄忒的迹象都会被抹杀。

举例来说，在古代中国，女人裹小脚的传统意味着女性在身体上变得残疾了，同时因为独立是不被允许的，所以她们在心理上也被自己的角色限制。在这种情况下，特定的女神只能在神话中存在。在小说《女勇士》中，汤亭亭描写了中国女性的被贬低是如何从过去一直延续到现在的。与之对照，她重塑了一个强大的中国女战士、女英雄的故事。这个神话展示出，即便某个女神模式无法在女性的现实生活中存在，这位女神依然会通过童话、神话和女性的梦境来表达自己。

女性的生活是由当时所允许的角色和理想化的形象塑造的。这些刻板印象支持某些女神原型。在美国，过去的几十年里，对于"一个女性该有的样子"的预期有了很大的转变。例如，第二次世界大战后的婴儿潮突出了婚姻和母性。对于那些有着和赫拉一样的需求，想要做他人配偶的女性，以及那些有着德墨忒尔的母性本能的女性来说，那是一个称心如意的时代。对于在智力上好奇和充满竞争意识的雅典娜或者阿尔忒弥斯女性来说，那是一个困难的时代。女性通过上大学取得"夫人头衔"，并且常常在结婚后选择退学。在郊区与家人住在一起是理想的生活模样。美国女性在生了两个孩子之后并没有停下来，而是继续生育第三个、第四个、第五个甚至第六个孩子。到了1950年，美国的生育率第一次也是唯一一次与印度持平。

20年后的20世纪70年代成了女性运动的时代——阿尔忒弥斯和雅典娜的收获季节。现在，那些有动力想要有所成就的女性，得到了时代的支持。女性主义者和事业型女性处于舞台中央。与过去相比，如今，更多的女性正在学校里为博士头衔、商学、医学以及法学学位而努力。"直到死亡将我们分开"的婚姻誓言正在越来越多地被打破，出生率也在不断下降。与此同时，那些被赫拉和德墨忒尔的需求鼓励，想要成为他人的配偶以及想要孩子的女性，正在一个越来越不友好的环境里生存。

当一些女性内心的特定原型模式得到了文化的支持，她们便能够去做那些对自己有内在意义的事情，并且能够得到外在的认可。系统性的支持非常关键。比如，天生便如雅典娜一般有逻辑的女性，只有接触到高等教育，才能在智识上得到发展。那些像赫斯提亚一样关注精神世界的女性，只有在宗教群体中才能茁壮成长。

荷尔蒙对女神的影响

当荷尔蒙急剧变化——青春期、怀孕、停经时——在牺牲其他原型的代价下，一些原型会变得更强。在青春期，促使胸部和性器官发育的荷尔蒙可能会刺激性欲和感官欲望，而这正是阿佛洛狄忒的特征。有些女孩子在身体发育时会变成年轻的阿佛洛狄忒式女性；另一些女性虽然胸部会发育并开始月经初潮，但是并没有把自己的兴趣转向男生。这说明，行为不是仅仅由荷尔蒙决定的，而是通过荷尔蒙和女神原型的交互作用来决定的。

怀孕使得孕激素孕酮大量增加，在生理上维系了怀孕的状态，而不同的女性对这种增加有不同的反应。随着胎儿变得越来越大，女性身体变化越来越大，有些人会渐渐在情感上得到满足，感觉自己像是那位"母亲女神"德墨忒尔的化身；其他女性可能对怀孕不太在意，几乎不会因此缺勤工作。

绝经——由雌激素和孕激素的下降带来的停经——是又一个荷尔蒙变化的时期。女性会如何回应，依然取决于哪个女神是活跃着的。对于每一个处在哀伤中、遭受着空巢抑郁的德墨忒尔来说——正如人类学家玛格丽特·米德所言——看起来好像总是有一些女性处在"绝经后热情期"中。当某个女神终于等来了她的时刻，开始变得活力无限时，这种高涨的热情便会出现。

就连每个月来月经时，一些女性都会经历"女神转换"，因为荷尔蒙和原型互相作用并影响了她们的心灵。对这些变化较为敏感的女性注意到，在月经周期的前半段，她们似乎更像独立女神——尤其是像阿尔忒弥斯或雅典娜一样，外向及关注世界。之后，在月经周期的后半段，随着孕激素孕酮的增加，她们注意到自己"筑巢"的天性越来越强，对家庭的需要和依赖感也变得越来越显著。现在，德墨忒尔、赫拉、珀耳塞福涅或赫斯提亚的力量变得空前强大。[①]

随着一个女神取代之前的女神占据优势，这些荷尔蒙的变化和女神的转换会引起一些冲突和疑惑。一个经典的模式是，独立的阿尔忒弥斯女性与不想踏入婚姻或者她觉得不适合做丈夫的男性生活在一起。与这样的男性生活在一起，对她来说是一个很合适的安排——直到荷尔蒙发生变化。在月经周期后半段的某个节点，赫拉想要成为配偶的需求得到了荷尔蒙的支持。未婚的状态搅起了一些怨恨或被拒绝的感觉，这导致了每个月的争吵或轻微的抑郁。而同样可以预见的是，这种状态在月经周期结束之后就会自然消散。

人和事将女神激活

当原型被某个人或某件事唤起时，相对应的女神便会被激活，焕发生机。例如，某位女士发现，她无法抵抗他人的无助，这个刺激迫使她停下手中的活计去做照顾者德墨忒尔。工作往往就是那个被丢弃的活计，因而这种转变会对她的工作产生负面影响。为了聆听他人的烦恼，她在私人电话上花了太多时间。她太爱发善心做好事，所以总是处在被解雇的边缘。另一位女士也许会发现，女性主义集会让她感受到了高涨的姐妹情谊和力量，自己转变成了一位实打实的阿尔忒弥斯，开始对女性领地的入侵者展开报复。而钱财之事会将第三名女性从随性的、善于与人相处的人，变成一个坚守"底线"的雅典娜，一个对根据合同应付多少款项不容含糊的人。

当一个女人陷入爱情，随之而来的变化会威胁之前的优先事项。在内心深处的原型层面，旧模式可能不再成立。当阿佛洛狄忒被激活时，雅典娜的影响会减弱，使得职业发展不如她的新爱情重要。或者，如果发生了出轨，那么赫拉支持婚姻的

---

①女性在月经周期所经历的这种女神原型的转变，是基于我在精神病学实践中的临床观察所提出的。与月经周期相关的态度转变——从独立和主动（或攻击性）转变到依赖和被动——的研究文献，请参考Therese Benedek（ed.），*Psychoanalytic Investigation*, New York: Quadrangle, New York Time Book Co., 1973, pp. 129–223。

价值观可能会被推翻。

如果一个女神的消极方面被环境激活，就会出现精神症状。一个女人若是失去孩子或一段重要的关系，会变成悲伤的德墨忒尔，她会停止一切活动，只是静静地坐着，极度抑郁，让人难以接近。或者，当丈夫与有魅力的女人——同事、雇员或邻居——接近，嫉妒的赫拉会被引出来，导致这个女性变得不信任和偏执，会无中生有地看到欺骗和不忠。

"行动"将女神激活

俗话说"做事就是成事"，通过选择特定的行动方案，可以唤起或发展"女神"。例如，练习冥想可以逐渐激活或加强赫斯提亚的影响力（内向的、关注内在的女神）。由于冥想的效果就像冥想本身一样是主观的，因此，通常只有女人自己才会注意到其中的差异。她可能每天冥想一两次，然后精力更"集中"地开始日常生活，享受赫斯提亚特有的宁静时光。有时，其他人也能感觉到这种差异。比如，一位从事社工督导的同事也有这种感受，她注意到，通过冥想，她在督导时变得更平静、更从容、更富有慈悲心。

与冥想的渐进效果相反，服用迷幻药的女性可能会突然改变她的感知。虽然这种效果通常是短暂的，但可能会导致长期的性格变化。例如，如果一个被雅典娜（逻辑的、务实的女神）支配的女人服用了迷幻药，她可能会发现自己在享受自己的感知，这对她来说是一种前所未有的体验。她所看到的景象更加浓烈和美丽，她完全沉浸在音乐中，变得很感性，意识到她是比自己的头脑更广阔的存在。因此，她可能会与阿佛洛狄忒熟悉起来，享受当下的强烈体验。或者，她可以仰望星空，感到自己与大自然融为一体，这一次，她成了月亮女神阿尔忒弥斯——那位拥有荒野的女猎手。又或者，使用成瘾物质的体验可能会将她带入"冥界"，在那里，她体会到无意识的不可捉摸和非理性。如果她的经历与珀耳塞福涅被绑架到冥界相似，她可能会抑郁、产生幻觉或感到害怕。

选择在高中以后继续接受教育的女性有利于进一步发展雅典娜的品质。学习、整理信息、参加考试、写论文，都需要雅典娜的逻辑思维。一个选择生孩子的女人会使充满母性的德墨忒尔成为更强大的存在。报名参加荒野背包旅行可以让阿尔忒弥斯得到充分表达。

召唤女神

许多荷马史诗都是对希腊神的召唤。例如，荷马赞美诗通过描述女神的外表、特征和功绩，在听众的脑海中创造出其形象。然后她被邀请到场，进入家庭或提供祝福。我们可以从古希腊人身上学到一些东西：女神可以被想象出来，然后被召唤。

在接下来关于每个女神的章节中，读者可能会发现自己对某个特定的女神并不熟悉。也许某个非常有用的原型在自己身上是未被开发的或明显"缺失"的。通过有意识地努力去观察、感受或感知她的存在——通过想象使她进入视线——然后请求她的特殊力量，是有可能"召唤"这位女神的。以下举例说明这种召唤。

雅典娜，帮我在这种情况下清晰地进行思考。

珀耳塞福涅，帮我保持开放和善于接受的态度。

赫拉，帮我做出承诺并保持忠诚。

德墨忒尔，教我耐心大方，帮助我做一个好妈妈。

阿尔忒弥斯，让我专注于远处的目标。

阿佛洛狄忒，帮我去爱和享受我的身体。

赫斯提亚，请现身以表达对我的赏识，给我带来和平与安宁。

女神与人生阶段

一个女人可能会经历许多人生阶段。在她生命中的每个阶段，可能都会出现一位或几位最有影响力的女神。或者她可能会实践某一种女神模式，随之进入一个又一个人生阶段。当女性回顾自己的人生时，她们往往能认出，有一位或几位女神在某些时刻比其他女神更重要或更有影响力。

作为一个年轻的成年人，她可能一直专注于自己的教育，就像我在医学院就读时一样。阿尔忒弥斯原型令我专注于目标。同时，我调用了雅典娜的能力来学习知识和操作步骤，这使得我可以根据临床和实验结果作出诊断。相比之下，我那些毕业后不久就结婚生子的大学同学调用的是赫拉和德墨忒尔。

中年是一个过渡时期，此时往往会迎来女神的更替。在 30 多岁到 40 多岁之间的某个时候，之前几年中最强势的原型往往会削弱强度，使得其他女神开始浮现。女性成年早期的付出——婚姻和孩子、事业、创造力、男人或这些事情的组合——其结果是显而易见的。此时的女性有了更多的能量可以用于其他事情，这是请其他女神来施加影响的邀约。雅典娜会影响她去读研究生吗？或者，德墨忒尔如果再不生就来不及的话和想要孩子的愿望会占上风吗？

接下来是另一个来自晚年的转变，届时女神们可能会再次转换。绝经可能就预示着一种转变，正如丧偶、退休或感觉自己是个老人一样。不得不开始理财的寡妇会不会找到一个潜在的雅典娜，并且发现她很懂投资？之前讨厌的孤独是否已经变得舒适，因为现在她已经认识了赫斯提亚？或者，现在的生活变得空虚而毫无意义，因为没有人需要德墨忒尔来照料？与生命中的其他每个阶段一样，最终的结果取决于女性心灵中激活的女神、她的现实处境以及她所做的选择。

第三章

处女女神：阿尔忒弥斯、雅典娜和赫斯提亚

希腊神话中的三位处女女神是阿尔忒弥斯，狩猎和月亮女神；雅典娜，智慧和手工艺女神；赫斯提亚，炉灶和神殿女神。这三位女神代表了女性心理中独立、积极、非关系的层面。阿尔忒弥斯和雅典娜是外向型和以成就为导向的原型，而赫斯提亚关注的是内在。这三者都代表了女性发展才能、追求兴趣、解决问题、与他人竞争、用文字或艺术清晰地表达自己、将周围环境变得有序或者过上一种沉思生活的内在动力。每个曾经想要"一间自己的房间"，或在大自然中感到怡然自足，或者喜欢弄清楚事物的运作原理，又或者欣赏孤独的女人，都与这些处女女神中的某一位有密切关系。

处女女神是女人不为男人所拥有或"未被渗透"的那部分——未被她对男人的需要所触碰、不需要他的认可，完全独立于男人，只依靠她自己而存在。当一个女人活出处女原型时，这意味着她在很大程度上是心理层面的处女，而不是身体和字面意义的处女。

"处女"这个词的意思是未被男人玷污的、纯洁的、未堕落的、未使用的、未处理的、未被触碰的和未被男人改造的，例如处女地、原始森林；或未经加工的事物，如初剪羊毛。初榨油是橄榄或坚果第一次压榨制成的油，无须加热提取（指未被情绪或激情的热度触碰）。原始金属是以原生形式出现的，并且是非合金和未混合的，就像原始黄金一样。

在一个由男神统治的宗教体系内和历史时期中，阿尔忒弥斯、雅典娜和赫斯提亚作为例外脱颖而出。她们始终未婚，从未被男性神或男人压制、引诱、强暴或羞辱；她们保持"完好无缺"，不受侵犯。除此之外，在所有男神、女神和凡人中，只有这三位对爱神阿佛洛狄忒那能够点燃激情、搅动情欲和浪漫感受的不可抗拒的力量无动于衷。她们没有被爱情、性欲或迷恋扰动内心。

处女女神原型

当某个处女女神——阿尔忒弥斯、雅典娜或赫斯提亚——成为主导原型时，这个女人便是"活出自我的"——正如荣格分析家埃斯特·哈丁（Esther Harding）在《女性之谜》（Women's Mysteries）一书中所写——她心灵中的一个重要部分"不属于任何男人"。因此，正如哈丁所描述的那样：一个贞洁的、活出自我的女人做她所做的事——不是因为任何想要取悦他人或者取悦自己的想法，不是因为不想被他人或自己喜爱，不是因为想要被他人或自己认可，也不是因为想要控制他人，抓住他的兴趣或爱。事实上，她所做之事是发自内心、忠于自我的。她的行为可能是非常不循规蹈矩的。她可能不得不说"不"，而按照惯例说"是"会更容易，也更合适。作为处女，那些使非处女女性（无论是否已婚）为了获得眼前的便利而调整自己航线的考量因素，对她并没有影响。

如果一个女人活出了自我，那么不管别人怎么想，她都会被自己的内在价值观驱动，去做有意义或满足自己的事情。

从心理上讲，处女女神是女性内心没有经过改造的部分。无论是集体社会（男性决定的）和文化对女人的期望，还是某个男性对她的评判，都没能改变这部分。一个女人的处女女神层面浓缩了她的本质，即她是谁以及她看重什么。由于她从未显露过自己的这一层面，或者保持了它的神圣和不可侵犯，又或者因为她并没有为了满足男性标准而修饰它，所以它一直是清白无瑕和未受污染的。

处女原型可能表现为一个女人作为女性主义者（不管这是不是秘密）的那一部

分。它可能被表达为女性通常不被鼓励的雄心壮志，例如飞行员阿米莉亚·埃尔哈特（Amelia Earhart）渴望飞到任何飞行员未曾去过的地方；也可能被表达为女性作为诗人、画家、音乐家所具有的创造力，她创作的艺术源于她自己作为女性的经历，比如阿德里安妮·里奇（Adrienne Rich）的诗歌、朱迪·芝加哥（Judy Chicago）的画作或者霍利·尼尔（Holly Near）创作和演唱的民谣；或者，它也可以被表达为冥想练习或助产工作。

许多女性联合起来创造"属于女性"的形式。女性觉醒团体、山顶女神崇拜、女性自助医疗诊所、大家缝活动[①]等，都是处女女神原型在女性群体中的表现形式。

意识的特质：像锐利的光

三种女神（处女女神、脆弱女神、炼金术女神）中的每一种都具有独特的意识特质。聚焦意识（focused consciousness）是处女女神的典型特征。[②]那些像阿尔忒弥斯、雅典娜和赫斯提亚的女性，有能力将注意力集中在对她们来说重要的事情上。她们能够专注于自己正在做的事情。在集中注意力的过程中，她们可以轻松地排除与手头任务或长期目标无关的一切事务。

我认为聚焦意识类似于一束锐利的、直射的、强烈的光，它只照亮自身所聚焦的事物，把半径范围之外的一切都留在黑暗或阴影中。它有着聚光灯的特质。在其最全神贯注时，聚焦意识甚至像激光束一样，有着穿透性或解剖性极强的剖析能力，以至于它可以极其精确或极具破坏性——取决于它的强度和它所聚焦的内容。

当一个女人专注于解决问题或实现目标，不被周围人的需求干扰，甚至不关心自己对食物或睡眠的需求时，她就有能力去有意识地聚焦，从而取得成就。她做任

---

① "大家缝活动"指女性聚在一起缝被子的活动，在美国比较常见。——译者注
② 根据作家、荣格分析师艾琳·克莱尔蒙特·德·卡斯蒂列霍（Irene Claremont de Castillejo）的说法，聚焦意识是一种阿尼姆斯特质或男性特质："聚焦的力量是男人最大的礼物，但不是男人独有的权利；阿尼姆斯为女人扮演了这个角色。""只有当她需要一种聚焦的意识时，才会需要阿尼姆斯的帮助。"我虽然采用了她的术语，但是并不同意她的假设，即基于荣格的女性心理学模型，假设聚焦意识一直都是一种男性特质。

何事情都"全神贯注"。她有一种"单轨思维",这让她可以做她想做的事。当她专注于外部目标或手头的任务时——就像典型的阿尔忒弥斯和雅典娜一样——她的关注点是以成就为导向的。

美国最多产的通俗小说家丹妮尔·斯蒂尔(Danielle Steel)的17部小说被翻译成18种语言,售出数量超过4500万册,就是这种聚焦意识的例证。她将自己描述为"高成就者",并且这样形容自己的工作状态:"我的工作强度非常大。我通常每天工作20小时,睡2~4个小时。每周7天,持续6周(直到小说完成)。"

当焦点转向内在,朝向一个精神中心——也就是赫斯提亚的定向聚焦——那么内心中这个原型强大的女人,便可以长时间地冥想,不会因为她周围的世界分心,也不会被这种维持特定状态造成的不适感干扰。

存在和行为模式

顺应自己的喜好成为竞技游泳运动员、活跃的女性主义者、科学家、统计学家、企业高管、女管家、女骑士,或者进入修道院、静修所的女性,都体现了处女女神的品质。为了发展自己的才能,专注地追求具有个人价值的事物,处女女神往往会避免履行传统女性的角色。如何做到这一点——如何忠于自己并适应在"男人的世界"里生活——是一个挑战。

在神话中,三位处女女神中的每一位都面临着类似的挑战,并制订了不同的解决方案。

狩猎女神阿尔忒弥斯离开了城市,避免了与男人接触,与她的仙女们一起在荒野中生活。她的适应方式是脱离男性及其影响。这种方式类似于当代女性加入促进意识觉醒的团体,成为旨在定义自己、决定自己的优先事项的女性主义者,或者在女性所经营的联合组织和企业中工作,为女性的需求服务。阿尔忒弥斯女性也被"坚毅的个人主义者"代表,她们独自行动,去做对她们重要的事情,不需要男性或其他女性的支持或准许。

与之对照，智慧女神雅典娜加入了男性的队伍。在男性所做的事情上，她毫不逊色甚至还优于男性。她是战斗中最冷静的头脑，也是最好的战略家。她的适应方式是认同男人——变成他们中的一员。许多加入企业界或在传统男性行业中取得成功的女性，都采取了雅典娜的这种方式。

最后，炉灶女神赫斯提亚通过远离男性，遵循了一种内向的适应方式。她向内撤退，外表变得平平无奇，踽踽独行着。采用这种方式的女性会淡化自己的女性气质，以免引起不必要的男性关注，还会避免竞争的环境，过着安静的生活，因为她重视并倾向于做那些赋予她生命意义的日常任务或冥想。

三位处女女神并没有因为与他人的经历而改变自己。她们从来没有被自己的情绪打败过，也没有被任何其他神征服。她们对痛苦刀枪不入，不被关系侵扰，也不受改变的影响。

同样，女人越专注于自己，也就越可能免受他人的深刻影响。这种专注会把她与自己的情感生活、本能生活以及他人隔绝开来。从心理层面讲，除非她被"插入"，否则没人能"透彻地理解她"。对她来说，没有谁是真正重要的，而且她也不了解什么是情感亲密。

因此，如果一个人类女性认同处女女神的模式，她可能会过着片面的而且常常是孤独的生活，她的生命中没有任何真正"至关重要的他人"。然而，尽管女神始终局限于她的角色，但人类女性却能够在自己的一生中收获成长和改变。尽管她天生就与处女女神相似，但她也可能发掘出赫拉对忠诚关系的教导，感受到母性本能的萌动并向德墨忒尔学习，或者坠入爱河并意外发现阿佛洛狄忒也是自己的一部分。

新理论

在将阿尔忒弥斯、雅典娜和赫斯提亚描述为积极、活跃的女性模式时，我正在挑战心理学中传统的假设。处女女神的典型特征被弗洛伊德定义成症状或病理，被荣格认为是女性心灵中未被完全意识到的男性元素的表达。这些理论抑制了行为，损害了契合处女女神模式的女性的自尊心。许多熟悉弗洛伊德理论的女性都曾认为自己是不正常的，而这仅仅是因为她们想要事业胜过想要孩子。许多熟悉荣格理论的女性都不愿说出自己的想法，因为荣格认为女性的客观思考能力低下且固执己见。

弗洛伊德的女性心理理论是围绕着阴茎展开的。他根据女性在生理结构上缺少的东西，而不是根据她们身体或心灵中存在的东西来描述她们。在弗洛伊德看来，女性没有阴茎，所以是残缺的和低等的。因此，他觉得，女性深受阴茎羡妒之苦，是受虐狂和自恋狂，而且超我发育不良（良知低下）。

弗洛伊德的精神分析理论这样阐释女性的行为：

- 一个有能力和自信的女人，在这个世界上有所成就，并且似乎在享受实现其智慧和能力的机会，这就是表现出了"男性情结"。根据弗洛伊德的说法，她表现得好像她认为自己没有被阉割，而她当然已经被阉割了。没有女人真的想要出类拔萃 —— 出类拔萃的需要是男性情结的一种表现，是对"现实"的否认。
- 一个想要孩子的女人真正想要的其实是阴茎，她升华了这个愿望，用想要孩子的心愿代替了对阴茎的渴望。
- 一个女人之所以觉得男人有性吸引力，是因为她发现她的母亲没有阴茎。（在弗洛伊德的理论中，一个女人的异性恋可以追溯到那个创伤性的时刻，即当她还是个小女孩的时候，她发现自己没有阴茎，接着又发现她的母亲也没有阴茎，于是她的力比多远离她的母亲，转向她的父亲，因为父亲有一个阴茎。）
- 在弗洛伊德看来，一个像男人一样性活跃的女人，不可能享受她的性欲或表达她的性感特质。相反，她的行为是强迫性的，是在试图缓解被阉割的焦虑。

相比弗洛伊德，荣格的女性心理理论对女性"友善"得多，因为荣格不认为女性只是有缺陷的男性。他假设了一种心理结构，与男性和女性的不同染色体构成相对应。在他看来，女性的无意识中有一个女性意识人格和一个男性组成部分（阿尼姆斯），而男性的无意识中有一个男性意识人格和一个女性阿尼玛。

对于荣格来说，接受、被动、养育和主观是女性人格的典型特征。理性、精神性和果断无情地采取行动的能力被荣格视作男性特质。他认为男人在这些领域是天赋异禀的。具有相似性格特征的女性，无论这些特质发展得多么好，都是残缺的，因为她们不是男人；如果一个女人有思想或能力，那么她只是有一个发达的男性阿尼姆斯，而且根据定义，这个男性阿尼姆斯不如男人有意识，因此是不如男人的。这个阿尼姆斯也可能是有敌意的、权力驱动的和非理性地固执己见的，这些都是荣格（和当代荣格分析师）在描述阿尼姆斯如何运作时倾向于强调的典型特征。

尽管荣格并不认为女性天生就有缺陷，但他确实认为，相比男性，她们生来就不太有创造力、不客观、行动力也更差。一般来说，荣格倾向于将女性当作为男性服务或与男性相关的个体，而不是有自己独立的需求的个体。例如，在创造力方面，他将男性视为创造者，将女性视为男性创造过程中的助手："男性把他的作品孕育成完整的创作，靠的是他内在的女性特质。""女性内在的男性一面能够产生创造性的种子，从而有力量孕育出男人女性的一面。"

他的理论态度不鼓励女性努力实现目标。他写道："从事男性的职业，像男人一样学习和工作——女人在做一件不完全符合甚至直接损害她的女性特质的事情。"

女神模式

当女神们被视为正常的女性行为模式时，一个天生更像智慧的雅典娜或好胜的阿尔忒弥斯，而不是妻子赫拉或母亲德墨忒尔的女人，如果她积极主动、评估时保持客观并以成就为导向，就会被视为在实现女性自我而被欣赏。她在做她自己，正如她最像的那个特定女神。她并没有像弗洛伊德诊断的那样患有男性情结，也不像荣格所说的那样认同阿尼姆斯或者有男子气概。

当一个女人把雅典娜和阿尔忒弥斯作为她的女神模式时，一些"女性"特质如依赖、接受和养育，可能并不存在于她的个性中。但是，为了能够建立持久的关系，变得柔软坦诚，能够给予和接受爱与安慰，并且支持他人成长，她需要培养这些品质。

沉思的赫斯提亚的向内聚焦使得她与他人保持着情感距离。虽然她是漠不关心的，但她静谧而温暖的特质却能给人滋养和支持。与阿尔忒弥斯和雅典娜相似，她所需要培养的也是构建个人亲密关系的能力。

赫拉、德墨忒尔、珀耳塞福涅或阿佛洛狄忒式女性的发展需求与以上这些成长任务不同。这四种女神模式使得女性更容易处在关系之中；她们的性格符合荣格对女性的描述。她们需要学习如何保持专注、客观和果敢——这些品质在这几种模式中并不是生来就强大的。这些女性需要发展阿尼姆斯，或激活她们生活中的阿尔忒弥斯和雅典娜原型。

当赫斯提亚成为女性的主导原型时，她与这些以关系为导向的女性一样，需要发展她的阿尼姆斯，或将阿尔忒弥斯和雅典娜作为活跃原型，以便在这个世界上有所成就。

男性阿尼姆斯还是女性原型

主观感受和梦中人物有助于区分女性的关注点是与男性阿尼姆斯，还是与女性的女神模式有关。例如，如果一个女人觉得自己果敢自信的那部分对她来说是陌生的——在她需要"坚强"或"像男人一样思考"（这两者不是她能够自然而然地做到的事情）的艰难情况下，她会召唤出内心的男性——那么正是她的阿尼姆斯在这样的场合中出现并帮助了她。就像在需要更多动力时辅助发动机就会被调用一样，阿尼姆斯也被储存着以备不时之需。这种储备模式尤其适用于赫斯提亚、赫拉、德墨忒尔、珀耳塞福涅或阿佛洛狄忒是最强模式的女性。

但是，当雅典娜和阿尔忒弥斯在她的人格中得到充分发展时，女人自然就会变得果敢自信、善于思考、知道自己想要实现什么，或者从容地参与竞争。这些品质远非陌生的存在，感觉更像是她作为女性的天然表达，而不是来自男性阿尼姆斯。

梦是将阿尔忒弥斯或雅典娜原型与阿尼姆斯区分开的第二种方式。它们表明这些处女女神是不是女性积极态度的源泉，或者是否应该将果敢自信或瞄准目标等品质归因于女性的男性气质。

当阿尔忒弥斯和雅典娜是主要原型时，做梦者经常独自探索陌生地带。她所扮演的这个主角会与障碍作斗争、爬山、冒险进入别的国家或地下风景。例如，"在夜晚，我开着敞篷车飞驰在乡间小路上，把所有紧追不舍的人都甩在后面"；"我是一个陌生人，身处一个像巴比伦的空中花园一样令人惊叹的城市"；"我就好像是一个双重间谍，我不应该出现在那里，而且如果我周围有人意识到我是谁，那将十分危险"。

做梦者在梦中遇到的困难或旅行的轻松程度与她试图成为一个自主的、高效能的人时所面临的内在和外在障碍有关。就像在她的梦中一样，她在决定自己的道路时感到很自然。她在做那个积极活跃的、拥有自己想法的自我。

当果敢自信的品质处在发展的早期阶段，女性的梦中通常有另一个人物的陪伴。这个同伴可以是男性或女性，可以是模糊不清的存在，也可以是轮廓清晰、认得出的人。同伴的性别是一个象征性的存在，有助于区分这些新兴的能力是"男性的"（阿尼姆斯）还是"女性的"（处女女神）。

例如，如果做梦者正在发展她的阿尔忒弥斯或雅典娜品质，并且仍处于教育或职业生涯的早期阶段，那么她梦中最常出现的同伴往往是一个看不清的不知名的五官模糊的女人。这之后，她的同伴可能会变成与她有着同样的教育之路或工作路线的女性，只是这个同伴前进得更远，或者，这个同伴也可能是某个有所作为的大学同学。

如果在梦中冒险的同伴是男人或男孩，做梦者通常是传统的女人，她认同脆弱女神或女神赫斯提亚、阿佛洛狄忒。对于这些女性来说，男性象征着行动，因此在梦中她们将果敢自信或热衷竞争的品质定义为男性气质。

所以，当一个女人在她自己的阿尼姆斯或男性气质的帮助下，犹豫地进入工作场所或大学时，在她的梦中可能会由一个看不清的男人所代表——也许他是一个小男孩或青少年（仍在成长中），他和她一起身处一个陌生、充满危险的地方。在她取得好成绩、升职，并且对自己的能力更有信心后，梦境会变得更加友好，梦境符号很可能会变成熟悉的男人，或在梦中看起来很熟悉的男人。例如，"我和前男友正在进行一场漫长而复杂的大巴旅行"或"我在车里，开车的是一个我现在想不起来是谁的人，但在梦中我对他非常熟悉"。

我在本书中阐述的新理论是基于原型模式的存在而构建的，这是荣格引入的一个概念。我并没有抛弃荣格所描述的女性心理学模型；我认为它适合一些女性——但不是所有女性。本书中有关脆弱女神和阿佛洛狄忒的章节进一步完善了荣格的模型，而随后的三章——关于阿尔忒弥斯、雅典娜和赫斯提亚——提供了超越荣格概念的新模式。

第四章

阿尔忒弥斯：狩猎和月亮女神，竞争者和姐妹

女神阿尔忒弥斯

阿尔忒弥斯，被罗马人称作戴安娜，是狩猎和月亮女神。宙斯和勒托的这个高挑可爱的女儿喜欢与她的仙女和猎犬在森林、高山、草地和林地等荒野中漫步。身着短上衣，手持银弓，背着箭筒——她是箭无虚发的弓箭手。作为月亮女神，她也被描绘成一个光明使者，手里拿着火炬，或者头顶环绕着月亮和星星。

作为野生动物女神（尤其是年轻的野生动物），她与许多象征着她品质的未驯化的动物联系在一起。雄鹿、母鹿、野兔和鹌鹑都具有她那难以捉摸的特质。母狮体现了她作为猎人的威严和英勇，凶猛的野猪代表了她具有破坏性的一面。熊是她作为青少年保护者的绝佳象征（在她们生命中的假小子阶段，那些信仰阿尔忒弥斯、置身于其保护下的青春期的希腊女孩被称为"母熊"）。最后，野马和同伴一起四处游荡，就像阿尔忒弥斯和她的仙女们一样。

家谱和神话

阿尔忒弥斯是太阳神阿波罗的双胞胎姐姐。他们的母亲勒托是一位自然神，是两位提坦的女儿；他们的父亲是奥林匹斯山的主神宙斯。

勒托生孩子时遇到了极大的阻碍。不管她去哪儿，都不受人欢迎，因为其他人

惧怕来自宙斯的合法妻子赫拉的报复。最终，在贫瘠的提洛岛上，她找到了避难所，并生下了阿尔忒弥斯。

分娩阿波罗的过程是漫长和艰难的，阿尔忒弥斯一出生，就帮助勒托进行分娩。由于赫拉的报复，勒托连着九天九夜遭受了骇人的痛苦。阿尔忒弥斯曾是她母亲的助产士，因此也被认为是分娩女神。女人们称她为"痛苦中的帮手，没有痛苦能够触碰到她"。她们向她祈祷，希望借助婴儿的出生使痛苦消失，或借助她的箭"仁慈地死去"以结束痛苦。

在阿尔忒弥斯3岁时，勒托将她带到奥林匹斯山，认识了宙斯和她的神族亲戚。诗人卡利马科斯（Callimachus）在《献给阿尔忒弥斯的赞美诗》（*Hymn to Artemis*）中描述道，她坐在迷人的父亲宙斯的腿上，"他俯下身来轻抚她，说，当女神给我生育这样的孩子时，赫拉的妒火并不能把我怎么着。小女儿，你会得到你想要的一切"。

阿尔忒弥斯向他要了弓和箭、一群打猎用的猎犬、一些能与她做伴的仙女、一件奔跑时可以穿的短外衣，还有高山和荒野作为她的领地，以及永恒的贞操——她的父亲都应允了她，并赋予她自由选择的特权。

阿尔忒弥斯随后便前往树林和小溪旁挑选最美丽的仙女。她潜入海底寻找波塞冬的工匠基克洛普斯（Cyclopes）来锻造她的银色弓箭。最后，她拿着弓，带着她的仙女们，找到了吹笛子的半人半羊自然神——潘（Pan），并要了一些他最好的猎犬。夜幕降临时，她迫不及待地想启用她的新礼物，就在火炬的光照下开始了狩猎。

在神话中，阿尔忒弥斯果断迅速地采取行动，保护和拯救那些向她求助的人。她也会雷厉风行地惩罚那些冒犯她的人。

有一次，当她的母亲勒托在去德尔斐拜访阿波罗的路上时，巨人提提俄斯（Tityus）试图强奸她。阿尔忒弥斯迅速赶来帮助母亲，用致命的弓箭瞄准他，将他杀死。

还有一次，傲慢愚蠢的尼俄伯（Niobe）犯了个错误——她侮辱了勒托，炫耀她自己。尼俄伯有许多漂亮的儿女，而勒托只有两个。勒托召唤阿尔忒弥斯和阿波罗来报仇，而他们很快就到了。手握弓箭，阿波罗杀死了尼俄伯的 6 个儿子，阿尔忒弥斯杀死了尼俄伯的 6 个女儿。而尼俄伯则被变成了一根哭泣的石柱。

值得注意的是，阿尔忒弥斯多次帮助她的母亲，这在其他女神身上是闻所未闻的。其他女性也能够成功地向她求救。当林地里的仙女阿瑞图萨（Arethusa）即将被强奸时，她向阿尔忒弥斯求救。阿瑞图萨当时刚打猎回来，脱去衣服来游泳放松，这时河神对她产生了欲望，追赶着赤身裸体的她，于是她惊恐地逃跑了。阿尔忒弥斯听到了她的哭声，在一片迷雾中将她救了出来，并把她变成了一汪泉水。

阿尔忒弥斯对冒犯她的人毫不留情——正如犯错的阿克特翁（Actaeon）所经历的那样。猎人阿克特翁在森林中游荡时，无意间撞见女神和她的仙女正在隐蔽的水塘中沐浴，竟然看呆了。阿尔忒弥斯被他的闯入冒犯到了，将水泼到他脸上，把他变成了一头雄鹿。他的猎犬追着他，他成了自己猎犬的猎物。惊慌失措中，他试图逃跑，但还是被猎犬追上撕成了碎片。

阿尔忒弥斯还杀死了另一名猎人——她所爱的俄里翁（Orion）。爱人的死亡是她的无心之失，是由阿波罗挑衅的，因为阿尔忒弥斯对俄里翁的爱令他感到不爽。有一天，当俄里翁涉水出海时，阿波罗看到他的头刚好露在水面上。阿波罗随后在不远处发现了阿尔忒弥斯，便指着大海中的一个黑色物体，说她无法击中它。她不知道自己瞄准的是俄里翁的头，在弟弟的挑衅下，她直接放出一箭杀死了他。后来，阿尔忒弥斯将俄里翁置于群星之中，并给了他一只她自己的猎犬（被称作狗星的天狼星）在天空中陪伴他。就这样，她所爱的那个男人成为她好胜天性的牺牲品。

虽然阿尔忒弥斯作为狩猎女神最为出名，但她也是月亮女神。在夜晚，她借着月光或火炬在自己的荒野自由自在地漫游。就作为月亮女神而言，阿尔忒弥斯与塞勒涅（Selene）和赫卡忒（Hecate）有关。这三位女神被视为月亮三位一体。塞勒涅掌管天国，阿尔忒弥斯掌管人间，赫卡忒掌管诡异而神秘的地下世界。

阿尔忒弥斯原型

作为狩猎和月亮女神，阿尔忒弥斯是女性独立精神的化身。她所代表的原型能使女性在自己所选择的领域寻找目标。

处女女神

作为处女女神，阿尔忒弥斯对爱情是免疫的。她没有像珀耳塞福涅和德墨忒尔一样被诱拐或者被强暴，也从来不是作为夫妻中的一员而存在。作为处女女神原型，阿尔忒弥斯代表了一种完整性、一种活出自我的模样，一种"我能照顾好自己"的态度，从而使得女性能够自信独立地过自己的生活。这个原型能够在没有男性的前提下使女性感受到完整性。有了它，无须经过男性的许可，女性便能追寻自己的兴趣并且致力于那些对自己来说重要的事情。她的身份认同以及价值感是基于她是谁以及她做了什么，而非是否已婚或者嫁给了谁。坚持被称作"女士"而不是"夫人"，表达了一种典型的阿尔忒弥斯处女女神特质，突出强调了独立以及与男性的分离。

目标坚定的弓箭手

作为一个追逐猎物的狩猎女神，弓箭手阿尔忒弥斯能够锁定或近或远的任何目标——她知道自己的弓箭能够准确无误地射中目标。阿尔忒弥斯原型赋予女性一种与生俱来的能力，即专注于对她来说重要的事情，并且不被他人的需求或来自他人的竞争干扰，不偏离自己的方向。如果说竞争对她有什么影响的话，那就是增强了"追逐"的兴奋感。尽管路途艰险，难以锁定猎物，但阿尔忒弥斯专注目标和坚持不懈的特质使得她能够有所成就。这个原型令女性达成自己选择的目标成为可能。

女性运动的原型

阿尔忒弥斯代表了被女性运动理想化的品质——成就和才能、独立、不受男性及其意见的影响，以及对受害者、无权的女性和年轻人的关心。女神阿尔忒弥斯帮助了她的母亲勒托生产，救助了勒托和阿瑞图萨使得她们免于被强暴，并且惩罚了强奸未遂者提堤俄斯和闯入者阿克特翁。她是年轻女性尤其是前青春期少女的保护者。

阿尔忒弥斯所关心的议题与女性运动有很多呼应，比如建立强暴诊所，教授自我保护课程，帮助遭受性骚扰的女性，为被家暴伤害的女性提供庇护所。女性运动强调安全分娩和助产士的重要性，关心乱伦和色情作品，其动机是希望防止对妇女和儿童的伤害，并惩罚那些造成这种伤害的人。

姐妹

阿尔忒弥斯有一群仙女作伴，这些次一等的神与高山、森林、溪流相关联。她们与她一起旅行，在广阔的荒野探索和狩猎。她们不被家庭生活、时尚或者女性"应该"做什么的理念束缚，并且挣脱了男性以及男性偏好的约束。她们就像"姐妹"一样，阿尔忒弥斯是大家的"大姐姐"，既领导着她们又回应她们的召唤。由于阿尔忒弥斯是启发女性运动的原型，所以女性运动强调"姐妹情谊"也就不奇怪了。

格洛丽亚·斯泰纳姆是《女士》（Ms）杂志的创始人和编辑，她是阿尔忒弥斯原型所化身的现代女性。对于那些将女神形象投射到她身上的人来说，斯泰纳姆是一个超凡脱俗的神话般的人物。在公众眼中，她是女性运动的领导者；从心灵的视角来看，她是站在同伴中的高大、优雅的阿尔忒弥斯。

那些与女性运动的目标和愿景保持一致的女性常常钦慕并认同斯泰纳姆，因为她是阿尔忒弥斯的化身。这种认同在 20 世纪 70 年代初尤为流行，那个时候许许多多的女性戴着她那标志性的飞行员墨镜，模仿她那中分的飘逸长发。10 年之后，这种流于表面的模仿变成了实实在在的努力——努力成为像她一样既拥有个人力量又独立自主的富有魅力的女性。

围绕着斯泰纳姆的角色和外表的那种阿尔忒弥斯神秘感因她的单身状态进一步得到加强。尽管她与很多男性都有过浪漫的关系，但她并没有结婚——这非常符合她的形象：一个"活出自我"的处女女神代表，一个"不属于任何男性"的女性。

斯泰纳姆与阿尔忒弥斯一脉相承的地方在于，女性会向她寻求帮助，而她也像大姐姐一样为大家提供帮助。当我邀请她来美国精神病学协会年会帮助我们促成协会支持女性运动，抵制那些尚未批准《平等权利修正案》的州时，我亲身感受到了她的帮助。我着迷地看到，许多"冒犯过她"的男性认为斯泰纳姆有着极大的权力，他们的反应就好像共享了阿克特翁的命运一样。实际上，一些反对她的男性精神科医生也表达了（未觉察的）恐惧：如果这个女神利用自己的权力惩罚和摧毁他们，那他们可能会遭受经济损失甚至可能失去研究经费。

回归自然的阿尔忒弥斯

由于阿尔忒弥斯与荒野和未驯化的大自然关系亲密，于是，当女性在郁郁葱葱的山林里背包行走时、在星月密布的天空下睡觉时、在空荡无人的沙滩上散步时，或者当她们的目光穿越沙漠，感受到与大自然的精神联结时，阿尔忒弥斯原型使得她们感觉到自身与大自然的一体性。

林·托马斯（Lynn Thomas）在《女性背包客》（*The Backpacking Woman*）中描绘了一名女性通过她的阿尔忒弥斯特质来欣赏荒野的感受。

> 对于新手来说，有壮丽和肃穆、纯净的水域和清新的空气，也有距离带来的礼物……一个远离人际关系和日常事务的机会……以及天赐的能量。荒野为我们注入独特的能量。我记得有次躺在爱达荷州的蛇河旁，意识到自己无法入眠……大自然的力量掌控我。我被离子和原子的舞蹈吞没。我的身体正在对月亮弥漫开来的牵引力进行回应。

"月光视觉"

猎手阿尔忒弥斯"紧盯目标"式的清晰聚焦，是与阿尔忒弥斯相关的两种"看见"方式之一。"月光视觉"也是阿尔忒弥斯作为月亮女神的特点。透过月光来看，风景是模糊的，细节是朦胧的、美丽的，常常也是神秘的。人的视线会被引向头顶布满星星的天空，或者望向广阔的、全景式的大自然。在月光下，与阿尔忒弥斯发生接触的人，会不自觉地变成大自然不可分割的一部分，一度身处其中，与之同频。

在《荒野中的女性》（*Women in the Wilderness*）一书中，柴娜·加兰德（China Galland）强调，当女性走进荒野时，她们也走进了自己的内心："走进荒野包括了我们每个人心中的荒野。或许，这样的经历所体现的最深刻的价值，就是意识到我们与大自然的亲近。"那些跟随阿尔忒弥斯走进荒野的女性，往往会发现自己变得更加善于反思。通常，她们的梦境会变得比以往更栩栩如生，能帮助她们更好地向内观察自己。女性通过"月光"来看自己的内在世界和梦境象征，与之相对照，真实可触的现实在明亮的日光下才能被更好地欣赏和领会。

培养阿尔忒弥斯

那些认同为阿尔忒弥斯的女性，能够很快地意识到自己与这位女神很亲密。其他类型的女性，也可能渐渐明白自己需要与阿尔忒弥斯熟悉起来。还有一些女性知道阿尔忒弥斯在她们内心是存在的，并且意识到需要将阿尔忒弥斯变成她们身上更有影响力的一部分。我们要如何培养阿尔忒弥斯呢？或者说如何增强这个原型呢？再者，我们应该如何支持女儿内心的阿尔忒弥斯呢？

有的时候，要想发展阿尔忒弥斯，就需要采取一些激烈的措施。比如，对于一个有天赋的女性作家来说，明明她的作品是十分重要的，但每当有男人走进她的生活时，她就会抛弃自己的工作。最初，每个男人都是令人迷醉的。但不久之后，却变成她的需要。她的生活会围绕着他而转，在他变得疏远或者拒人于千里之外之后，她会变得越来越失控。在朋友批评她对男人上瘾后，她看清了这个模式，并且决定，如果要认真地对待自己的写作，她就应该在一段时间内"刮骨疗伤"和"戒掉"男人。她搬离了这个城市，只偶尔见见老朋友，与此同时，她在自己的内心培养孤独、工作和阿尔忒弥斯。

结婚比较早的女人常常会从女儿变成妻子（从珀耳塞福涅原型到赫拉原型），可能只有在离婚后——人生中第一次独自生活时，才会发现和重视阿尔忒弥斯品质。这样的女性可能会发现自己很享受独自旅行，或者发现每天晨跑几公里是非常令人满足的，又或者喜欢成为女性支持团体的一分子。

也许有的女性会有一系列亲密关系，在与不同的男性相处的间隙中可能会觉得不值得，只有在她"放弃男人"并且严肃地断定她也许永远不会结婚之后，才会发展自己的阿尔忒弥斯。一旦她有勇气面对这个可能性，并围绕着她的朋友或者那些对她来说重要的事物来安排她的生活，她可能就会感到一种活出自我的完整性，这是发展阿尔忒弥斯原型所带来的一种意想不到的幸福感。

女性荒野计划，尤其是那些综合了团体体验和个体英雄之旅的经历，能够唤醒阿尔忒弥斯。当女性参加野外拓展训练或者灵性之旅时，她们就是在培养内心的阿尔忒弥斯原型。类似地，当我们的女儿参加体育比赛和夏令营，旅行探索新地方，作为交换学生在外国文化中生活，或者加入和平队（Peace Corps）[①]时，她们能够增长见识，发展自给自足的阿尔忒弥斯。

作为女性的阿尔忒弥斯

阿尔忒弥斯特质很早就会显现。通常，一个阿尔忒弥斯宝宝是活泼的而不是被动的，她会饶有兴致地盯着新事物看。对于这种专注于自我选择的任务的能力，人们评价道："作为一个 2 岁的小朋友，她有着令人惊叹的专注力。""她是个倔强的小孩。""小心你对她做出的承诺，她有着惊人的记忆力；她不会忘记的——她会让你记住的。"当她试着起身爬过婴儿床的围栏，走出玩具箱，到更大的世界中去时，阿尔忒弥斯那探索新领域的倾向便开始显现了。

阿尔忒弥斯对于自己的事业和原则有着强烈的感情。她可能会为更弱小的人辩护，或者在她开展一些纠正错误的运动之前热烈地声明"这不公平"。那些在重男轻女的家庭中（给了男孩子更多特权或者不希望男孩子做家务活的家庭）长大的阿尔忒弥斯女孩，不会温顺地接受这种"规定好的"不公平。这些要求平等的小姐妹便是初露头角的女性主义者。

---

① 和平队是美国政府推行的一个组织，由具备专业技能的志愿者开展一些国际援助活动。——译者注

父母

一个安全地追求自己的事业，同时对自己是谁感到满意，并为自己是女性而高兴的阿尔忒弥斯女人，往往有着一个爱她的勒托和一个支持她的宙斯来帮她"实现"自己的阿尔忒弥斯潜能。对于一个阿尔忒弥斯女人来说，要想在竞争中取得成功并避免冲突，父亲的认可至关重要。

许多支持女儿的父亲就像宙斯一样，会给孩子提供"礼物"，来帮助她做自己想做的事情。也许这礼物是无形的：对于女儿与他之间的共同兴趣或者相似之处，他表示认可和鼓励。也许这礼物是有形的，比如一些特别的课程或者装备。例如，网球冠军克里斯·埃弗特·劳埃德（Chris Evert Lloyd）的教练是自己的父亲吉米·埃弗特（Jimmy Evert）。在她只有 6 岁的时候，父亲就给了她一只属于她自己的网球拍。

然而，当一个阿尔忒弥斯女儿有一对非传统的父母时，生活就不再像奥林匹斯山了——在希腊神话中找不到对应。当父母双方都承担了同样的育儿任务和家务劳动，且每个人都有自己的事业时，阿尔忒弥斯女儿就有了成长的榜样，能够帮她珍视和发展自己的阿尔忒弥斯品质，同时不需要考虑母性或者人际关系是否与之冲突。

当父母批评或拒绝阿尔忒弥斯女儿时——因为她不是他们期望中的女孩模样，问题就出现了。如果一个妈妈想要的是温和可爱的女婴，结果却有了一个活泼的、希望"不要围住我"的婴儿，她可能会对婴儿失望或者感到被她拒绝。当一个妈妈希望女儿能黏着她，向她寻求帮助，顺从地承认"妈妈最了解自己"时，会发现她的阿尔忒弥斯女儿没法满足她的期待。即便在 3 岁的时候，"独立小姐"也不想跟妈妈待在家里；她宁愿与邻居家大一点的小朋友一起玩。她也不喜欢穿带褶边的衣服，不喜欢为妈妈的朋友们表现得可爱一些。

之后，当阿尔忒弥斯想要做一些需要父母许可的事情时，她可能会遭到反对。如果"因为她是个女孩"，所以男孩子们能够做的某些事情她不能做，那么她可能会怒而抗议。如果抗议无效，她可能会愤然沉默。反对和不赞成可能会伤害她的自尊心和自信心，特别是当她所崇拜的父亲批评她没有淑女范，从来不把她当作"他特别的女儿"，而且对她的想法、能力和野心嗤之以鼻时。

在临床工作中，我听到过父亲反对阿尔忒弥斯女儿的故事。通常，女儿对外保持一种挑衅的姿态，但是内在很受伤。她显得很强大，不被父亲的想法影响，在等待时机，直到她可以独立。尽管不同的故事中后果的强度和严重程度有所不同，但都遵循同样的模式：女性会因为自己的能力陷入内心冲突并且常常会伤害自己——自我怀疑是她最大的敌人。尽管从表面看，她成功地抵制住了父亲对她的抱负所施加的限制，但她还是将他的批评态度融进了自己的心灵之中。在内心深处，她因为觉得自己不够好而深受折磨，当新机会出现时她犹豫不决，她所取得的成就低于自己的能力，而且，即便她获得了成功，她仍然觉得自己还不够好。这种模式是受家庭和文化熏陶所产生的，它认为儿子比女儿更有价值，要求女儿成为世俗刻板印象中的女性。

一个参加过我带领的研讨会的阿尔忒弥斯女性说道："我的母亲想要一个珀耳塞福涅（'妈妈的温顺的小女儿'），我的父亲想要一个儿子。结果他们有了我。"若是阿尔忒弥斯女儿追求那些母亲觉得不重要的目标，会被母亲拒绝或批判。她们通常不会被母亲的拒绝劝退，但依然会因此受到伤害。不过，一般来说，母亲的负面评价比父亲的分量要轻，因为父亲身上承载了更多的权威性。

另一个对阿尔忒弥斯女儿来说常见的母女难题，是与那些被她们视为被动和柔弱的母亲相处。她们的母亲也许曾经抑郁过，被酒精或糟糕的婚姻伤害，而且可能是不成熟的。当她们描述自己与母亲的关系时，许多阿尔忒弥斯女儿说"我才是妈妈"。当对话继续深入，她们的悲伤开始浮出水面：没能拥有一个更坚强的母亲、没能成为更强大的自己以改变她们的母亲。尽管阿尔忒弥斯女神总是能成功地帮助她的母亲勒托，但阿尔忒弥斯女儿们拯救母亲的努力却常常以失败收场。

对柔弱母亲的贬低和缺乏尊重，增强了阿尔忒弥斯女儿处女女神的特质。她们下决心不要变得像母亲一样，于是压抑自己的依赖之情，避免展示柔弱，并且誓要变得独立自主。

当阿尔忒弥斯女儿对一个传统的母亲缺乏尊重时，她就被束缚住了。在拒绝认同母亲时，她通常会将一些公认的女性特质拒之门外——柔软、感受性、对婚姻和母性的向往。她被"还不够好"的感觉折磨——这一次是在女性认同领域。

青少年和成年初期

作为女孩，阿尔忒弥斯女性通常是天生的竞争者，拥有毅力、勇气和想要赢的意愿。不管追求什么目标，她都会将自己推向极致。她可能是个女童子军——徒步、攀岩、露天睡觉、骑马、挥动斧头劈柴生营火，或者就像阿尔忒弥斯女神，成为一个专业的弓箭手。箭无虚发的阿尔忒弥斯少女是"为马疯狂"的女孩，她的世界围绕着马而转。经典影片《玉女神驹》（*National Velvet*）中的女主人公就是这种阿尔忒弥斯青少年原型的化身。[①]

阿尔忒弥斯少女有着独立精神，喜爱探索。她去丛林中冒险，攀爬丘陵，或者想要看看下个街区以及再下一个街区的风景。"不要围住我"和"不要压迫我"[②]是她的口号。作为一个女生，她不像其他同龄人那样盲从或者容易妥协，因为她不热衷于取悦他人，也因为她知道自己想要的到底是什么。然而，这种笃定可能会反过来伤害她：其他人可能会觉得她"固执""死心眼""没有女人味"。

阿尔忒弥斯女性离开家去上大学后，会享受这种独立所带来的兴奋，以及那些使她感兴趣的充满竞争的挑战。她常常能找到一群志同道合的人"一起奔跑"。如果她关心政治，那么她可能会参与竞选。

此外，如果她的身体素质好，那么她可能会每天跑步数公里，沉醉在自己的力量和优雅之中，享受奔跑时心灵所进入的深思状态。（我认识的跑马拉松的女性，都拥有强烈的阿尔忒弥斯特质。这种特质恰是跑马拉松所需要的专注目标、全情投

[①]《玉女神驹》是一部上映于1944年的美国电影。在拍摄本片时，主演伊丽莎白·泰勒年仅12岁。影片主要讲述了热爱骑马的小女孩与一名退役骑师互相帮助、参加马术大赛的故事。——译者注
[②]"不要压迫我"（Don′t tread on me）是美国加兹登旗上的标语。加兹登旗由美国同名军事家设计，曾经是美国海军陆战队的格言旗帜。——译者注

入、竞争性和意志力的组合。）阿尔忒弥斯同样存在于女性滑雪者身上，她们凭直觉制定下山的路线，在身体和心理态度上总是向前倾斜，义无反顾地前进，不畏困难和挑战。

工作

阿尔忒弥斯女性将精力投入对她们有主观价值的工作中。她受到竞争的激励，毫不畏惧反对意见（在一定程度上）。那些踏入助人行业或者法律领域的阿尔忒弥斯女性，通常有某种影响她选择的理想。如果她经商，那么她可能会从她所相信的产品开始，或者从能够帮她做自己想做的事情的产品开始。如果她从事的是创意产业，那么她非常有可能在表达一种个人愿景。如果她踏入政界，那么她就是某项事业的倡导者，而这常常与环境或者女性议题有关。如果她的过人之处得到了回报，那么世俗的成功——名声、权力或者金钱——也许会降临到她身上。

然而，许多阿尔忒弥斯女性所追求的兴趣并没有商业价值，也不能通向事业或者提高名声和财力。有时恰恰相反，她们的兴趣如此个人化、离经叛道以及耗时间，所以注定是无法成功、无法构建关系的。尽管如此，这种追求对于女性内心的阿尔忒弥斯元素来说是非常满足的。例如，注定失败的事业的倡导者、不被欣赏的改革者、无人理睬的"荒野中的呼号"[①]，很可能是阿尔忒弥斯女性，就像在没有获得鼓励或商业成功的情况下继续工作的艺术家。（在这个有关艺术家的例子中，阿佛洛狄忒以其对创造力的影响和对主观经验的重视，加入了阿尔忒弥斯的工作中。）

由于阿尔忒弥斯女性是非传统的，可能会导致自身内在的冲突以及与他人的冲突，从而阻碍她的努力。她想要做的事情对她来说也许是"禁区"，比如，她的家人认为对于一个女孩来说，她的志向是不合适的。她想追寻的职业道路可能直到最近才对女性开放。对于女性运动来说，如果她"生得太早"了，那么她可能会被各种阻碍和缺乏支持打败，她的阿尔忒弥斯精神也可能被损坏。

---

① "荒野中的呼号"引自《圣经》，指无人响应的改革者。——译者注

与女性的关系：姐妹情谊

　　阿尔忒弥斯女性与其他女性之间有种亲密感。就像身边环绕着仙女伙伴的女神本身，阿尔忒弥斯女性通常非常重视她们与其他女性的友谊。这种模式能够追溯到上小学的时候。她们与"最好的朋友们"分享生活中重要的事物，她们的友谊最终可能跨越几十年。

　　在工作领域，阿尔忒弥斯女性很容易与"女校友关系网"结盟。支持团体、与其他女性建立的社交网以及与所在领域内的年轻女性的导师关系，都是这种姐妹原型的自然表达。

　　即使是那些个人主义者和逃避团体的阿尔忒弥斯女性，也总是支持妇女权益。这种立场可能反映了她们通过与母亲的亲密，发展出了对全世界女性命运的觉察和同情。又或许，这种立场可能和她们的母亲未实现的、受挫的抱负有关。20世纪70年代的许多阿尔忒弥斯女性，正在做她们母亲想做而不能做的事情，或者成为她们母亲想成为而不能成为的人。在她们的母亲还年轻的时候，第二次世界大战后的婴儿潮不允许阿尔忒弥斯有太多的表达。在阿尔忒弥斯女性背后的某个地方，常常能找到一个支持她的母亲的身影，在为她身为女性主义者的女儿而鼓掌。

　　本质上，大多数阿尔忒弥斯女性都有女性主义倾向——女性主义者所支持的事业引起了她们的共鸣。阿尔忒弥斯女性通常会觉得自己与男性是平等的；她与男性竞争，并且常常觉得别人期待她所扮演的刻板角色是不自然的。隐藏她的能力——"不要让男人知道你有多聪明"或者"让男人赢"（在争吵或者网球比赛时）——违背了她的天性。

性

　　一个阿尔忒弥斯女人可能会像这位女神一样保持永恒的贞洁，她的性欲始终是未发展的和未能表达的。但是在当代，这个模式很少见。更可能的情况是，等到成年的时候，阿尔忒弥斯女性已经有了性经验，这是她探索和尝试新冒险的倾向的一部分。

一个阿尔忒弥斯女人的性行为可能类似于一个以工作为中心的传统的男人。对于这两类人来说，关系都是次要的，参与到职业发展、创意项目或者事业中去才是最主要的。因而，性只是一种休闲运动或者生理体验——而不是情感亲密和承诺（赫拉所提供的一种驱动力）的一种生理表达，也不是深刻表达自己的性感特质的本能（这需要阿佛洛狄忒的参与）。

如果这个阿尔忒弥斯女人是同性恋，那么她通常是女同性恋社区或关系网的一分子。尽管无论是异性恋还是同性恋，阿尔忒弥斯女人都与女性朋友有着紧密而重要的关系，但同性恋阿尔忒弥斯也许会将性亲密视为另一重维度的友谊——而不是这段关系的原因。

同性恋阿尔忒弥斯女人可能要么有一个镜像恋人——一种几乎像双胞胎一样的亲密关系，要么会被像仙女一样的、比自己更柔软的、更"女性化"的人所吸引。她，就像和她对应的异性恋阿尔忒弥斯女人一样，会避开那些被"父母型"伴侣支配的关系，或者那种期待她承担家长角色的关系。

婚姻

成年早期，阿尔忒弥斯女性忙于工作或者事业，婚姻距离她们的内心很遥远。此外，"安定下来"对于专注行动的阿尔忒弥斯来说并没有很大的吸引力。如果她很有魅力、很受欢迎，那么她很可能已经在情场中纵横过、怡然自得地跟许多男人约会过——并不仅仅保持单身。她甚至可能已经和男性一起生活过了，但并不想和他结婚。她可能会一直保持未婚状态。

当她真的结婚时，她的配偶往往是同班同学、同事或竞争者。通常，她的婚姻有着平等的特质。她很可能会保留自己的姓氏，并且不会在结婚时改随夫姓。

与男性的关系：兄弟情谊

阿尔忒弥斯女神有一个双胞胎兄弟阿波罗——多面的太阳神。他是她的男性对等者：他的领域是城市，她的领域是荒野；他有太阳，她有月亮；他有驯养的生物，她有野生的、未被驯化的动物；他是音乐之神，她是高山圆舞的灵感来源[①]。作为第二代奥林匹斯神，阿波罗属于儿子们那一代，而不是父辈那一代。一方面，他与理性和法律相关。另一方面，作为预言之神（他的女祭司在德尔斐神庙进行预言），他也与非理性相关。阿波罗就像他的姐姐一样是雌雄同体的：他俩都有一些与异性相关联的特质或兴趣。

阿尔忒弥斯－阿波罗双生关系是阿尔忒弥斯女人与男性的关系中最常见的模式——不管他们是朋友、同事还是夫妻。此外，阿尔忒弥斯女人常常会被有审美力、创造性、治愈力或者音乐性的男人吸引——他或者在助人行业，或者在创造性领域工作。他们智力相当，有着共同的或互补的兴趣。这种阿尔忒弥斯－阿波罗双生关系的一个例子就是简·方达（Jane Fonda，演员、活动家和体育健身的倡导者）和她的丈夫汤姆·海登（Tom Hayden，自由派政治家）。

一个阿尔忒弥斯女人绝对不会被喜欢支配人的男性以及"我是泰山，你是简"[②]这样的关系迷惑。她也不会对母子关系感兴趣。她规避那些坚持要成为她生活中心的男性。就像女神在身体上巍然屹立一样，她在心理层面挺直了胸膛，觉得扮演"小女人"的角色很荒谬。

阿尔忒弥斯－阿波罗双生关系和户外兴趣常常是并肩出现的。伴侣双方可能都是滑雪者、跑步者或者健身爱好者。如果一个爱好户外活动的阿尔忒弥斯女性不能与伴侣一起背包旅行、滑雪或者做任何她热爱的事情，她可能会觉得关系中缺失了一个关键元素。

阿尔忒弥斯－阿波罗关系可能会导致一种无性的、伙伴式的婚姻，在这种婚姻里，伴侣双方是彼此最好的朋友。比如，一些阿尔忒弥斯女性甚至会与同性恋男子结婚，并珍视这种关系中的陪伴和独立。在她的前夫爱上另一种类型的女人，离开他们的兄－妹婚姻之后，一名阿尔忒弥斯女性可能会继续与前夫做最好的朋友。

---

① 每当阿尔忒弥斯女神打猎归来，都会与其他女神和仙女在高山上舞蹈。在神话中，这位女神常常与舞蹈和庆祝活动联系在一起。——译者注
② "我是泰山，你是简"是源于电影《人猿泰山》的经典表达。——译者注

对于一个阿尔忒弥斯女人来说，要想在婚姻中拥有深入和重要的性元素，另一个女神——阿佛洛狄忒——必须发挥影响力。要想这段婚姻是一夫一妻的、互相承诺的关系，赫拉也必须存在于女性内心。没有这两位女神，一段阿尔忒弥斯－阿波罗双生关系很容易变成兄－妹关系。

除了这种平等者之间的关系模式外，对于阿尔忒弥斯女性来说还有第二种常见的关系模式，那就是与滋养她们的男性的关系。这样的男性是她"为之回家"的人。他教她周到细致、对情绪敏感，而且那个想要小孩的人往往也是他。

阿尔忒弥斯女性走进的那些不太合得来或不太互补的关系常常是早年父女冲突的重演。这样的丈夫并不支持她的志向和抱负，而且还会贬低和批评她。就像面对她的父亲一样，她是不服气的，而且会继续她的事业。但她的自尊心还是被影响了，她的精神甚至可能会被打败，并最终顺应他的想法。

或许，与阿尔忒弥斯和俄里翁的神话相对应，一个阿尔忒弥斯女人可能会爱上一个强壮的男人，但无法把这段关系中致命的竞争元素剔除。如果他获得了一些认可，而她憎恨他的成功并找到了某种方式来中伤他（而不是为他开心），这种竞争性会侵蚀他对她的爱。还有一种可能是，这个男人的竞争性杀死了她的爱。例如，他可能认为她的成就赢过或者超越了他。如果双方都不能停止竞争，那么他们之间发生的任何类型的挑战，从滑雪比赛到杜松子酒游戏，可能都会被过分认真地对待。

那些认为阿尔忒弥斯女性是"吸引我的女性类型"的男性常常会将她视为双胞胎或者志趣相投者——他们自身的一个女性对等者。或者他们会被她的独立、自信、精神和意志力的力量吸引，而这些特质可能并未在他们自己身上得到发展。又或许，他们被她吸引可能因为她呈现出某种纯洁的形象，符合他们自身的某种理想。

在这种最常见的吸引中，有着这样的双生主题——男性被他的女性对等者吸引，这个对等者在他追求挑战时能够支持他。

有的男性在阿尔忒弥斯身上看到了一些没能在自己内心得到发展的令人钦佩的品质：意志力和独立精神。他因那些通常被认为是"非女性化"的特质而仰慕她。

对他来说，她因自己的力量而美丽。他的理想女性很像神奇女侠（她将自己伪装成阿尔忒弥斯）。

在我儿子 8 岁时，我不经意间听到他的朋友充满钦佩地说起一个女孩的勇敢事迹。他将他的女朋友视为外向而勇敢的、值得他信赖的、能拯救他的女孩："如果有人惹我，我会把她叫过来，而她会在 1 分钟之内赶来。"作为一个精神科医生，我听到过很多同样的钦佩和自豪——当把阿尔忒弥斯作为理想型女性的男性谈起他们所爱的女人的英勇事迹或成就时。

第三种类型的男性会被阿尔忒弥斯的纯洁、童贞以及她对原始大自然的认同吸引。在希腊神话中，这种吸引化身为希波吕托斯（Hippolytus）——一个将自己奉献给女神阿尔忒弥斯、过着独身生活的英俊青年。他的贞洁冒犯了爱神阿佛洛狄忒，于是她引发了一系列悲剧事件——我将在关于阿佛洛狄忒的章节中专门讲述这则神话。这样的男性——被看起来像阿尔忒弥斯一样纯洁的女性吸引——会被世俗的性行为冒犯。就像年轻的希波吕托斯一样，他们可能处于青春期晚期或者成年早期，并且他们本身可能就是处子。

孩子

阿尔忒弥斯女性不大可能是大地－母亲类型——而且怀孕或者喂养婴儿并不能令她满足。事实上，对于喜欢运动的、优雅的以及有男孩子身材的阿尔忒弥斯女性来说，怀孕可能是令人反感的。她并没有感到一种想要当母亲的本能召唤（这需要德墨忒尔在场），但她又是喜欢小孩子的。

当一个阿尔忒弥斯女性有自己的孩子时，她会成为一个好母亲——就像她的象征母熊一样。作为善于培养孩子独立性的母亲，她会教年幼的孩子如何保护自己，当然，她也能勇猛地保护他们。一些阿尔忒弥斯女性的孩子确信，他们的母亲能够为他们战斗到死。

阿尔忒弥斯女性对于不生孩子这件事感到很自在，她们可以把自己独特的母性能量——可能像一个年轻的阿姨——用在别人的孩子身上。担任女童子军顾问、做继母或者成为"美国大姐妹会"的一员就能提供这样的机会。在这些角色中，她们就像阿尔忒弥斯女神，在女孩子变成女人的分界点上保护她们。

阿尔忒弥斯母亲不会往回看，怀念她们的孩子还是小婴儿或者蹒跚学步的娃娃时的情形。与此相反，她们往前看，期待孩子们将来会变得更独立。活泼的、喜欢探索的男孩或女孩会觉得他们的母亲是充满热情的好玩伴。当孩子带着一个吊袜带蛇回家时，阿尔忒弥斯母亲会非常开心，她很乐意与孩子们一起去露营或滑雪。

但是，当一名阿尔忒弥斯女性有一个依赖性强、缺乏主动性的孩子时，麻烦就来了。对于这样的孩子来说，如果过早地培养他们的独立性，可能会增加其依赖性，反而使事情变得更糟。孩子可能会觉得被嫌弃，觉得自己不够优秀，达不到阿尔忒弥斯母亲的标准。

中年

如果一个介于35岁和55岁之间的阿尔忒弥斯女性的生活中没有其他女神存在，可能会发现自己处于中年危机中。阿尔忒弥斯模式与以目标为导向的、一心追求自选目标的年轻女性非常契合。但是，在中年时期，她可能会发生转变。这个时期，可供她探索的"未知的荒野"变少了。她要么已经成功地实现了目标，到了一个平稳期，要么失败了。

一个处于中年期的阿尔忒弥斯女人可能会变得更加内省，因为她将注意力转向内在，更多地被作为月亮女神的阿尔忒弥斯影响，而不是被作为狩猎女神的阿尔忒弥斯影响。更年期的幻想和梦境可能会刺激一个外向的阿尔忒弥斯女性走上向内的旅程。在这段旅途中，她直面来自过去的"幽灵"，发现了长久以来被忽视的感受或渴望。这种转变与赫卡忒有关，这个老媪是暗月、鬼魂和巫术女神。赫卡忒和阿尔忒弥斯都是在地球上游荡的月亮女神。这两位女神之间的关联可以在年长的阿尔忒弥斯女性身上看到，她们冒险进入心灵、心理或精神领域，与年轻女性在其他方面具有的探索意识相通。

晚年

一个女人将她的阿尔忒弥斯特质坚持到老年并不罕见。她的青春活力从未停止。她没有安定下来；她的思想或身体——通常是两者兼而有之——都在移动。她是一个探索新项目或异国他乡的旅行家。她保持着对年轻人的亲近和年轻的思想，这使她在中年时不会有"人到中年"的感觉，在晚年时不会觉得自己"老"。

两位在当地知名的北加州女性代表了阿尔忒弥斯的这种特质。第一位是现在已经 70 多岁的自然老师伊丽莎白·特威利格（Elizabeth Terwilliger），她带领成群结队的学童进入草地、树林、溪流和高山。她兴奋地探寻到了半藏在树根附近的稀有蘑菇，举起一条漂亮的蛇，指着山坡上的食用植物，把生菜递过去给大家品尝。她一直在分享她的热情，让一代又一代的孩子和接受能力强的成年人了解大自然的奇妙。

第二位老当益壮的阿尔忒弥斯是弗朗西斯·霍恩（Frances Horn），她的探索使她走进了人性。70 岁时，她获得了心理学博士学位。75 岁时，她出版了自传《我想要一个东西》（*I Want One Thing*），描述了她的探索，记录了她发现的那个具有持久价值的东西。

美国知名的女性艺术家乔治亚·欧姬芙（Georgia O'Keeffe）在 90 多岁时依然是阿尔忒弥斯的典范，就像她一生所践行的那样。她对原始的美国西南地区有一种发自内心的热情和精神上的亲近；她通过强烈的目的性实现了人生目标。欧姬芙说："我一直都知道自己想要什么——而大多数人都不知道。"她认为自己的成功可能源自某种攻击性，这导致她"抓住了我想要的任何东西"。像阿尔忒弥斯一样的欧姬芙显然瞄准了正确的目标，并最终实现了它。

1979 年，92 岁的欧姬芙是艺术家朱迪·芝加哥在其作品《晚宴》（*The Dinner Party*）上纪念的唯一一位在世的女性。这件作品通过精心设计的餐具、刺绣对历史上 39 位重要女性进行了致敬。代表欧姬芙的盘子比其他盘子都升得更高——在艺术家芝加哥看来，这象征着欧姬芙"成为一个完全属于她自己的女人"。

心理困境

阿尔忒弥斯女神与她自己选择的伙伴一起，在她所选择的领地里漫游，做她自己喜欢的事。与那些曾经被伤害过的女神不同，阿尔忒弥斯从未遭受折磨。然而，她却伤害过那些冒犯她的人，或者威胁过那些受她保护的人。类似地，与阿尔忒弥斯相关的典型心理问题通常会导致他人遭罪，而不是给自己带来痛苦。

向阿尔忒弥斯认同

对于阿尔忒弥斯女性来说，像阿尔忒弥斯那样追逐目标或者专注工作可能是相当令人满足的，她不会觉得自己的生活有所欠缺，尤其是当她能够将大量精力投入对她有深刻意义的工作之中时。她很可能拥有一种她所喜欢的"在路上"的生活方式——是否有一个"家庭大本营"并不重要。无论来自家庭和社会的压力多大，婚姻和孩子都不是她的迫切需求，除非赫拉和/或德墨忒尔也是强大的原型。尽管她缺少亲近而坚定的亲密情感，但她与男性和女性朋友保持着持久的兄弟姐妹情谊，并且很享受其他人的孩子的陪伴。

对阿尔忒弥斯的认同塑造了一个女人的性格。此外，她还需要参与和挑战那些对她个人有益处的兴趣。否则，原型会受挫，无法找到适当的表达方式，而阿尔忒弥斯女性自己也会感到沮丧，并最终感到消沉抑郁。这是第二次世界大战后婴儿潮时期许多阿尔忒弥斯女性的处境——她们试图适应当前的角色，但并未成功。

回想阿尔忒弥斯女神对他人造成的破坏力有多大，不难发现，女性对阿尔忒弥斯的无意识认同可能会通过损坏和伤害他人来表达。这些负面的潜在因素将在下文中列举。

蔑视柔软

只要"追求"的元素是阿尔忒弥斯女人的一部分，她就会对男人感兴趣。但如果他在情感上靠得更近，想娶她或者变得依赖她，"狩猎"的兴奋就结束了。此外，如果他因为需要她而表现出"弱点"，她可能会对他失去兴趣或轻视他。因此，一个阿尔忒弥斯女人可能会有一系列关系，但这些关系能顺利进行的前提是男人要保持一定的情感距离而且并不总是触手可及的。如果女性认同"活出自我"的处女女神元素，否认自己的柔软和对他人的需要，就会出现这种模式。为了改变，她必须意识到，来自另一个特别的人的爱和信任对她来说是非常宝贵的。

在此之前，从男人的角度看，她就像一条人鱼：一半是美丽的女人，一半是冷酷非人的存在。荣格分析师埃斯特·哈丁对处女女神的这一特质进行了观察："月亮的寒冷和月亮女神的冷酷象征着女性的这一特质。尽管它缺乏温暖、冷酷无情（也许部分原因在于它非常冷漠），但女性的这种漠然的情欲往往会吸引男性。"

而一个阿尔忒弥斯女人一旦对爱她的男人不再感兴趣，就会对他很残忍。她可能会断然拒绝他并将他视为不受欢迎的入侵者。

毁灭之怒：卡吕冬野猪

阿尔忒弥斯女神有着极具破坏性的一面，野猪（她的神圣动物之一）就是这种象征。在神话中，当被冒犯时，她在乡村释放了毁灭性的卡吕冬野猪。

正如《布尔芬奇的神话》（*Bullfinch's Mythology*）中所描述的那样："野猪的眼里闪耀着血与火，它的鬃毛像威胁的长矛一样竖立着，它的獠牙像印度象牙。正在生长的玉米被践踏，葡萄藤和橄榄树被毁坏，羊群和牛群被杀戮的敌人驱赶得晕头转向。"这是有关肆虐破坏的生动画面，隐喻了战争中的阿尔忒弥斯女人。

阿尔忒弥斯的怒火仅次于赫拉。然而，虽然两位女神的情绪强度看似一样，但她们愤怒和挑衅的方向却不同。一个赫拉女人会对"另一个女人"大发雷霆。一个阿尔忒弥斯女人更可能因为自己被贬低或者她所珍视的东西不被尊重，而对某个男人或男性群体生气。

例如，20世纪70年代女性运动中的意识觉醒通常会带来建设性的变革。但是，随着许多阿尔忒弥斯女性意识到社会对女性不公平的限制和贬低，她们的反应带着强烈的敌意，而这往往与特定的挑衅不成比例。20世纪70年代初，当一只卡吕冬野猪遇到一只大男子主义野猪时，谨慎的旁观者会明智地避开！此外，许多女性也被学习了意识觉醒的课程后大发雷霆的阿尔忒弥斯女性伤害和"毁坏"。

在卡吕冬野猪的神话中，与希波墨涅斯（Hippomenes）赛跑的女英雄阿塔兰忒（Atalanta）手持长矛面对着发动进攻的野猪。野猪已经刺杀了许多试图将其击倒的男英雄。它的皮比盔甲还要坚硬。现在就靠她了：要么阻止野猪，要么被它摧毁。她一直等到野猪快要扑到身上时才仔细瞄准，然后用长矛穿过它的一只眼睛（它唯一的弱点）。

一个阿尔忒弥斯女人极具破坏性的愤怒只能被阿塔兰忒的做法阻止。阿尔忒弥斯女人必须直接面对自己的破坏性，她必须将其视为自己的一部分，在它吞噬她并破坏她的人际关系之前停止它。

面对内心的野猪需要勇气，因为这样做意味着女人必须看到她对自己和他人造成了多大伤害。她再也不觉得自己是正义和强大的象征了。谦逊是她回归人性的一课——她非常清楚地意识到自己也是一个有缺陷的人类女性，而不是复仇的女神。

不可接近性

阿尔忒弥斯被德国语言学家、希腊神话专家瓦尔特·奥托（Walter F. Otto）称为"遥远的阿尔忒弥斯"。保持情感距离是阿尔忒弥斯女性的一个特征，她如此专注于自己的目标，不被任何事物分心，以至于没有留意到周围其他人的感受。由于她的不在乎，关心她的人会觉得自己无足轻重和被排斥，渐渐感到伤心或生气。

再一次，她必须在改变之前获得清醒的认识。为此，一个阿尔忒弥斯女人需要听到并留意别人所说的话。反过来，他们最好等到她没有专注于自己感兴趣的项目，并且可以将注意力转移到他们身上时再讲话。（如果他们在她全神贯注于正在做的事情时发起对话，摩擦便不可避免，除非阿尔忒弥斯女人已经意识到她在做什么，并感谢他人对她的提醒。）阿尔忒弥斯是一位"神出鬼没"的女神，她可以一转眼就消失在森林中，就像有时刚捕捉到野生动物的身影，下一刻它们便不翼而飞一样。如果情感距离是精力高度集中无意间造成的副作用，那么，真诚地希望与那些重要的人保持联系和接触，可以减轻这种倾向。这种补救措施适用于日常生活，也适用于周期性的"消失行为"。

无情

阿尔忒弥斯常常很无情。例如，猎人阿克特翁无意中侵入了她的地盘，他不知道盯着赤身裸体的女神看是一种死罪。于是阿尔忒弥斯把他变成了一头雄鹿，被自己的猎犬撕成了碎片。当自负的尼俄伯贬低阿尔忒弥斯和阿波罗的母亲勒托时，这对双胞胎立即通过残忍的方式捍卫了勒托的名誉。

对犯错误表示愤怒、对他人忠诚、有力地表达观点以及习惯于采取行动，都是阿尔忒弥斯和阿尔忒弥斯女性的积极特征。但她们所实施的毫不留情的惩罚令人震惊：尼俄伯的 12 个孩子都被双胞胎弓箭手杀死，这样她就没有什么可吹嘘的了。

当一个阿尔忒弥斯女人用绝对的黑与白来判断他人的行为时，就会出现缺乏怜悯的情况。从阿尔忒弥斯的角度来看，不仅是行为本身非黑即白，做这件事的人也是如此。因此，一个阿尔忒弥斯女人进行报复或惩罚的时候，会觉得自己十分在理。

为了改变这种态度，她需要培养同情心和同理心，而这些品质可能会随着自身的成熟而出现。许多阿尔忒弥斯女性进入成年后，会充满自信，觉得自己无懈可击。然而，随着生活阅历的增加，她们的同情心便会随之增长，因为她们也会遭受苦难、被误解或遭遇失败。如果一个阿尔忒弥斯女人感知到了柔软的滋味并变得更加善解人意，如果她发现人们比她以为的更复杂，如果她能够原谅别人和自己的错误，那么从生活中学到的这些教训就会让她变得更加慈悲。

残酷的选择：牺牲还是拯救伊菲革涅亚？

关于阿尔忒弥斯的最后一个神话讲述了阿尔忒弥斯女性的一个重要选择。这个神话与伊菲革涅亚（Iphigenia）有关，这个选择涉及阿尔忒弥斯的角色：她要么是伊菲革涅亚的救世主，要么是造成她死亡的罪魁祸首。

在特洛伊战争的故事里，希腊的船只在启航前往特洛伊之前在希腊的奥利斯港集结。在那里，船队不得不停了下来——没有风来填满船帆。阿伽门农（Agamemono,

希腊军队的指挥官）深信这种风平浪静是神的安排，于是请教了远征队的先知。先知宣称阿尔忒弥斯被冒犯了，只有牺牲阿伽门农的女儿伊菲革涅亚才能平息她的愤怒。起初，阿伽门农拒绝了，但随着时间的推移，男人们变得更加生气和不服管教，他便拿女儿要嫁给希腊英雄阿喀琉斯（Achilles）作借口，欺骗他的妻子克吕泰涅斯特拉（Clytaemnestra）将伊菲革涅亚送到他那里。伊菲革涅亚为牺牲做好了准备——用她的生命换取能带着船队去打仗的顺风。

接下来发生的事情流传着两个版本。根据其中一个版本，伊菲革涅亚的死是按照阿尔忒弥斯的要求进行的。在另一个版本中，阿尔忒弥斯在伊菲革涅亚献祭的时候做了手脚，用一头牡鹿代替了伊菲革涅亚，并将她带到了陶里斯，在那里，她成了阿尔忒弥斯的女祭司之一。

这两个结局代表阿尔忒弥斯产生的两种潜在影响。一方面，她使女性和女性价值免于父权制的压迫。另一方面，由于她对目标的高度关注，她可以要求女性牺牲和贬低传统上被认为是"女性化"的品质——感受敏锐、滋养他人、与他人联结、愿意为他人牺牲。每个阿尔忒弥斯女人可能都有一些像伊菲革涅亚的地方——年轻、轻信他人、美丽的那一部分自己，这代表了她的柔软、构建亲密关系的潜力以及对他人的依赖。随着她朝着对她来说重要的事情努力，她是否会拯救和保护这部分自己，让它得到成长？还是她会杀死这部分自己，以便尽可能地保持专注、努力和清醒？

成长方式

为了超越阿尔忒弥斯，一个女人必须发展出不那么有意识、感受敏锐、以关系为导向的那部分潜能。她需要变得柔软，学会深深地去爱和关心另一个人。这种成长可能会在一段关系中发生——通常是与一个爱她的男人，有时是与另一个女人，或者通过生孩子。

这种进步往往只有在阿尔忒弥斯女人"筋疲力尽"之后，在她瞄准一系列目标获得成功或失败之后，在狩猎、比赛或追求的快感变得令人厌倦之后，才会发生。一个爱她的男人可能需要等到那个时候，直到他从阿佛洛狄忒那里得到一些帮助，才有机会俘获她的芳心。

阿塔兰忒神话：心理成长的隐喻

作为猎人和奔跑者，女英雄阿塔兰忒的勇气和能力不亚于任何男人。她刚出生不久就被遗弃在山顶，一只熊发现并抚养了她，后来，她长成一名美丽的女子。一个名叫墨勒阿革洛斯（Meleager）的猎手成为她的爱人和伴侣。这一对双胞胎似的猎手在整个希腊都很有名，尤其是因为他们参与了卡吕冬野猪狩猎。不久后，墨勒阿革洛斯在她的臂弯里死去。阿塔兰忒便离开他们一起漫步过的山区，回到她的父亲身边，并被承认为他的王位继承人。

现在，有许多追求者想要赢得她的青睐，但都被她鄙夷地拒绝了。当有人吵着要她在这些人中做选择时，她说，她会嫁给能在赛跑中击败她的男人。如果他赢了，她就会嫁给他；如果他输了，他将失去生命。一场又一场比赛不断进行着，脚步敏捷的阿塔兰忒始终处于领先地位。

最后，那位真心爱她但并不擅长运动的希波墨涅斯决定参加比赛，即使这可能会令他丧命。比赛前一晚，他向爱神阿佛洛狄忒祈祷，以寻求帮助。她听到了他的请求，给了他三个金苹果，让他在比赛中使用。

苹果 1: 意识到时间的流逝。比赛开始后不久，希波墨涅斯将第一个金苹果扔到阿塔兰忒前面的道路上。她被苹果那闪闪发光的美丽吸引，便放慢了速度去捡它。当她专注地注视着手中的金苹果时，希波墨涅斯开始在比赛中占据领先位置。苹果映照出了她的模样，她看到自己因苹果的弧线变得扭曲的脸，心想："这就是我变老后的模样。"

许多忙碌的女性意识不到时间的流逝——直到中年的某个时刻，竞争或实现目标的挑战减弱。有生以来第一次，她意识到自己不是永恒少女，并反思她正在走的路，以及它将通向何方。

苹果 2：意识到爱情的重要性。阿塔兰忒再次专注于比赛，毫不费力地赶上了希波墨涅斯。接着希波墨涅斯将第二个苹果扔在阿塔兰忒的必经之路上。当她停下来去拿阿佛洛狄忒的第二个金苹果时，关于她死去的爱人墨勒阿革洛斯的记忆涌上心头。阿佛洛狄忒激起了女性对肢体亲密和情感亲密的渴望。当这种渴望与意识到时间的流逝相结合时，阿尔忒弥斯女人的关注焦点便会转移到一种崭新的感受上：对爱和亲密的感受。

苹果 3：生育本能和创造力。随着阿塔兰忒与希波墨涅斯打成平手，终点线也近在咫尺了。当希波墨涅斯丢下第三个金苹果时，她正要超越他并赢得比赛。刹那间，阿塔兰忒犹豫了：她是应该越过终点线赢得比赛，还是应该捡起苹果输掉比赛？阿塔兰忒选择伸手去拿苹果，就在这时，希波墨涅斯越过终点线赢了比赛，如愿以偿地娶到了阿塔兰忒。

阿佛洛狄忒的生育本能（在德墨忒尔的帮助下），使得许多近 40 岁的女性放缓了忙碌、专注于目标的脚步。以事业为导向的女性，往往会因为一种要生孩子的紧迫感而感到措手不及。

这第三个金苹果可能并不仅仅代表生育意义上的创造力。中年之后，成就可能变得不那么重要了。这时，阿佛洛狄忒所代表的繁殖力指的是将经验转化为某种形式的个人表达。

如果对阿佛洛狄忒的了解是经由另一个人的爱所带来的，那么无论一个阿尔忒弥斯女人的片面性多么令人满意，都会让位于抵达完整性的可能。她可以向内反思对她来说什么是重要的，既向内聚焦也向外聚焦。她开始意识到自己对亲密关系的需求，就像她需要独立一样。一旦她承认了爱的存在，她——就像阿塔兰忒一样——将有机会决定对自己来说什么才是最重要的。

第五章

雅典娜：智慧和手工艺女神，战略家和父亲的女儿

女神雅典娜

雅典娜是代表智慧和工艺的希腊女神，她被罗马人称为密涅瓦。和阿尔忒弥斯一样，雅典娜也是处女女神，致力于贞洁和独身。她是威严、美丽的女战神，是她所选择的男英雄的保护者，也是与她同名的城市雅典的保护神。在人们的描绘中，她是唯一一位身穿盔甲的奥林匹斯女神——她头盔的面罩被推向后面，露出她的美貌，她的手臂上有一面盾牌，手中握着一把长矛。

雅典娜是战争时期制定战略、和平时期主持家事艺术的女神，与其角色相称，她的形象通常是一只手拿长矛，另一只手拿碗或纺锤。她是城市的保护者和军队的守护神，也是织布工、金匠、陶工和裁缝的女神。希腊人称赞雅典娜为人类提供了驯马的缰绳，启发了造船者的工艺，并教人们如何制造犁、耙、牛轭和战车。橄榄树是她送给雅典的特别礼物，这份礼物促成了橄榄的大规模种植。

雅典娜经常被描绘成与一只猫头鹰相伴。猫头鹰是一种与智慧和突出的眼睛有关的鸟，而这正是雅典娜的两个特征。在她的盾牌或长袍的下摆上，经常能看到缠绕的蛇。

与雅典娜在一起的其他人物总是男性。例如，她出现在坐着的宙斯身旁，以

战士的姿态守卫着她的国王；她也被放置在《伊利亚特》（*Iliad*）和《奥德赛》（*Odýsseia*）中的主要希腊英雄阿喀琉斯或奥德修斯（Odysseus）身边。

与雅典娜相关的军事和家事技能涉及计划和执行，需要有目的性地进行思考。战略、实用性和切实成果都是她独特智慧的标志。雅典娜重视理性思维，支持意志和理智凌驾于本能和自然之上。她的精神处在城市之中；对于雅典娜来说（与阿尔忒弥斯相反），荒野是要被驯化和征服的。

家谱和神话

雅典娜加入奥林匹斯众神的过程是极富戏剧性的。她从宙斯的脑袋中跃出，化为一个成年女子，身穿金光闪闪的铠甲，手执锋利的长矛，发出威武的战吼。在某些版本中，她的出生类似于某种剖宫产手术——随着"生产"的进行，宙斯头痛欲裂。在这个过程中，他得到了锻造之神赫菲斯托斯的帮助——赫菲斯托斯用双刃斧头砍在了他的头上，为雅典娜的出生开辟了一条道路。

雅典娜认为自己只有一位父亲——宙斯，她永远与他联系在一起。她是父亲的得力女助手，是唯一一个被他交付雷电和神盾的奥林匹斯神，而它们正是他权力的象征。

雅典娜不承认她的母亲墨提斯，事实上，她似乎不知道自己有一位母亲。正如赫西俄德所说，墨提斯，这位以智慧闻名的海洋女神，是宙斯的第一个正式配偶。当墨提斯怀上雅典娜的时候，宙斯用计把她变小，然后将她吞进了自己的肚子里。据预言，墨提斯将会生下两个非常特别的孩子：一个在勇气和睿智方面与宙斯相媲美的女儿，以及一个儿子——他是一个无所不能的男孩，将成为众神之王。通过吞下墨提斯，宙斯打败了命运，并将墨提斯的特质据为己有。

在雅典娜的神话中，她是男英雄们的保护者、导师、赞助人和盟友。她帮助过的英雄的名单读起来就像"英雄名录"。

这其中就有珀尔修斯（Perseus），他杀死了戈尔贡（Gorgon）三姐妹中的美杜莎（Medusa）——那个长着蛇发、铜爪和凝视的眼睛，目光能将人变成石头的女怪物。雅典娜想出了一个用镜子的诡计，让珀尔修斯通过镜子看到美杜莎在盾牌上的倒影，由此避免直视她。然后，她引导着他握剑的手将美杜莎斩首。

在伊阿宋（Jason）和阿尔戈（Argo）英雄们出发去夺取金羊毛之前，雅典娜还帮他们建造了船。她给了柏勒洛丰（Bellerophon）一条金色的缰绳来驯服飞马珀伽索斯（Pegasus），并在赫拉克勒斯（Heracles）执行12项任务时帮助了他。

在特洛伊战争期间，雅典娜非常积极地站在了希腊人这边。她照顾她所偏爱的人，尤其是希腊最强大的战士阿喀琉斯。后米，她帮助奥德修斯（尤利西斯）踏上了回家的漫长旅途。

雅典娜不仅是拥护个人英雄的女神和最接近宙斯的奥林匹斯神，还支持父权制。在西方文学的第一个法庭场景中，她为俄瑞斯忒斯（Orestes）投了决定性的一票。俄瑞斯忒斯的母亲（克吕泰涅斯特拉）谋杀了他的父亲（阿伽门农），为了报仇雪恨，俄瑞斯忒斯杀害了自己的母亲。阿波罗为俄瑞斯忒斯进行辩护：他声称母亲只是养育了父亲所播下的种子，宣扬男尊女卑的原则，并拿雅典娜的诞生作为证据，说雅典娜甚至都没有从女人的子宫里出生。在雅典娜投出决定性的一票前，陪审团的投票打成了平手。她站在阿波罗一边，释放了俄瑞斯忒斯，并将父权原则置于母系纽带之上。

在雅典娜的神话中，只有一个众所周知的故事涉及凡人女性，那就是被雅典娜变成蜘蛛的阿拉克涅（Arachne）。作为工艺女神，雅典娜在一位名叫阿拉克涅的自以为是的织工的挑战下，进行了一场技艺比赛。她们织起布来都很敏捷和熟练。挂毯完成后，雅典娜既欣赏竞争对手那完美无瑕的作品，但同时也因为阿拉克涅胆敢描绘宙斯的风流韵事感到愤怒。在其中一个挂毯上，丽达（Leda）正在抚摸一只天鹅——宙斯的伪装，宙斯为了与她做爱而以天鹅的身份进入这个已婚王后的卧室；另一个挂毯是关于达那厄（Danne）的，宙斯化为金色的雨滴使其受孕；第三个挂毯描绘了少女欧罗巴（Europa），宙斯假扮成一头壮丽的白牛将其诱拐。

阿拉克涅挂毯的主题便是她失败的原因。雅典娜对阿拉克涅所描绘的内容感到非常愤怒，她将挂毯撕成碎片，并驱使阿拉克涅上吊自杀。之后，雅典娜感到了一丝怜悯，便让阿拉克涅活了下来，但却把她变成了一只蜘蛛，永远被一条线悬吊和旋转着。（在生物学中，蜘蛛用这个不幸的女孩命名，被归类为蛛形纲动物。[①]）请注意，雅典娜很大程度上是她父亲的捍卫者，她惩罚阿拉克涅是因为阿拉克涅将宙斯的欺骗和非法行为公之于众，而不是因为阿拉克涅挑战自己让她感到很无礼。

雅典娜原型

作为智慧女神，雅典娜以她那制胜的策略和实用的解决方案而闻名。作为原型，雅典娜是有逻辑的女性所遵循的模式，她们被头脑而不是被内心支配。

雅典娜是这样一个女性原型：她表明，善于思考，在激烈的场合中能保持头脑冷静，也擅长在冲突中制定良好的策略，这是一些女性的天然特质。这样的女人就像雅典娜一样，而不是表现得“像男人一样”。她并不是靠自己的阳刚一面或阿尼姆斯进行思考——她完全靠自己进行清晰而高效的思考。雅典娜是一种逻辑思维原型，这样的概念挑战了荣格的假设，即女性的思考是由女性的男性阿尼姆斯代劳的，这个男性阿尼姆斯与女性的自我有着明显的不同。当一个女人认识到她的敏锐头脑是一种与雅典娜有关的女性特质时，她就可以建立积极的自我形象，而不用担心自己是男性化的（即不恰当的）。

如果雅典娜只代表活跃在某个特定女性内心中的几个原型中的其中一个——而不是单一的主导模式——那么这个原型可以成为其他女神的盟友。例如，如果女性受赫拉激励，需要一个伴侣来感觉到完整，那么雅典娜可以帮助她评估情况并制定策略，从而让她得到一个男人。或者，如果阿尔忒弥斯是女性健康团体或女性研究中心的指导灵感，那么该项目的成功可能取决于雅典娜的政治敏锐度。在情绪风暴中，如果一个女人可以将雅典娜作为原型并把她从内心召唤出来，理性将帮助她找

---

① 阿拉克涅的英文名为 Arachne，蛛形纲的英文为 arachnid。——译者注

到或保持自己的方向。

处女女神

有关阿尔忒弥斯的形容词"不柔软"和"完整"同样适用于雅典娜。当雅典娜统治着女性的心灵时，她会被自己的优先事项驱使，正如那些与阿尔忒弥斯或赫斯提亚相像的女性一样。就像阿尔忒弥斯原型一样，雅典娜让女性倾向于关注那些对她来说重要的事情，而不是关注他人的需求。

雅典娜与阿尔忒弥斯和赫斯提亚的不同之处在于，她是寻求男人陪伴的处女女神。相比分开或撤退，她更喜欢处于男性的行动和权力中心。处女女神元素帮助她避免和与她密切合作的男人发生情感或性纠葛。她可以成为男人的伙伴、同事或红颜知己，但不会产生情色的感觉或亲密的情感。

雅典娜以一个完全长大的成年人的形象出现并加入奥林匹斯众神的队伍中。在神话中，她被描述为对有影响力的世俗事务感兴趣。因此，雅典娜原型代表了比阿尔忒弥斯更年长、更成熟版本的处女女神。雅典娜对世界的现实取向，她的务实态度，她对传统意义上的"成人"标准的遵从，以及她缺乏浪漫主义或理想主义的特质，使她成为"明智的成年人"的缩影。

战略家

雅典娜的智慧可以帮助将军部署武装力量，也可以帮助商业巨头战胜竞争对手。她是特洛伊战争期间最好的战略家。她的战术和干预帮助希腊人在战场上赢得了胜利。雅典娜原型在商业、学术、科学、军事和政治领域蓬勃发展。

例如，雅典娜可能会体现在一位拥有工商管理硕士学位的女性身上，她与一位强大的导师结盟，努力地在职场阶梯中攀爬。玛丽·坎宁安（Mary Cunningham）作为本迪克斯公司（Bendix Corporation）总裁兼董事会主席的天才门生，迅速晋升为该公司的副总裁，这遵循了雅典娜的事业进程。当他们的关系被炒作为负面新闻时，她辞去职务，转而在另一个大企业申利（Schenley）的权力机构担任重要职位。

这一明智之举可以被视为战略撤退和在炮火下采取的果断行动。

在政治或经济因素占据很大权重的情形下，雅典娜的敏锐能使女性高效地前进。她可能会利用自己的战略思考能力来推进项目，或者作为一个雄心勃勃的男人的伙伴和顾问。在这两种情况下，雅典娜原型都在内心控制着那些知道"底线"是什么的女性，她们的智慧面向实用和务实，她们的行为不受情绪的影响，也不因感情而动摇。当女性的心灵里有了雅典娜，她便掌握了那些必须做的事情，并能够清楚地知道该如何实现她想要的事物。

外交——涉及战略、权力和欺骗手段——是雅典娜大放异彩的领域。克莱尔·布斯·卢斯（Clare Booth Luce）——著名的美女、剧作家、国会女议员、驻意大利大使以及美国陆军的名誉将军——具有雅典娜的这些特质。她有野心，利用自己的智慧和联盟闯入了男人的世界，因此她既赢得了钦佩也受到了批评。她嫁给了亨利·卢斯 (Henery Luce)——他是《时代》杂志的创始人，也是他自己领域的宙斯。在她的崇拜者眼中，她在舆论抨击下表现出的"冷静"值得称赞，尽管她的批评者称她为"冷酷"的阴谋家。

在学术界颇有建树的拥有博士学位的女性，也同样很像雅典娜。要获得终身职位，需要做研究、发表文章、在委员会任职、接受研究经费——了解游戏规则并得分。为了取得成功，女性和男性都需要导师、资助者和盟友。仅靠智力通常是不够的，这个游戏还涉及战术和政治考量。她学习、教授或研究的学科，她决定在哪一个校园安定下来，以及她所选择的系主任或导师都能决定她是否会获得完成这项工作所需的经费和职位。

因在放射免疫测定（使用放射性同位素测量体内激素和其他化学物质）领域的发现而获得诺贝尔化学奖的罗莎琳·亚洛（Rosalyn Yalow）是一位才华横溢的雅典娜。她谈到了用手和大脑工作的乐趣（结合了雅典娜在智慧和手工艺方面的特点）。亚洛必须是一位敏锐的战略家，才能设计出合适的化学序列，进而引导出她的研究发现。当涉及职业政治时，这种能力也令她处于有利地位。

女匠人

作为手工艺女神,雅典娜致力于制作既实用又美观的东西。她最为人熟知的技艺便是她作为织布工展现出的技能,这是手与心一起配合才能完成的工作。要制作挂毯或编织物,女人必须设计和规划要做什么,然后有条不紊地去创造。这种工作方式是雅典娜原型的一种表达,它强调远见、规划以及对手工艺的掌握和耐心。

在美国西部前沿地带的妇女 ① 曾纺线、织布,她们几乎可以制作家人穿的所有衣服。她们就是雅典娜在家事领域的化身。她们与丈夫并肩作战,从荒野中谋得土地,在向西推进时征服大自然。要想生存和成功,就需要雅典娜的特质。

父亲的女儿

作为"父亲的女儿"原型,雅典娜所代表的女性会很自然地被拥有权威、责任和权势的男人——符合父权制父亲或"老板"原型的男人——吸引。雅典娜使女性倾向于与强大的男性建立师生关系,这些男性与她有共同的兴趣和类似的看待事物的方式。她期望双向的忠诚。就像雅典娜本人一样,一旦她向男性效忠,她就会成为他最热心的捍卫者或得力助手,被他信任,可以很好地使用他的权威并捍卫他的特权。

许多为老板鞠躬尽瘁的执行秘书都是雅典娜女性。她们对自己选择的伟大男性忠诚不移。当我想起理查德·尼克松(Richard Nixon)的私人秘书罗斯玛丽·伍兹(Rosemary Woods)和水门事件中被删除的18分钟录音时,我觉得雅典娜之手可能是在场的。我认为她像雅典娜一样"明智"地意识到需要除去这些证据,而且像雅典娜那样不带愧疚地抹去了它们的痕迹。

"父亲的女儿"特质可能会使雅典娜女性成为父权和父权价值观的捍卫者,也就是重视传统并强调男性权力的合理性。雅典娜女性通常支持现状,并接受既定的行为准则。这样的女性在政治上通常是保守的——她们抵制改变。雅典娜对失

---

① 指19世纪于美国西部拓荒的妇女。——译者注

败者、受压迫者或反叛者几乎没有同情心。

例如，菲利斯·施拉弗莱（Phyllis Schlafly）——一个拥有拉德克利夫学院（Radcliffe）硕士学位的联谊会成员、一个非常有条理和善于表达的女性——领导了反对《平等权利修正案》。在她领导反对派之前，《平等权利修正案》的通过似乎是势不可挡的。1972年10月，在菲利斯·施拉弗莱成立她的组织 STOP ERA 的前一年，《平等权利修正案》在提出的头12个月内获得了30份批准。但当她率领自己的部队投入战斗时，这个势头就被挡住了。在接下来的8年里，只有5个州批准了《平等权利修正案》——而且在已经批准的35个州中，有5个州投票取消了它们的批准。施拉弗莱的传记作者称她为"沉默的多数派的甜心"，她是当代的雅典娜，扮演父亲的女儿原型，捍卫父权价值观。

中庸之道

当雅典娜原型非常强大时，女人会很自然地倾向于有节制地做事情，生活在"中庸之道"中——这是雅典人的理想。过度、不节制通常是强烈的感觉或需求所产生的结果，或者是热情、正义、恐惧和贪婪的本性——所有这些都与理性的雅典娜对立。在雅典娜的支持下，恪守中庸之道也能够密切关注事态发展、留意其效果，并在事情出现无效的迹象时立即改变行动方案。

穿盔甲的雅典娜

雅典娜身着华丽的金色盔甲来到奥林匹斯山。事实上，用"盔甲"武装自己是雅典娜的特征。智力防御使这样的女人不会感到痛苦——无论是她自己的痛苦还是他人的痛苦。在激烈的内心斗争中，随着她观察、标记和分析正在发生的事情并决定接下来要做什么，她始终不受情绪的影响。

在充满竞争的世界中，雅典娜原型比阿尔忒弥斯原型多了一个显而易见的优势。阿尔忒弥斯原型有着坚定的目标和竞争意识，但她没有身着盔甲，就像阿尔忒弥斯女神只穿一件短上衣一样。如果一个女人的原型是阿尔忒弥斯而不是雅典娜，她会将所有出乎意料的敌意或欺骗当回事。她也许会受到伤害或感到愤怒，可能会变得情绪化和效率低下。在同样的情况下，雅典娜则会冷静地评估正在发生的事情。

培养雅典娜

那些并非生来就像雅典娜的女性可以通过受教育或工作来培养这种原型。受教育可以发展雅典娜品质。当一个女人认真对待上学这件事时，她就会养成有规律的学习习惯。数学、科学、语法、研究和写论文都需要雅典娜技能。工作也有类似的效果。表现得"专业"意味着一个女人是客观的、没有人情味的和技艺娴熟的。例如，一个能深切为他人着想的女性或许会从事医学或护理行业，并且可能会发现她已经进入雅典娜的领域，需要学习冷静观察、逻辑思维和具体技能。

所有的教育都能促进雅典娜原型的发展。学习客观事实，清晰地思考，准备考试，参加考试，这些都是能唤起雅典娜的练习。

雅典娜也可以基于需要而发展。年轻女孩若是在家庭中被虐待，可能会学着隐藏自己的情绪并穿上"防护盔甲"。她可能会变得麻木，与自己的感受脱节，否则她就不会感到安全。为了生存，她可能会学着观察和制定策略。女性受害者一旦开始规划求生之道或逃跑方式，雅典娜就会被激活。

《荷马诸神》（*The Homeric Gods*）的作者沃尔特·奥托（Walter Otto）称雅典娜为"永远近在咫尺"的女神。她紧紧地站在她的英雄身后，其他人看不见她。她低声建议，冷静地劝告，使得他们比竞争对手更有优势。每当女性需要在情绪化的状况下清晰地思考时，或者当她在特定职业或教育领域与男性平等地竞争时，都需要邀请"永远近在咫尺"的雅典娜原型"靠近"自己。

作为女性的雅典娜

有一种状态稳定且外向的美国女性，似乎最能代表日常的雅典娜。她务实、简单、冷静、自信，是一个做事从容不迫的人。通常情况下，雅典娜女性身体健康，没有心理冲突，并且经常运动，这符合雅典娜的身份特征。[在她的雅典娜许癸厄亚（Hygieia）①方面，她也是健康女神。] 在我的眼中，她是那种终其一生都穿着"学院风"衣服的干净整洁的女性。雅典娜女性的心理与"学院风"服装的严肃外观相似——实用、耐用、质量持久且不受时尚风潮的影响。

郊区的雅典娜女人穿的是时髦的"学院风"衣服；成功的商界职业女性所穿的"市中心"款式是量身定制的西装和衬衫。郊区休闲版和市中心商务版衣服设计都受到布克兄弟（Brooks Brothers）②的影响——且带着许多商务人士和私校男生青睐的英伦风。小圆领和纽扣衬衫是适合雅典娜女性的服装，她们穿在身上能塑造出一种不显老的无性恋风格。

年轻的雅典娜

一个雅典娜小朋友与年轻的阿尔忒弥斯一样具有专注的能力，在此基础上她还有一种明显的智力倾向。例如，在 3 岁时，雅典娜可能是一位自学成才的小读者。不管在什么年纪，一旦她发现了书籍，就会埋头苦读。不读书的时候，她追随着父亲的脚步，总是问"爸爸，为什么"和"爸爸，这是怎么回事"。或者，她问的最典型的问题是："爸爸，给我看看！"（她通常不会问"妈妈，为什么"，除非她碰巧有一位雅典娜妈妈，会给出她所寻求的合乎逻辑的答案。）雅典娜女孩有很强的好奇心，想知道事物是如何运作的。

父母

当雅典娜女儿成长为一个成功的父亲最喜欢的孩子时，他会为"她追随他"而自豪，会帮助她发展她的自然倾向。当她的榜样给予她祝福时，对自己的能力有信

① 许癸厄亚是希腊神话中的健康女神。据说，她曾是雅典娜的一个别名。许癸厄亚在英文中写作 Hygieia，是 hygiene（卫生）的词源。——译者注
② 布克兄弟是美国知名男士服装品牌。——译者注

心就是她"与生俱来的权利"。这样的女儿会很安全地长大，不会因为自己的聪明和野心而发生内心冲突。作为一名成年女性，她可以舒服自在地运用权力、行使权威并展示自己的能力。

但并非所有雅典娜女性都有支持她们的宙斯父亲。如果没有的话，她就会缺少自我发展的一个基本要素。一些雅典娜女性有非常成功的父亲，但他们太忙碌了，因而没能注意到她们。其他宙斯父亲坚持要他们的女儿表现得像传统女孩，他们可能会取笑她说："不要用事实填满你漂亮的脑袋。"或者，他们会责备她说："这不是女孩应该玩的。""这与你无关，这是生意。"因此，她可能会在成长过程中感到自己没法被接受，并且常常对自己的能力缺乏信心，即使她并没有因此被阻止进入商业或专业领域。

当一名雅典娜女性的父亲与宙斯非常不同时——也许是失败的生意人、酗酒者、籍籍无名的诗人或没有作品的小说家——其雅典娜原型的发展通常会受到阻碍。她可能不渴望达成她本可以实现的目标。即使在别人看来她很成功，她也常常觉得自己像个冒名顶替者，迟早会被人"发现"。

除非雅典娜女儿的母亲也是雅典娜女性，否则她们中的大多数都会感到自己的女儿不领情，或者觉得自己的女儿来自一个与自己完全不同的物种。例如，任何以关系为导向的女性可能都会觉得自己与雅典娜女儿的关系不融洽。当她谈及人和感情时，女儿无动于衷。相反，她的女儿想要了解事物是如何运作的，但却发现她的母亲对此毫无概念，也没有欲望去了解。由于她们的不同，雅典娜女儿可能会认为她的母亲是无能的。一位这样的母亲留意到，她的女儿"只有10岁，看起来却像30岁"。她女儿的口号似乎是："哦，妈妈，实际一点！"这位妈妈接着说："有时候我的女儿让我觉得她是个大人，而我却是个智障的孩子！"

同样令人气馁的是，有些雅典娜女儿的母亲可能会给人留下这样的印象：她的女儿有毛病。这样的母亲可能会说"你不过是一台计算机"或"试着假装你是个女孩"。

发展了自身雅典娜特质并具有坚定自尊的高成就女性，通常有符合宙斯－墨提斯模式[1]的父母（成功的父亲在前，养育孩子的母亲在后），并在家庭中充当长子的角色。通常，她在家庭中的地位是被大家默认的。她可能是家中唯一的孩子，或者是几个女孩中最大的那个。也许她的兄弟患有精神或身体障碍，或者让他们的父亲非常失望。因此，她承受了父亲对儿子的渴望，成为与他有共同兴趣的伙伴。

一个有着积极的自我形象、对自身的抱负没有任何冲突的雅典娜，也可能是双职工父母的女儿，或者是成功母亲的女儿。她在成长过程中有一个母亲作为榜样，也有父母的支持让她可以做自己。

青少年和成年初期

雅典娜女孩会看向汽车引擎盖。她们是那些学着解决问题的人。她们是计算机课上能够快速、热切地了解机器的工作原理，并对计算机语言有浓厚兴趣的女孩。她们在进行计算机编程时如鱼得水，因为她们的思维是线性的、清晰的，并且善于留意细节。她们是乐意去了解股市、储蓄和投资的女孩。

很多时候，一个雅典娜女孩认为"大多数女孩都是呆傻的或蠢笨的"，她们的看法与青春期前的男孩大致相同。一个雅典娜女孩更有可能对一只奇怪的虫子该如何分类感兴趣，而不是被它吓到。当其他女孩有"小马菲特小姐"那样的反应时，她感到很困惑。作为一个追随惩罚了阿拉克涅的雅典娜的女孩，任何"坐在她身边"的蜘蛛都不会吓跑她。[2]

年轻的雅典娜可能非常擅长缝纫、编织或针线活。她可能喜欢各种手工艺，与

---

[1] 亨宁和贾迪姆曾（Margaret Henning and Anne Jardim）研究过 25 位符合雅典娜模式的商界女性（她们都在全国知名的企业里担任总裁或副总裁）。她们都是父亲的女儿——与她们成功的父亲有着共同的兴趣和活动。和那位被宙斯吞下的墨提斯一样，她们的母亲有着与父亲不相上下甚至更胜一筹的学历，在这 25 位商界女性的母亲中，有 24 位都是家庭主妇，第 25 位是一名教师。这些女性回忆说，父－女关系对她们来说是非常重要的，但她们回忆起母－女关系却是模糊和笼统的。

[2]《小马菲特小姐》（Little Miss Muffet）是一首经典的英语儿歌，讲述了小马菲特被一只蜘蛛吓到的故事。——译者注

她的母亲或其他思想传统的女孩分享这些爱好，而在其他方面，她与这些女孩没有任何共同之处。与其他女孩相比，她可能更喜欢去挑战制作图样和发展技能，而且可能没有动力为自己制作娃娃衣服或漂亮的东西。她很喜欢跟制作相关的工艺。实用性和对质量的欣赏促使她为自己做衣服。

雅典娜女孩通常不是问题女儿，尽管很多女孩都被这样认为。尖叫或流泪的场面显然与她无缘。荷尔蒙的变化似乎很难影响她的行为或情绪。在高中时代，她可能会与那些在智力上与自己相当的男孩玩得很好。她可能会加入国际象棋俱乐部，为学校的年册作贡献，或在科学展会上积极竞争。她可能喜欢且擅长数学，也可能在化学、物理或计算机实验室中度过自己的高中时光。

有社交意识、性格外向的雅典娜女孩会利用她们的观察力去留意该穿什么、该维系什么样的社交联盟。她们有能力在社会上竞争、受人欢迎，但在感情上却不会"全情投入"。

雅典娜女性善于未雨绸缪。她们中的大多数都对高中毕业后要做什么进行了思考。如果有经济能力继续上大学，她会仔细考虑可供自己选择的大学，并会为自己做出明智的选择。即使她的家庭财力不能支持自己上大学，她通常也会想办法获得奖学金或助学金。女性版本的小霍雷肖·阿尔杰（Horatio Alger Jr.）[1] 几乎都是雅典娜女性。

大多数雅典娜女性会发现大学令她们感到自由自在。她们基于学校的教育课程和学生群体的构成，选择了一所适合自己的学校投身其中，比在高中时更自由地做自己。通常情况下，雅典娜女性选择男女同校的学校是因为她们与男性比较合拍以及对男性的评价很高。

工作

雅典娜女性倾向于让自己有所作为。她为实现这一目标而努力工作，接受现实

---

① 小霍雷肖·阿尔杰是一名美国儿童小说作家，他的作品大多描写穷孩子通过努力获得成功的故事。
　——译者注

本来的模样，并进行相应的调整。因此，对她来说，成年后的日子通常是多产和高效的。在权力和成就的世界里，她对策略和逻辑思维的运用显示出她与雅典娜的亲缘关系。在家里，她擅长家事艺术（这也是雅典娜的领域），擅长用她的实用头脑和审美眼光高效地管理一个家庭。

如果雅典娜女孩不得不在高中毕业后直接去工作，她一般会通过参加商业教育课程和能提供良好机会的暑期工作为此做好准备。雅典娜女性不会扮演灰姑娘，她们不期望通过婚姻得到拯救——幻想"总有一天我的王子会来"不是雅典娜女人的行事风格。

如果她结婚并经营一个家庭，那么她通常是一个高效的管理者。无论是购物、洗衣还是做其他家务活，她都有一个行之有效的系统。例如，在厨房里，所有的东西都会被妥当安置。一个雅典娜女人不需要别人来教她如何做流程表——有条理地做事情对她来说是一种自然而然的技能。她通常会提前计划未来一周的购物单，并最大程度地利用好特价商品来规划一日三餐。雅典娜女性认为，在预算范围内生活和花钱是很有挑战性的任务。

雅典娜女人可以成为优秀的老师。她能清晰明了地对事物作出解释。如果这个问题需要精准的信息才能解决，那么她很可能已经掌握了它。她的特长可能是对循序渐进的复杂程序进行解释。雅典娜老师可能是对学生要求最高的老师。她是那种会告诫学生"不要找借口"的老师，期望学生能有最好的表现。她不会因为学生的悲惨故事"上当受骗"，也不会给学生不应得的成绩。她与那些挑战她的智力的学生相处得最好。她偏爱表现得好的学生，花在他们身上的时间比花在那些后进生身上的时间要多（不像充满母性的德墨忒尔老师，会把自己的精力分给那些最需要帮助的人）。

作为一个匠人，雅典娜女性善于制作具有美感的功能性物品。她也有商业头脑，所以她不仅制作手工艺品，还关注如何展示和销售它们。她能够很好地运用自己的双手来工作，无论她制作什么，她都会因掌握了所需的技能而为自己感到骄傲。她很享受变着花样地琢磨同一个手工艺品。

学术领域的雅典娜女人很可能是一个能力超群的研究者。对于做事有逻辑并且关注细节的雅典娜女性来说，做实验或收集数据是水到渠成的事情。她对那些重视思维的清晰度和证据的使用的领域特别感兴趣。她通常擅长数学和科学，可能会进入商业、法律、工程或医学领域——传统的男性职业领域——在这些领域，她作为少数女性之一感到非常自在。

与女性的关系：遥远的或疏离的

雅典娜女性通常缺乏亲密的女性朋友，这种模式在青春期前后可能就已经被察觉到了——当时的她没有结交朋友，甚至在这之前也没有。在青春期，大多数朋友都会互相分享她们的恐惧、幽暗的秘密、渴望，以及对她们不断变化的身体、与父母之间的矛盾和不确定的未来的焦虑。对男孩、性和毒品的担忧是一些女孩的主要焦虑来源。其他女孩则处于诗意的或创造性的激荡之中，或专注于思考死亡、精神错乱、神秘主义或宗教冲突。她们会与有类似忧虑的朋友们讨论这些话题，而不是与一个不懂得浪漫的观察者或充满怀疑的理性主义者——比如年轻的雅典娜——进行讨论。

此外，在希腊神话中，雅典娜曾经有一个像姐妹一样的朋友，叫伊奥达玛（Iodama）或帕拉斯（Pallas）。这两个女孩曾一起玩一个竞争性的游戏，但当雅典娜的长矛意外地击中并杀死她的朋友时，这成了一场致命游戏。（关于"帕拉斯·雅典娜"这个别名的由来，有一种说法认为是为了纪念她的朋友帕拉斯。）正如神话中一样，即便雅典娜女孩没有因为缺乏同情心扼杀自己与其他女孩建立友谊的潜力，其雅典娜式的对"赢"的需求也会扼杀友谊。在现实生活中，当雅典娜女性忘记朋友关系的重要性，而专注于获胜——有时甚至通过欺骗，暴露出自己个性中扼杀友谊的这一面时，她的女性朋友可能会感到震惊。

与其他女性之间的亲密关系的缺乏，通常开始于童年时她们对父亲的崇拜和亲近，以及与母亲之间在个性和智力上的不相似。然后，这种倾向又因为缺乏亲密的女性友谊而变得更加复杂。因此，雅典娜女性不认为自己与其他女性是同胞。尽管她们在表面上可能与女性主义者相似（尤其当她们是职业女性的时候），但她们既不觉得自己与传统女性相似，也不觉得自己与女性主义者相似。因此，对大多数雅典娜女性来说，"姐妹情谊"是一个陌生的概念。

在神话中，雅典娜在俄瑞斯忒斯的审判中为父权制投下了决定性的一票。在当代，一位雅典娜女性对平权行动、《平等权利修正案》或堕胎权的反对，往往会在击败女性主义立场方面起决定性作用。我记得当我作为《平等权利修正案》的支持者时，雅典娜是多么强势。雅典娜女性会站起来发言，发出"我是女人，我反对《平等权利修正案》"的响亮呼声，而大多数男性和沉默的反对派会在她身后团结起来。每一次，她就像当地的菲利斯·施拉弗莱——既是父权制现状的捍卫者，又是最令男人们感到舒心的女同事。

阿拉克涅的故事是另一个在当代有对应的神话。一个学生或秘书可能会对她的教授或雇主提出性骚扰的投诉。或者，一个女儿可能会揭发家庭中的乱伦行为，并引发他人关注她父亲的负面行为。又或许，一个病人可能报告说她的精神科医生违反道德与她发生了性关系。这样的女人就像阿拉克涅一样，虽然是一个"无名小卒"，却揭露了一个有权有势的男人的行为——这个男人在私下里利用他的统治地位恐吓、诱惑或压迫脆弱的女性。

一个雅典娜女人往往会对发起投诉的女人生气，而不是对被投诉的男人生气。她可能会指责女性受害者挑起了事端。或者，更典型的是，就像雅典娜女神一样，她会因女性受害者将男人的行为公之于众而感到愤怒。

女性主义者会对成功的雅典娜职业女性感到愤怒，因为她们一方面在涉及女性的政治问题上坚持维持现状以及站在父权制的立场，另一方面又似乎从女性运动对教育、机会和晋升的影响中获得了最多的好处。在男性主导的情况中，第一个获得准许或认可的女性往往是女性主义者所描述的"蜂后"。这样的女性不会帮助她们的"姐妹们"获得成功。事实上，她们可能会使普遍的发展和进步变得更加困难。

与男性的关系：眼里只有英雄

雅典娜女人总是被成功男士吸引。在大学里，她被系里的明星吸引。在商界，她被正在高升的男人吸引——这个男人早晚会成为公司的领导。她有一种发现赢家的敏锐的能力。权力对她很有吸引力，她要么自己去寻求权力——通常是在一位成功的年长男性导师的帮助下，要么作为一个有野心和能力的男人的伴侣、妻子、执行秘书或盟友去接近权力。对于雅典娜女性来说——正如美国前国务卿亨利·基辛格（Henrg Kissinger）所指出的——"权力是最好的春药"。

雅典娜女性不会迁就蠢人。她们对空想家没有耐心，对那些追求超凡脱俗的男人不感兴趣，当男人因怜悯心太强而无法果断行动时，她们也不会同情。她们不认为在车库里挨饿的诗人或艺术家是浪漫的，也不会被假扮成男人的永恒少年迷惑。在雅典娜女性的词典里，"心地温柔""神经质"或"敏感"是描述"失败者"的形容词。当谈到男人时，她们的眼里只有英雄。

一个雅典娜女人通常会主动去选择她的男人。比如，对于那些不符合她的成功标准或没有成功潜力的男人，她会拒绝与他们约会或与他们一起工作；她可能也会将目光投向某个特定的男人，而且由于她采用了非常微妙的策略，他对此毫不知情，甚至还相信是自己主动选择了她。作为非常了解男人的敏锐的谈判专家，凭借着对时机的把握，她可能是那位主动提出结婚或工作联盟话题的人。

如果她试图成为他的商业门徒或秘书，她会找到一个机会，用自己的能力和努力来打动他。一旦来到他的身边，她就会努力成为他"不可或缺的一部分"——这个角色一旦实现，就会给她带来情感和工作上的满足。成为"办公室妻子"或"二把手"带给雅典娜女人一种权力感和归属感，对于自己选定的这个"伟大的男人"，她可能会终身效忠。

一个雅典娜女人喜欢讨论战略，并知晓幕后发生的事情。她的建议和忠告可能相当敏锐和有帮助，同时也可能是无情的。她看重那些追求自己想要的东西的男人，他们强大、足智多谋，是现代权力斗争中的赢家。对一些雅典娜女性来说，她的男人越像"狡猾的奥德修斯"就越好。

性

雅典娜女人生活在自己的头脑中，经常与自己的身体脱节。她认为身体是自己的一个实用的组成部分，在身体生病或受伤之前，她总是对它视而不见。通常情况下，她不是一个感性或性感的女人，也不是一个轻佻或浪漫的女人。

她喜欢作为朋友或导师的男人，而不是作为恋人的男人。与阿尔忒弥斯不同，她很少将性视为一种消遣运动或冒险。像阿尔忒弥斯女人一样，她也需要阿佛洛狄忒或赫拉作为活跃的原型，这样才能使性行为成为情欲吸引或情感承诺的表达。否则，性就只是特定关系中固有的"协议的一部分"，或者是一种精心策划的行为。通常来说，在这两种情况下，一旦她下定决心发生性行为，她便能学会技巧娴熟地做爱。

雅典娜女人在成年后的生活中经常长期保持独身，把精力放在事业上。如果她是一个忠实的执行秘书或自己选中的"伟大的男人"的行政助理，那么她可能会继续做一个独身的"办公室妻子"。

如果一个已婚女性保持对雅典娜的认同，那么她对性行为的态度可能与她对其他身体技能的态度大致相同——这是定期进行的对她有好处的事情，这也是她作为妻子角色的一部分职责。

在女同性恋者中雅典娜似乎很常见，这与人们的预期相反（鉴于雅典娜女性对父权的忠诚、对男性英雄的亲近以及姐妹感情的缺乏）。雅典娜女同性恋者倾向于拥有一个与自己一模一样的伴侣。她们可能都是职业女性和高成就者，在成为恋人之前是同事。

在她们的关系中，雅典娜女同性恋者可能会钦佩对方的"英雄"品质和成功，也可能被对方的才智吸引。将她们维系在一起的不是激情，而是伙伴情谊和忠诚；她们之间的性生活可能会少到几乎不存在。她们很可能会对别人隐瞒她们的同性恋关系。她们的关系通常是持久的，能在因职业发展而造成的分居中存活下来。

婚姻

在女性没有太多机会取得事业成功的时代，大多数雅典娜女性都拥有一门"好姻缘"。她们嫁给了自己所尊重的那些努力工作、以成就为目标的男人。雅典娜女性的婚姻更可能是一种友好的伴侣关系，而不是激情的结合。

她很可能已经对他进行了精准的观察——他们是相当合拍的。她是他的盟友和帮手，是一个对他的事业或生意极感兴趣的妻子，会和他一起制定成功的战略，必要时还会在他身边工作。就像雅典娜在阿喀琉斯愤怒地要拔剑对付他的上司阿伽门农时把他拉住了一样，她也会明智地制止他仓促或冲动的行动。

如果在结婚时她的丈夫年龄较大、地位较高，并且参与了非常复杂、精密或技术性的交易，那么雅典娜妻子的主要角色将会是他的社交盟友。她的任务就是作为社交干将好好地款待宾客，成为他维持重要社交联盟的得力助手。

除了为丈夫提供咨询或帮他进行一些招待工作以促进他的事业外，她通常还会非常称职地管理好一个家庭。鉴于她对细节的关注和务实的态度，她发现自己很容易管理预算和各项差事。她还将生育和抚养孩子或继承人作为她在合作关系中要承担的职责。

雅典娜妻子与丈夫之间关于事件的沟通通常很好。但是，关于感情的沟通几乎不存在，原因要么是丈夫像她一样无视感情，要么是他已经知道她不理解感情。

赫拉女性和雅典娜女性都被有权力和权威的男人吸引，比如宙斯。然而，她们对他的期望以及每种类型的女人与他的关系的性质都有很大的不同。赫拉女人把男人当作她个人的神，负责使她满足——她对男人有一种深刻的、本能的依恋。当她得知他不忠时，她痛彻心扉，并对另一个女人大发雷霆（她以为都是这个女人的错）。

相比之下，雅典娜女人几乎不受性嫉妒的影响。她认为自己的婚姻是一种互利互惠的合伙关系。她通常会给予忠诚，也期望忠诚，但这种忠诚并不等同于性忠诚。另外，她很难相信自己会被丈夫一时的迷恋对象取代。

杰奎琳·肯尼迪·奥纳西斯（Jacqueline Kennedy Onassis）似乎就是一个雅典

娜女人。她嫁给了后来成为美国总统的参议员约翰·肯尼迪（John F. Kennedy）。再后来，她成为另一个男人的妻子——世界上最富有、最无情、最强大的男人之一，即希腊船王亚里士多德·奥纳西斯（Aristotle Onassis）。这两个男人都以有婚外情而闻名。肯尼迪是个花花公子，婚内出轨许多次，而奥纳西斯与歌剧明星玛丽亚·卡拉斯（Maria Callas）的长期婚外情也广为人知。除非杰奎琳·肯尼迪·奥纳西斯是一个完美无缺的演员，不然没法解释她为什么对其他女人没有报复心。她看起来没有嫉妒和愤怒，而且她总是选择有权势的男人，这些都是雅典娜女性的特征。只要婚姻本身没有受到威胁，雅典娜女性就可以合理化并接受对方有情妇的事实。

然而，有时候，一个雅典娜女人可能会严重低估她丈夫对另一个女人的兴趣。对此，她有一个盲区——由于自己没有受到激情的影响，所以她不能理解它对别人的重要性。此外，她对那些对丈夫来说有特殊意义的柔情及精神追求缺乏同理心或悲悯心。当她的丈夫出乎预料地想和她离婚去娶另一个女人时，这种缺乏理解可能会令她措手不及。

当雅典娜女性做出离婚的决定来摆脱自己"相当喜欢"的丈夫时，她可能没有多少情绪或哀伤。这毫无疑问是我认识的一位 31 岁的证券经纪人给人的印象。在她的丈夫从广告主管的位置上被解雇之前，她一直处于一种双职工婚姻中。被解雇之后他在家里闷闷不乐，而不是积极地找工作。她对他越来越不满意、越来越不尊重。一年后，她告诉他想离婚——她的态度类似于一个商人解雇无法履行工作职责的人，或者在更好的人选出现时将工人替换掉。她忧伤地发现自己很不愿意这么告诉他，而实际发生的对峙也确实是痛苦的，但她的底线是他必须离开。而一旦完成了这个不愉快的任务，她就感到如释重负。

无论离婚是否由雅典娜女性发起，她都能很好地应对。和解通常是在没有怨恨、没有愤怒的情况下协商完成的。即便他为了别人而离开她，她也不会因此受到毁灭性的打击。她可能会与前夫保持良好的关系，甚至可能会继续与他进行商业合作。

在过去，美国的双职工婚姻，即丈夫和妻子都认真从事事业的婚姻，是一种相对较新的婚姻形式。雅典娜女性可能比处在这种婚姻中的大多数女性都更成功。考虑到夫妻双方都有自己的长期目标和工作，要想安排好彼此的后勤事务以及可能与标准的朝九晚五不一样的工作日程，与此同时保持向上流社会攀爬或作为专业人员所需的生活方式、社交风度，都需要雅典娜的头脑。雅典娜女性往往对传统角色持有更加保守的态度，不太可能为了原则而提出平等主义的要求。因此，双职工婚姻中的雅典娜女性通常会照料家庭，雇佣高效的帮手，在照顾自己的事业和家庭时给人以女超人的印象，并充当丈夫的盟友和重要知己。

孩子

作为一个母亲，雅典娜女人几乎等不及她的孩子长大到她可以和他们交谈、和他们一起做研究、带他们去看世界的年龄。她与"大地之母"德墨忒尔相反，后者本能地想要成为母亲，喜欢抱着婴儿，并希望他们永远不要长大成人。相比之下，一旦有可能的话，只要能确定婴儿的身份，雅典娜女人就会"租一个子宫"。她还会使用代孕母亲，雇用管家和保姆来照顾她的孩子。

如果有好胜心强、性格外向、对知识充满好奇心的儿子，雅典娜母亲就会大放异彩。他们是她正在塑造的英雄，她教导、建议、激励和劝说他们出人头地。她常在儿子身上强化男性的刻板印象，提前给他们灌输"男儿有泪不轻弹"的思想。

雅典娜母亲也与和她们相似的女儿相处得很好，她可以成为女儿的榜样和导师。这样的女儿是独立的人，与母亲一样善于运用逻辑头脑处理各种事务。然而，有些雅典娜母亲的女儿与她们自己非常不同。比如，相比事物的运作规律，这样的女儿可能天生就对人们的感受更感兴趣，而且她们也可能并不自信、并不聪明。面对比较传统的女儿，雅典娜母亲做得不那么好。对一个与自己不同的女儿，她可能会感到有趣、接纳和容忍。但她也可能偏爱儿子，对女儿不屑一顾。无论哪种情况，女儿都会感受到一种情感距离，觉得自己没有被珍视。

雅典娜女性发现自己很难应对那些容易被情感打动的儿子或女儿。当然，这种情况对孩子来说更难应对。如果接受她的标准，在长大的过程中，他们很可能会因为自己小时候太爱哭而贬低自己，长大后又会因为自己是个过度敏感的成年人而贬低自己。她的实用主义头脑也使她对爱空想的孩子感到不耐烦。

一位雅典娜母亲通常希望自己的孩子能够按照她的期望做事，在情感上超脱并成为一个"好战士"——就像她自己一样。

中年

雅典娜女人常常会发现中年是她生命中最美好的时光。由于能够看到事情的真相，她很少抱有幻想。如果一切按计划进行，她的生活会有条不紊地展开。

到了中年，雅典娜女性通常会花时间评估自己的处境。她会重新考虑所有的选择，然后相当有序地过渡到下一个阶段。如果工作是她最关心的问题，比如她现在处于职业生涯的中期，不难看出她以后的轨迹：她能升到多高的位置，她的处境有多安全，与导师的关系可以把她带到哪里。如果她是一位母亲，那么随着孩子们长大以及不再那么需要她，她很可能把更多的时间投入在自己所承担的项目上。

然而，雅典娜女性的中年生活可能会意外地演变成一场危机。情感上的混乱可能会侵扰她有序的生活。她也许会发现自己处于婚姻危机之中，这可能会动摇她的平静心情，使她不得不面对更深层次的感情。通常，丈夫的危机会点燃她自己的危机。过去对双方来说都很成功的伴侣式婚姻，中年时可能无法令他满意——他可能感到婚姻中缺乏激情，觉得自己被另一个女人吸引，爱欲被另一个女人激发。如果他的妻子忠实于她的雅典娜本性，她会进行理智地应对。然而，在中年时，其他女神更容易被激活，所以她可能生平第一次做出一些出人意料的反应。

更年期不是导致雅典娜悲伤的原因，因为她从未将自己的主要身份定义为母亲。年轻和美貌也不是构成雅典娜女性自尊心的必不可少的元素——其自尊建立在自己的智慧、能力以及"不可或缺性"的基础上。因此，对大多数雅典娜女性来说，变老并不是一种损失。相反，由于她在中年时比年轻时更有力量、更有用或更有影响力，她的信心和幸福感可能反而得到了加强，而此时其他女性正为自己变老了、不再性感了而感到焦虑。

晚年

雅典娜女性在过去的几十年中变化不大。她这一生都保持精力充沛、务实，先是在家庭和工作中投入精力，之后经常在社区担任志愿者。她通常是传统机构的支持者（很可能是相当保守的机构）。中产阶级和上层阶级的已婚雅典娜女性是慈善机构和教会的骨干。她帮助管理医院的辅助机构、慈善机构和红十字会，而且随着年龄的增长，她变得愈加重要。

当雅典娜女性的孩子长大并搬走时，她并不会因为空巢而感到悲伤。晚年的她有足够多的时间做更多项目、学更多东西或把更多精力投入自己喜欢的工作中。通常，她与成年子女的关系是融洽的。因为她鼓励他们独立和自给自足，既不干涉他们也不诱发他们的依赖，所以她与大多数子女和孙子女之间没有矛盾。他们通常尊重她、喜欢她。虽然她通常不主动示爱，也不怎么表达感情，但她维系着家庭成员之间的联系和沟通，并保持着家庭节日和传统。

在晚年，许多雅典娜女性成为社区中受人尊敬的骨干。有些具有商业头脑的女性，因在股东会议上提问题而被嘲笑。但是，她们不会被别人的胡言乱语或杂乱无章的看法吓到，她们的坚持尤其令有权力的男人感到厌烦。

当开始寡居时，雅典娜女性通常早已预见到了这一刻。雅典娜女性知道自己的预期寿命比男人长，而且因为她可能嫁给了一个比自己大的男人，所以她不会因为丧偶而不知所措或毫无准备。她会自己管理金钱，在股市上投资，继续经营家族企业或自己的企业。

丧偶或成为老姑娘的雅典娜女性，经常在独自生活的同时保持积极和忙碌。其活出自我的处女女神特质对她很有帮助——使得她在最后的岁月里像年轻时一样自给自足、积极进取。

心理困境

理性的雅典娜从未失去过自己的头脑、心或自控力。她的生活遵循"中庸之道"，不会被情绪或非理性的感情淹没。其他大多数女神（除了赫斯提亚）要么把自己的情绪发泄在他人身上，给他人造成痛苦；要么自己成为受害者，承受痛苦——和她们相像的女性同样有可能给他人造成痛苦或遭受痛苦。雅典娜不同：她毫不脆弱，不为非理性或压倒性的情绪所动，她总是在深思熟虑后采取行动，不受冲动的影响。由于与雅典娜相似的女性具有她的属性，所以这样的女性同样既不是他人的受害者，也不是自己情绪的受害者。她的问题源于自己的性格特点，源于在心理上穿着"宙斯的盾和盔甲"。而片面的发展可能会使她与自己需要成长的那些方面隔绝开来。

向雅典娜认同

"像雅典娜一样"生活意味着活在自己的头脑中，有目的地在这个世界上行走。这样的女性过着一种片面的生活——为自己的工作而活。虽然她享受他人的陪伴，但她缺乏全情投入、情欲吸引、亲密感、激情或狂喜。当然，她可以因此避免与他人建立关系或需求后可能出现的深度绝望和痛苦。对理性的雅典娜的排他性认同，会切断一个女人与全部范围和强度内的人类情感进行联结。她的情感被雅典娜很好地调控和限制在了一定范围内。因此，她禁止自己与其他人的深层情感进行共鸣，不被表达强烈情感的艺术或音乐影响，不被神秘主义经验打动。

由于雅典娜女性生活在自己的头脑中，所以她感受不到完全处在自己的身体中是什么体验。她对感性和将身体推向极限的感觉知之甚少。雅典娜将女人置于本能之上，所以她不能完整地体验到母性、性或生殖本能的力量。

为了能够超越雅典娜，女性需要发展自己其他方面的特质。如果她意识到雅典娜限制了她，并且能够接受他人的观点，她就能逐渐做到超越雅典娜。当人们谈论那些对他们有深刻意义而她并不了解的情感和经历时，她需要努力去想象他们在谈论什么。她需要认识到，她对证据的要求和她的怀疑主义，使得她与他人、与她尚未开发的精神世界或情感深度有了距离。

有时，面对来自无意识的情感将自己淹没的压力，一个雅典娜女性能够出人意料或悲壮地超越雅典娜。例如，当她的孩子受到疾病的威胁或他人的伤害时，一种保护性的本能就会从她的原型深处涌现出来——就像一只愤怒的母熊一样凶猛，这时她就会发现阿尔忒弥斯的这一面是她自身的一部分。或者，如果她的伴侣式婚姻受到了另一个女人的威胁，她可能会被赫拉那受伤和报复的感受占据，而不是继续作为理性的雅典娜照常工作。又或许，她可能会服用迷幻药，陷入一种意识改变的状态，感到惊恐或恐惧。

美杜莎效应

一个雅典娜女人有能力恐吓他人，并夺走与她不一样的人的自发性、活力和创造力。这就是她的美杜莎效应。

雅典娜女神在胸前佩戴着自己权力的象征——宙斯盾，这是一张装饰着戈尔贡（美杜莎）的头的山羊皮。戈尔贡是一个蛇发怪物，其可怕的外表能使任何注视它的人变成石头。戈尔贡也是雅典娜女人的一面，从隐喻的角度说，她也有能力使他人的经验失去活力，使他人的谈话失去生命力，使他人的关系变成静态的画面。通过对事实和细节的关注，对逻辑前提和理性的需求，她可以把对话变成对细节的枯燥叙述。也许，她是极其不敏感的，能把与个人深切相关的氛围急剧转变为肤浅和疏远的局面。雅典娜女性批判性的态度和剖析式的问题，可以在无意间贬低一个人的主观体验。她可能会对别人眼中至关重要的精神或道德问题缺乏同情心，不能容忍人们在关系中出现的问题，并对任何不足之处进行批评。这种缺乏同理心的特质非常要命。

如果是在纯粹的社交场合，这种破坏性的美杜莎效应可能只是令人厌烦或恼怒。然而，当雅典娜女人处在权威和审判的位置时，她可能会开启戈尔贡－美杜莎的全部力量，使人恐惧和石化。例如，她可能正在进行一个关键面试。当一个人被"戈尔贡之眼雅典娜"审视时，他会感觉自己正在被一个分析性的、没有人情味的大脑用放大镜一样的目光注视着，其提出的问题似乎无情地指向了那些不足之处。面对解剖刀一样的智力和石头一样的心，这个人可能会感到自己"变成了石头"。

我的一位同事曾描述过在自己的晋升评估会议上遇到戈尔贡－美杜莎的不幸经历。这位同事是一位心理治疗师，善于治疗那些深受精神障碍困扰的病人。她能够凭直觉理解非理性行为背后的象征意义和情感，治疗效果总是很好。然而，在描述那次晋升评估时，她说："我觉得我的大脑一片空白。有那么一瞬间，我真的被吓呆了，我无法思考，也找不到词汇来表达……我的表现一点都不好。"当一个人感到自己被一个有能力破坏自身职业发展或受教育可能性的人的评判性审查变成石头时，这个人通常是携带宙斯原型和戴着宙斯盾的男人。但随着女性获得更多的权力，宙斯盾可能越来越多地被女性佩戴。而如果她们充当了雅典娜的角色，很可能会产生美杜莎效应。

　　通常情况下，导致美杜莎效应的雅典娜女性对自己的负面力量是无意识的。她的目的并不是要恐吓和吓唬人。在她看来，她只不过是在用自己习惯的方式做好自己的工作而已——搜集事实、审查前提、质疑材料的组织方式和相关证据。但她可能在不知不觉中运用了歌德式观察，即我们在解剖的时候也是在谋杀[①]。由于她态度客观、提问尖锐，于是忽视了建立融洽关系的努力。也因此，她扼杀了真正的沟通——在真正的沟通中，任何事物的核心或人的灵魂都可以被分享。

　　有时，一个只靠智力来思考问题的病人会毫无感情地向我复述她的生活。我发现我必须十分努力才能理解她，而且必须努力克服在没有"生命力"（没有与所发生的事情相关联的强烈感受）时所产生的厌烦情绪。她身上了无生机的部分对我有一种麻木的作用。当我感到自己"变成石头"时，我立刻意识到这就是她给每段关系带来的问题。这就是为什么她的生活缺乏亲密感以及她经常感到孤独。当一个女性身着雅典娜的盔甲、胸前挂着美杜莎的盾牌时，她并没有展现出任何柔软。她武装完备的盔甲防线（通常是智力上的）已经竖起，她那

---

① 歌德认为，许多所谓的科学研究方法，往往是解剖式地看待和解决问题，在此过程中，"人"的价值被忽视了。作者原文所说"We murder when we dissect"（我们在解剖的时候也是在谋杀），化用了英国诗人华兹华斯（Wordsworth）的诗《时运反转》（*The Tables Turned*）中的"分析即谋杀"（We murder to dissect）这句诗。——译者注

权威和批判的目光迫使他人在情感上与其保持距离。

如果雅典娜女性对自己造成的美杜莎效应感到沮丧，那么她最好牢牢记住：既然美杜莎胸甲可以穿上，那么自然也可以脱下——如果一个雅典娜女性脱下她的盔甲和宙斯盾，就不会再有美杜莎效应。当她不再评判别人，不再觉得自己有权力去肯定或否定别人的感受、思考或生活方式时，她的美杜莎胸甲就会消失不见。当她意识到她可以从别人那里学到一些东西，可以与他们分享一些东西，从而作为一个同伴参与其中时，她就会摆脱自己的美杜莎胸甲和美杜莎效应。

诡计多端：为达目的不择手段

雅典娜女性在达成目标或解决问题时，几乎只关心"我要怎么做"和"会成功吗"。她可以狡猾或不择手段地实现自己的目标或打败对手。

诡计多端是雅典娜女神的特点。例如，在希腊英雄阿喀琉斯和更高贵的特洛伊英雄赫克托耳（Hector）进行巅峰对决时，雅典娜果断地使用了"卑鄙的战术"帮助阿喀琉斯获胜。她欺骗赫克托耳，让他相信当他面对阿喀琉斯时，他的兄弟会在他身后为他准备好另外的长矛。然而，当他扔出手中唯一的长矛并转身想从他的兄弟那里去拿另一把长矛时，才发现自己孤身一人，这时他意识到自己的末日即将来临。

女神并不会问自己"这公平吗"或"这道德吗"，唯一关心的是，这是不是一个有效的策略。雅典娜女性的阴暗面与雅典娜这方面的特质有关。

当她评估其他人的行为时，有效性是主要标准。她的思维特质使她不关注情感意见的价值——如对与错、好与坏。因此，她很难理解为什么人们会对不道德或不公正的行为感到愤怒，尤其是当这种行为并没有影响到他们个人的时候。她也不明白为什么有人会费力地争论"事情的原则"，或者争论达到预期目的的手段。

因此，如果她是 20 世纪 70 年代的学生，当她的同学们在街头抗议越南战争或对水门事件感到愤怒时，她可能不会参与其中。其他人可能会认为她在道德上是冷漠的，因为她——忠实于她的雅典娜形态——既没有被别人的感情感染，也没有为自己的情绪所困。相反，她在教室或实验室里追求着自己的职业目标。

成长方式

通过培养其他女神来超越某个女神的局限性，是所有女神类型共有的一种成长方式。但是，对于一个雅典娜女人来说，也可以考虑沿着几个具体的方向去努力。

转向内在

身处外在世界的雅典娜女性可能会陷入商业、法律或政治的权力游戏中，并且总是在工作、"三句话不离本行"或者把工作带回家。一段时间后，她可能会觉得自己的大脑从未休息过——"车轮总是在转动"。当她意识到自己的工作是多么耗费精力，并感到自己需要更多的平衡时，作为手工艺女神的雅典娜能够提供一种心理手段让她忘掉工作。

在所有手工艺中，雅典娜最珍视的是织布。一位雅典娜女商人开始学习编织时告诉我："这是我能想到的最能使我平静的活动——我掌控了织布机的节奏，我的大脑在全神贯注的同时又是放空的，我的双手不停地忙碌，最终我织出了一幅漂亮的壁毯。"

另一位雅典娜女性可能会发现，缝纫可以使她从与职业有关的担忧中解放出来。她觉得自己做衣服既实用又有创意。使用最好的材料做出一件有着设计师品质的外套或裙子使她非常高兴。她在缝纫时有无限的耐心，并半真半假地称其为"心理治疗"，因为它能使她摆脱工作，进入另一种精神状态。

陶艺也可以帮雅典娜女性转向内在。事实上，所有的手工艺都为雅典娜女性提供了一种内在的平衡，使其能够专注于外部世界。

重返孩童

雅典娜女神从来都不是一个孩子，她是作为一个成年人出生的。这个隐喻与雅典娜女性的实际经历相差无几。在她最早的记忆中，她觉得自己"总是很聪明"，想"弄明白一切事情"。但是，一个口头表达能力很强、有着实事求是头脑的小女孩往往会错过整个主观经验领域，而这恰恰可能是她作为一个成年人最终想要的东西。她可能需要在自己身上发现那个她从来没有成为的孩子，即一个对新事物感到困惑或高兴的孩子。

为了恢复作为孩童的自我，雅典娜女性必须停止像"一个明智的成年人"那样对待新的经验（就像她从小到大所做的那样）。相反，她需要像一个睁大眼睛的孩子一样对待生活，就好像一切都很新鲜、有待发现。当一个孩子对新事物着迷时，她会将一切都尽收眼底。与雅典娜不同的是，她没有先入为主的概念，不会怀疑，也不会给全新的经验贴上陈旧的、熟悉的标签并将其归档。当有人谈论雅典娜女性没有经历过的事情时，她必须学会倾听，并尽可能地想象他人所描述的场景和感受。当雅典娜女性处于情绪化的时刻，她必须努力地停留其中，让别人安慰她。为了重新找到她那"迷失"的孩子，她需要去玩、去笑，去哭泣和被拥抱。

重新发现母亲

在神话中，雅典娜女神是一个没有母亲的女儿，而且她以只有一个父母（她的父亲宙斯）为傲。她不知道母亲墨提斯的存在（母亲被宙斯吞掉了）。从隐喻的角度说，雅典娜女性在很多方面都"没有母亲"，因此，她需要重新发现母亲并重视她，让自己被母亲关爱。

雅典娜女性常常贬低自己的母亲。她需要发现母亲的长处，而这应该发生在她能够重视自己身上与母亲的任何相似之处之前。她常常缺乏与母性原型（由女神德墨忒尔化身）的联系，她必须在自己身上感受到这种联系，以便深刻地、本能地体验母性。《女神》（*The Goddess*）一书的作者克里斯汀·唐宁（Christine Downing）将这项任务称为"雅典娜的重新记忆"，她说这是"重新发现她与女性、母亲、墨提斯的关系"。

对雅典娜女性来说，了解母系女性价值观是很有帮助的。这些价值观在希腊神话形成现在的面貌之前就已经存在了，但又被今天盛行的父权文化吞噬。雅典娜女性的求知欲能够引导她从历史或心理学走向女性主义观念。站在这个新的角度，她可能会以不同的方式看待自己的母亲和其他女性，然后对自己也会有新的思考。这样一来，许多雅典娜女性就成了女性主义者。雅典娜女性一旦改变自己的思考方式，她与他人的关系就会发生变化。

第六章

赫斯提亚：炉灶和神殿女神，智者和未婚姑妈

女神赫斯提亚

赫斯提亚是炉灶女神，或者更确切地说，是在圆形壁炉上燃烧着的火焰的女神。她是最不为人所知的奥林匹斯神。赫斯提亚以及与之对应的罗马的维斯塔（Vesta），没有被画家或雕塑家用人的形象来刻画。人们倾向于认为这位女神存在于家庭、神庙和城市中心的活的火焰中。赫斯提亚的象征是一个圆。她的第一个壁炉是圆形的，她的神殿也是圆形的。在赫斯提亚进入之前，家庭和神庙都没有被圣洁化。当她出现时，她使得这两个地方变得神圣。赫斯提亚显然是一种能从精神上感知的存在，也是一种能提供照明、温暖和为食物加热的圣火。

家谱和神话

赫斯提亚是瑞亚和克罗诺斯的第一个孩子：她是第一代奥林匹斯神的大姐，也是第二代奥林匹斯神的未婚姑妈。根据与生俱来的权利，她是十二大奥林匹斯神之一，但在奥林匹斯山上是找不到她的，而且当酒神狄俄尼索斯的地位越来越高，取代她成为十二大奥林匹斯神之一时，她也没有提出抗议。由于她没有参与占据希腊神话极大篇幅的爱情和战争，所以她是希腊主要神祇中最不为人知的一位。然而，

她受到了极大的尊重，收到了凡人向诸神提供的最好的祭品。

《荷马史诗》中的三首赞美诗勾勒了有关赫斯提亚的简短神话。她被描述为"可敬的处女赫斯提亚"，是阿佛洛狄忒无法征服、劝说、引诱，甚至无法"唤起愉快的渴望"的三位女神之一。

阿佛洛狄忒使波塞冬（海神）和阿波罗（太阳神）爱上了赫斯提亚。他们两位都想得到她，但赫斯提亚坚定地拒绝了他们，立下重誓说她将永远保持处女之身。然后，正如荷马在《荷马史诗》中所解释的："宙斯给了她一个美丽的特权，而不是结婚礼物：他让她坐在房子的中央，接受最好的供品。在所有的神庙里，她都受到尊敬，对所有的凡人来说，她都是一位受人尊敬的女神。"《荷马史诗》中关于赫斯提亚的两首赞美诗是祈祷她进入房子或神庙的邀请函。

仪式和崇拜

与其他诸神不同，赫斯提亚不是通过她的神话或化身而为人所知的。相反，赫斯提亚的重要性是以火为象征，在仪式中被发现的。有了赫斯提亚的存在，房子才能成为一个家。当一对夫妇结婚时，新娘的母亲在自己家的炉火上点燃一个火把，然后拿着这个火把走在新婚夫妇前面，到他们的新房子里点燃他们的第一团炉火。这一举动为新家带来了神圣的祝福。

孩子出生后，会举行第二个赫斯提亚仪式。在婴儿出生第五天时会被抱到壁炉周围，象征着他被纳入了这个家庭。随后是一场喜庆、神圣的宴会。

与此类似，每个希腊城邦的主会堂里都有一个公共的炉灶，圣火就在其中。在这里能够正式地招待客人。每一批移民者都会把圣火从他们的家乡带走，以点燃新城市的火焰。

因此，每当一对新人或新的移民冒险建立新家园时，赫斯提亚就会作为圣火与他们同行，将新旧家园连接起来。也许这象征着连续性和相关性、共同意识和共有的身份认同。

后来，在罗马，赫斯提亚作为维斯塔女神被崇拜。在那里，维斯塔的圣火将罗马的所有公民团结在一个大家庭中。在她的神庙里，圣火由维斯塔贞女们照看，这些女孩被要求体现出女神的贞洁和匿名性。在某种意义上,她们是女神的人类化身;她们是赫斯提亚的活生生的形象,超越了雕塑或绘画。

被选为维斯塔贞女的女孩们在很小的时候(通常还不到 6 岁)就被带进神庙。作为新加入的贞女,她们穿着同样的服装,头发被剪掉了,身上的任何独特性和个性也都被掩盖了。她们与其他人分开,受到尊敬,并被期望像赫斯提亚那样生活——如果她们不保持贞洁,后果将不堪设想。

一个与男人发生性关系的维斯塔贞女是对女神的亵渎。作为惩罚,她会被活埋在一个没有空气的地下小房间里,只有灯光、油、食物和睡觉的地方。然后,小房间上面的泥土会被夷平,仿佛那里什么都没有存在过。这样一来,作为赫斯提亚圣火的化身,维斯塔贞女的生命在她不再是女神的象征时就被扼杀了——就像人们熄灭炉灶上闷燃的炭火一样。

赫斯提亚经常与赫尔墨斯(Hermes)成对出现。赫尔墨斯是信使之神,罗马人称之为墨丘利(Mercury)。他是一个雄辩而狡猾的神,是旅行者的保护者和向导,也是语言之神,以及商人和小偷的赞助人。他的早期象征是一个柱状的石头,被称为"赫尔墨"[①]。在家庭中,赫斯提亚的圆形炉灶位于内侧,而赫尔墨斯的阳具柱子位于门槛外。赫斯提亚的火提供了温暖,并使家庭变得神圣,而赫尔墨斯则站在门口,把生育能力带进来,将邪恶挡在门外。在神庙中,他们也被联系在一起。例如,在罗马,墨丘利的神龛位于通往维斯塔神庙的台阶的右侧。

因此,在家庭和神庙中,赫斯提亚和赫尔墨斯是既相关的又是分开的。他们每一位都有着独立的、有价值的功能。赫斯提亚提供了一个避难所,在这里人们可以结成家庭—— 一个像家一样的地方。赫尔墨斯是门前的保护者,也是外在世界的向导和伙伴——在这里,沟通交流、熟悉自己要做的事,聪明和好运气都能够改善现状。

---

① 赫尔墨(Herm),在英文中指柱状胸像,是拥有头部和男性生殖器的一种人物雕塑,最早源于古希腊。有一种说法是,赫尔墨的名字源于希腊神话中的男神赫尔墨斯。——译者注

赫斯提亚原型

女神赫斯提亚在房屋和神庙中的存在是日常生活的核心。作为存在于女性人格中的一个原型，赫斯提亚也同样重要，因为她能为女性提供一种完好无损的感觉和完整性。

处女女神

赫斯提亚是三位处女女神中最年长的一位。与阿尔忒弥斯和雅典娜不同，她没有冒险到外面的世界去探索或建立城市，她待在了房子或神庙里，住在了壁炉里。

从表面上看，默默无闻的赫斯提亚似乎与雷厉风行的阿尔忒弥斯或头脑敏锐、身穿金色盔甲的雅典娜没有什么共同之处。然而，无论她们的兴趣范围或行动方式如何不同，这三位处女女神都具有一些基本的、无形的品质，即处女女神所特有的活出自我的特质——她们都没有受到男性神祇或凡人的伤害，都有能力聚焦和专注在对自己来说重要的事情上，不因他人对自己的需求或自己对他人的需求而分心。

向内聚焦的意识

赫斯提亚原型与其他两位处女女神都有聚焦的意识（在拉丁语中，"炉灶"一词就是聚焦的意思）。然而，她们向内聚焦的方向是不同的。以外部为导向的阿尔忒弥斯或雅典娜专注于实现目标或实施计划，而赫斯提亚则专注于内在主观体验。例如，她在冥想时是完全投入的。

赫斯提亚的感知方式是向内看，凭直觉去感受正在发生的事情。赫斯提亚模式能够使我们通过聚焦对我们有意义的事物践行自己的价值观。通过这种内在的聚焦，我们可以感知到某种处境的本质。我们还能够借此洞察他人的性格，看到他们的行为模式或感受到他们行为的意义。在我们的五感面对无数混乱的细节时，这种内在的视角能够提供清晰的思路。

内向的赫斯提亚可能会在情感上变得疏离，在她关注自己的议题时会对周围的其他人不闻不问。这种疏离感也是三位处女女神共有的特点。此外，赫斯提亚独善其身的特质令她寻求静谧和安宁，而这在孤独中最容易找到，所以会进一步加重她远离人群的倾向。

炉灶守护者

有些女性认为操持家务是一项有意义的活动而不是一件苦差事，作为炉灶女神的赫斯提亚便活跃在这样的女性内心。对赫斯提亚来说，通过打理炉灶，女性可以把自己和家都整理得井井有条。一个能在完成日常工作中获得内心和谐感的女性，与赫斯提亚原型的这一方面是相关联的。

处理家务细节是一种需要专注的活动，相当于冥想。如果能够将自己内在的心理过程表达清楚的话，赫斯提亚女人完全可以写一本名为《禅和家务艺术》(*Zen and the Art of Housekeeping*) 的书。她做家务是因为家务对她很重要，而且做家务令她高兴。她从自己所做的事情中获得了内心的平静，就像对于一个宗教团体中的妇女来说，她所从事的每项活动都是"为上帝服务"。如果赫斯提亚是原型，那么当她完成自己的任务时，内心就会感觉良好。相比之下，雅典娜女性在此时会有一种成就感，而阿尔忒弥斯女性会因为自己完成了一项杂务终于能腾出手来做别的事情而松一口气。

当赫斯提亚在场时，一个女人会带着一种时间充裕的感觉去做家务。她不会盯着时钟看，因为她既没有日程表，也没有特意投入时间做某事。因此，她处于希腊人所说的卡伊洛斯（kairos）时间①——她"参与到了时间中"，这在心理上是一种滋养（就像我们忘却时间的所有经历一样）。在整理和折叠衣服、洗碗、清理杂物时，她不慌不忙，平静地全神贯注于每一项任务。

家庭守护者待在后台，保持匿名状态。她们所做的一切常常被他人视作理所当然，因此她们不会被当作有新闻价值的或著名的人物。

---

① 古希腊人用卡伊洛斯表示恰当的行动时间。——译者注

神庙守护者

赫斯提亚原型在宗教团体中（特别是那些培养静默的团体）苗壮成长。沉思的天主教会和以冥想为精神实践基础的东方宗教为赫斯提亚女性提供了良好的环境。

维斯塔贞女和修女都体现了赫斯提亚的原型模式。进入修道院的年轻女性放弃了她们以前的身份认同。她们的名字被改了，姓也不再被使用。她们穿着一样的衣服，努力做到无私，过着禁欲的生活，并将她们的人生奉献给宗教服务。

随着东方宗教吸引了越来越多的西方人，我们可以在静修处和修道院看到赫斯提亚女性。她们都把主要的重点向内聚焦在祈祷或冥想上，把次要的重点聚焦在社区维护（或家务）上，同时以一种崇拜的态度完成任务。

大多数神庙里的赫斯提亚也是匿名的女性，她们低调地参与宗教社区的日常活动。这些社区中引人注目的女性成员结合了赫斯提亚与其他强大原型。例如，神秘主义者亚维拉的德兰（St. Teresa of Avila）[①] 因其狂热的著作而闻名，她将阿佛洛狄式的一个方面与赫斯提亚相结合。诺贝尔和平奖获得者特蕾莎修女似乎是母亲德墨忒尔和赫斯提亚的结合。作为高效的管理者，那些在精神上动力十足的修道院院长除了具有赫斯提亚特质之外，通常还具有强烈的雅典娜特征。

当在家里举行宗教仪式时，赫斯提亚在家庭和神庙这两方面的特质就会结合起来。例如，我们可以在一位准备逾越节晚餐的犹太妇女身上瞥见赫斯提亚的踪影。当摆放餐桌时，她全神贯注于这项神圣的工作，这种仪式的重要性和意义不亚于天主教弥撒期间辅祭男童和牧师之间的无声交流。

智慧的年长女性

作为第一代奥林匹斯神的大姐和第二代奥林匹斯神的未婚姑妈，赫斯提亚占据着一个受人尊敬的长者的位置。她不受亲人的阴谋和竞争影响，甚至干脆置身事外，

---

① 亚维拉的德兰即圣女大德兰，是 16 世纪西班牙亚维拉的著名天主教神秘主义者。她留下了许多关于修道的书，这其中也包括她的自传。——译者注

避免被卷入当时的激情之中。当这种原型出现在一个女人身上时，事件对她产生的影响与对其他人产生的影响完全不同。

有了赫斯提亚这个内在支撑，女人就不会依附于他人、结果、财产、声望或权力。她感到自己是完整的。她的自我并不处于危险之中。因为她的身份并不重要，所以她不被外部环境束缚。因此，她不会因为任何事情的发生而变得兴高采烈或一蹶不振。

> 脱离实际欲望的内在自由，
> 从行动和痛苦中获得的解脱，从内在
> 和外在的强迫行动中获得的解脱，却受到
> 恩惠似的感觉围绕，静止而又运动的白光。[①]

赫斯提亚的超脱使这个原型具有"智慧女性"的特质。她就像一个见过世面的长者，她的精神没有受到损害，她的性格也因经验而得到了锤炼。

女神赫斯提亚在所有其他神的神庙中都受到了尊敬。当赫斯提亚与其他神祇（原型）分享"神庙"（或人格）时，她会针对他们的目标和目的提供明智的观点。因此，虽然一个赫拉女性在发现她的配偶不忠时会感到痛苦，但如果她还有赫斯提亚作为原型，就不会那么脆弱。所有其他原型的过度行为都会因为赫斯提亚的明智建议而得到改善，她的存在传达了真理，提供了精神上的洞察力。

以内在为中心、精神的启示和意义

赫斯提亚是一个以内在为中心的原型。她是给活动赋予意义的"静止点"，是能够让女性在外部混乱、无序或普通、日常的喧嚣中立足的内在参照点。人格中有了赫斯提亚的存在，女性的人生就有了意义。

---

① 选自英国诗人 T.S. 艾略特（T.S.Eliot）《四个四重奏》（*The Four Quartets*），裘小龙译。——译者注

赫斯提亚的圆形炉灶中心有圣火，整体呈曼陀罗形状——这是一种用于冥想的图像，是完整性或整体性的象征。关于曼陀罗的象征意义，荣格写道：

> 其基本主题是对人格中心的预感。它是心灵中的一个中心点，一切都与它有关，一切都由它安排，它本身就是能量的来源。中心点的能量体现在那种几乎不可抗拒的要成为自己的强烈冲动，就像无论在什么情况下，每一个有机体都被驱使着要呈现其本性所特有的形式。这个中心点不是作为自我来感受或思考的，而是作为自性。

自性是当我们感受到一种一体感时的内在体验，这种一体感能够将我们与所有外在事物的本质联结在一起。在这个精神层面，看似矛盾的"联结"和"疏离"是一回事。当我们感到自己与内在的光源和热源联结时（隐喻层面指的是被精神之火温暖和照亮），这"火"就会温暖我们所爱的家人，并使我们与疏远的人保持联系。

在家庭炉灶和神庙内都可以找到赫斯提亚的圣火。女神和火是一体的，将家庭与家庭、城邦与移民联结在一起。赫斯提亚是他们之间的精神纽带。当这个原型提供精神上的稳定性和与他人的联结感时，它就是自性的一种表达。

赫斯提亚与赫尔墨斯：原型上的二元性

柱子和圆环分别代表男性和女性原则。在古希腊，柱子是站在家门口的"赫尔墨"，代表赫尔墨斯，而里面的圆形炉灶则象征着赫斯提亚。在印度和东方的其他地区，柱子和圆圈是"交配"的。直立的阳具穿透女性的尤尼（yoni）①或圆环，两者就像儿童的掷环游戏一样交叠着。在那里，柱子和圆圈合二为一，而希腊人和罗马人虽然保留了赫尔墨斯和赫斯提亚的这两个符号，却又将它们分开。赫斯提亚是一个永远不会被侵犯的处女女神，同时也是最年长的奥林匹斯神，就是对这种分

---

① 尤尼在梵语中代表女性生殖器官，在印度教中也代表湿婆的妻子雪山神女。——译者注

离的进一步强调。她是赫尔墨斯的未婚姑妈，而赫尔墨斯被认为是最年轻的奥林匹斯神——他们是最不可能结合在一起的一对。

从希腊时代开始，西方文化就强调二元性，强调男性和女性、心灵和身体、逻各斯（Logos）和厄洛斯（Eros）[①]、主动和接受之间的分裂或分化，后来这些都分别成为相对高级和低级的价值。当赫斯提亚和赫尔墨斯在家庭和神庙中都受到尊敬时，其实赫斯提亚的女性价值更重要——她得到了最高的荣誉。在那个时候，存在着一种互补的二元性。但从那之后，赫斯提亚一直被贬低和遗忘。她的圣火不再被照看，她所代表的事物也不再被尊重。

当赫斯提亚的女性价值被遗忘、不被尊重时，内心的避难所——向内寻找意义与平和——以及家庭作为避难所和温暖之源的重要性就被削弱或丢弃了。此外，与他人的潜在联结感也消失了，还有一个城市、地区或国家的公民通过共同的精神纽带联系在一起的需求也消失不见了。

赫斯提亚与赫尔墨斯：神秘地相关联

在神秘主义的层面，赫斯提亚和赫尔墨斯原型是通过处于中心的圣火形象联系在一起的。赫尔墨斯－墨丘利是有着炼金术精神的墨丘利，他被想象为火元素。这种火被认为是神秘学知识的来源，象征性地处在地球的中心。

赫斯提亚和赫尔墨斯代表了精神和灵魂的原型思想。赫尔墨斯是使灵魂燃烧的精神。在这个意义上，赫尔墨斯就像风一样，吹过炉灶中心闷燃的炭火，使它们燃烧起来。同样，思想可以点燃深沉的情感，或者说文字可以使迄今为止模糊不清的事物变得清醒有意识，照亮一直以来朦胧的感知。

[①] 古希腊人认为，这个世界上同时存在着两个神，一个是厄洛斯，也就是混乱和创造力之神；另一个是逻各斯，即秩序之神。荣格认为，逻各斯和厄洛斯就像"科学与神秘学""理性与想象力"或"意识与潜意识"。——译者注

培养赫斯提亚

赫斯提亚可以在安静的孤独和秩序感中被发现，这种秩序感来自做"沉思的管家"。在这种模式上，女性可以完全沉浸在每项工作中，不急不缓地做事情，有时间享受由此带来的和谐。即使是最不像赫斯提亚的女管家，通常也能回忆起自己被这种原型支配的时光。例如，某天在清理衣橱时，她可能要丢弃和保留一些衣服，回忆和展望一些事情，整理物品和自我。最后，她得到了一个整洁有序的衣橱，这完全能够反映出她是谁，以及配得上这美好的一天。又比如，一个女人可能会在翻阅旧照片、分类、贴标签并将其放入相册的过程中体验到赫斯提亚的乐趣和满足。

非赫斯提亚女性可以花时间"与赫斯提亚在一起"，也就是内在的安静的稳定的那部分自己。要做到这一点，她们必须腾出时间，找到空间——那些常围着其他人转的女性尤其需要如此，因为她们的生活充斥着活动和关系，她们既为自己的忙碌感到自豪，又抱怨自己"没有片刻安宁"。

平时常常缺席的赫斯提亚如果想参与日常家务，需要先在主观上转变成赫斯提亚式的态度。在决定一项任务后，女性必须为其提供充足的时间。例如，对许多女性来说，叠衣服是一项重复的苦差事，她们匆匆忙忙地完成这项任务，感到非常麻烦。若是采用赫斯提亚的做法，女人可能会乐于接受叠衣服的机会，因为这是一个能让她的心灵安静下来的时刻。为了让赫斯提亚在场，女人需要每次专注于一项任务、一个区域或一个房间，专注于那些在可用的时间里容易管理的事情。她必须全神贯注地完成任务，就好像她在表演茶道一样，每个动作都带有一种宁静的感觉。只有这样，一种全然的安静才会取代通常喋喋不休的内心。她所要达到的标准应该是她自己的标准，而完成这件事的方式要对她自己的胃口。这样，她便是一个处女女神，而不是屈从于他人的需求或标准的奴仆，也不会被时间压迫。

冥想激活并加强了这种向内聚焦的原型。一旦开始，冥想通常会变成一种日常练习，因为它提供了一种完整和稳定的感觉，是和平与光明的内在源泉，是通往赫斯提亚的道路。

对于一些女性来说，当赫斯提亚的存在被感受到时，诗歌就会浮现。美国小说家和诗人梅·萨藤（May Sarton）这样写道："只有当我处于优雅的状态时，当深层的通道打开时，才有可能。而当它们打开时，当我被深深地搅动并达到平衡时，诗歌便作为超出我个人意志的礼物出现了。"她描述的是一种对自性原型的体验，这种体验总是超越自我和个人努力，是恩典的礼物。

通过未经选择的孤独寻找赫斯提亚

几乎每个人都经历过未经选择的孤独期。这样的时期通常始于丧失、哀伤、孤独和渴望与他人在一起。例如，自由撰稿人阿迪斯·惠特曼（Ardis Whitman）的丈夫给了她一个快速的拥抱，然后冲出门外，但不久他就被心脏病夺去了生命，再也没能回家。7年后，她写下了一些关于孤独带来的意外回报的文字，唤起了与赫斯提亚有关的感受。

就像雨后的第一缕阳光一样，有一种微薄但不断增长的温暖，这种温暖和悲伤本身一样，是未经选择的孤独所固有的。它被记忆温暖……也通过我们那逐渐生长的身份认同感变得温暖。当我们的生活被他人环绕时，我们天然的激情和洞察力会通过闲聊的过滤器泄露出去。在你最勇敢的时刻，你相信正在发生的事情是人类的终极工作——灵魂的塑造。生命的力量来自内心，去那里吧。祈祷，冥想。到达自己身上那些发光之处。

作为女性的赫斯提亚

赫斯提亚女性与女神有着共同的特质，她是一个安静而不引人注目的人，她的存在营造出一种温暖、和平有序的氛围。她通常是一个内向的女人，喜欢独处。最近我去拜访了一位赫斯提亚女性，立即感受到了她的性格、她周围的环境与炉灶女神之间的联系。房子干净、井然有序，令人愉悦。鲜花点缀着餐桌，新鲜出炉的面包正在冷却。一些无形的东西使得房子像是一个安静的避难所、一个宁静的地方，让我想起了加利福尼亚州塔萨加拉的禅山中心，在那里，外面的世界消失了，永恒的平静无处不在。

早年

年轻的赫斯提亚看起来很像年轻的珀耳塞福涅：她们都是令人愉快、不让大人费心的孩子。即使是在"可怕的 2 岁"（terrible two）[①] 时，她们也几乎没有一丝固执。然而，她们之间依然存在着细微差别。珀耳塞福涅从别人那里接收暗号，急于取悦别人。赫斯提亚也许会按照别人的吩咐去做事情，看起来也很顺从，但当独自一人时，她会心满意足地玩耍，无需任何指示。小赫斯提亚有一种安静、自给自足的品质。如果她伤害了自己或感到心烦意乱，她很可能会待在房间里从孤独中寻求安慰，就像她从母亲那里寻求慰藉一样。有时，人们会被她所传达的内在存在吸引，这是一种古老的灵魂所具有的品质：虽然只是个小孩子，但异常智慧而平静。

赫斯提亚女孩几乎不会引起别人的注意和强烈反应。当她把房间整理得井井有条时，可能会因此受到表扬。当她独处时，可能会被催促着加入家庭或走向世界。

父母

赫斯提亚女神是瑞亚和克罗诺斯的长女，是第一个被克罗诺斯吞噬却是最后一个被反刍的孩子。因此，在所有的兄弟姐妹中，她被囚禁在父亲黑暗而压抑的肠子中的时间最长，并且她曾是唯一一个独自待在那里的人。她的童年并不快乐。克罗诺斯是一个专横的父亲，对自己的孩子没有温情。瑞亚无能为力，直到最后一个孩子出生前，她都没有做任何事情阻止克罗诺斯虐待他们。在所有的孩子中，赫斯提亚完全靠自己应对这一切。

我在临床实践中见过的一些赫斯提亚女性的早年经历与这位女神相似：她们都

[①] 可怕的 2 岁，指的是孩子成长发育到 2 岁左右所迎来的一个反叛期，此时的孩子会对什么都说不，令家长头疼。——译者注

曾遭受虐待，都有专横的父亲和无能（通常抑郁）的母亲。整个童年时期，她们中的许多人在心理上都只能靠自己。在这些家庭中，孩子的需求被忽视，任何个人的表达都被父亲想要支配的需求"吞噬"了。在这种环境下，大多数孩子都会效法父母：更强壮的孩子，尤其是男孩，可能会虐待或欺负更年幼、更弱小的孩子，或者可能会离家出走、流落街头。在这些女儿中，一个没有权力的母亲般的姐妹可能会遵循德墨忒尔模式，试图照顾她的弟弟妹妹；她也可能遵循赫拉模式，在自己长到足够大的时候去依附男朋友。

然而，赫斯提亚女儿可能会在情感上退缩，在痛苦、冲突的家庭生活或者令她感到陌生的学校环境中向内撤退以寻求慰藉。她经常觉得与父母、兄弟姐妹很疏远或感到孤立——她确实与他们不同。她尽量不被注意，表面上表现得被动，内心深处则有一种确信感，觉得自己与周围人不同。她试图在任何情况下都不引人注目，并在身处他人中间时培养孤独感。因此，她变得像女神本人一样，几乎没有人格面具。

相比之下，来自普通中产阶级家庭、有父母支持的赫斯提亚女儿看起来也许并不完全像赫斯提亚。从幼儿园开始，就不断有人帮助她"克服害羞或胆怯"——这就是通常情况下别人给她的内倾性格所贴的标签。因此，她确实发展出一种适应社会的人格面具：一种令人愉快和善于交际的处世方式。她被鼓励在学校取得好成绩，参加从芭蕾舞到女子足球的所有活动，充满母性地照顾比她更小的孩子，在上高中的时候出去约会。然而，无论表面上如何，她的内心对赫斯提亚都是忠诚的；她有一种独立和超然的品质，一种源于内在稳定性的情绪平衡。

青少年和成年初期

在同龄人忙于社交、播撒强烈的激情和加入不断变化的团体联盟时，青少年赫斯提亚却刻意选择了缺席。在这一点上，她类似于女神赫斯提亚：她没有参与浪漫的阴谋或使得其他奥林匹斯神陷入其中的战争。因此，她可能是一个处于活动边缘的社交绝缘体，一个在他人眼中自给自足、主动选择孤立的非参与者。或者，如果她已经发展了个性的其他方面，她可能会交朋友并参与社交活动。她的朋友喜欢她带给人的安静、温暖和稳定的感觉，尽管他们有时会因为她在争议中不选边站，或者因为她没有好胜心而恼怒。

对于赫斯提亚来说，青春期可能是加深宗教信仰的时期。如果她想从事宗教职业，那么这可能是唯一会导致她与父母产生正面冲突的事情。虽然一些天主教家庭对女儿感到被召唤、想要成为修女感到高兴，但其他许多家庭会感到震惊，因为他们没想到她会如此认真地对待自己的信仰。近来，赫斯提亚会被 20 世纪 70 年代以来在美国蓬勃发展的各种东方宗教吸引。当赫斯提亚女儿们被吸引到静修处、用外语吟唱并开始使用新的名字时，许多父母会惊慌失措，并错误地以为他们可以很轻易地使自己安静、温顺的赫斯提亚女儿改变信仰。然而事实是，凭借处女女神的确定性和专注力，赫斯提亚女儿通常会坚持去做对她们重要的事情，而不是去顺从父母的意愿。

上大学的赫斯提亚女性常常会感激大型大学的匿名性和拥有自己位置的机会。然而，一个仅仅是赫斯提亚的女人不太可能有上大学的私人动机，因为智力挑战、寻找丈夫或为职业发展做准备都不是她所关心的问题。为了拥有这些动机，需要其他女神在场。赫斯提亚女性选择上大学是因为其他原型对她们来说也很重要，或者因为其他人希望她们这样做。

工作

竞争激烈的工作场所不会给赫斯提亚女性带来回报。赫斯提亚女性缺乏野心和动力：她不想要被认可，不重视权力，也不理会那些能够出人头地的策略。因此，赫斯提亚女性很可能会在办公室担任传统的女性工作，在那里她要么不为人知，被视为理所当然；要么被视为稳定可靠、远离办公室政治和八卦的难能可贵的人，为大家提供一种有秩序的和温暖的氛围。赫斯提亚女性喜欢为大家泡咖啡，为办公室增添一丝女人味。

赫斯提亚女性可能会在需要安静和耐心的职业中表现出色。例如，摄影师最喜欢的模特是赫斯提亚女性，因为她的眼睛给人一种"向内看"的感觉，她还有一种不自觉的优雅和一种让人联想到"沉着镇定的猫"的镇静感，令人完全沉浸在她的姿势中。

许多赫斯提亚女性在镜头的另一侧也表现出色。赫斯提亚耐心和安静的品质，是对必须等待合适时机、等待具有表现力的姿态或等待即兴创作的摄影师的奖励。赫斯提亚可能会与女性内心的其他原型合作，从而为她的作品增添赫斯提亚品质。例如，我听说过的最好的幼儿园老师似乎是母性的德墨忒尔与赫斯提亚的结合体。她的同事们惊叹，她似乎能够毫不费力地在自己周围创造某种潜在的秩序："她从不疲倦。也许孩子们从她那里得到了宁静——我所知道的是，她以某种方式将一屋子试图争夺注意力的孩子，变成了一个活泼、温暖的团体。她似乎从不着急，随着她专注于这边的孩子，拥抱那边的孩子，建议孩子们玩游戏或看书，他们便会安定下来。"

与女性的关系

赫斯提亚女性经常有几个好朋友，她们很乐意时不时地与她待在一起。她们自身很可能也有一些赫斯提亚特质，所以会把她们的赫斯提亚朋友视为一个可以将自己的赫斯提亚一面释放出来的避难所。赫斯提亚女性不会参与八卦、费脑子的对话或政治讨论。她的天赋是善用共情之心倾听，在朋友给她带来的任何混乱中都能保持稳定，并在自己的壁炉旁为朋友准备一个温暖的港湾。

性

当一个女人以赫斯提亚为主要原型时，性对她来说并不是很重要。有趣的是，即使她达到了性高潮也会这样觉得。赫斯提亚女性和她们的丈夫描述了在性交开始之前，她们的性欲是如何休眠的。一位丈夫说，休眠结束后，"她的反应非常强烈"。一个赫斯提亚女人嫁给了一个以"如果他很活跃则每月1次，否则就每2个月1次"的频率发生性行为的男子；她发现即使前戏很少，她也能达到高潮。"当它发生时"，她能够享受性爱；但当它不在时，她也"非常满足"。在这些女性中，赫斯提亚模式盛行。在她们做爱时，阿佛洛狄忒的性欲会被唤起，但在其他情况下她并不在场。

没有性高潮的赫斯提亚女人将性行为视为一种美好、温暖的体验，她享受为丈夫提供这种体验："当他进入我体内时，我感觉很好。我觉得离他很近，为他感到高兴。"对她的丈夫来说，与她发生性关系"就像回家"或者"找到了避难所"。

处于女同性恋关系中的赫斯提亚女性也遵循同样的模式。性不是很重要。如果她的伴侣在性行为上更被动而不是更积极，并且双方都在等待对方发起性行为，那么她们的关系可能会持续数月甚至数年而没有任何性表达。

婚姻

赫斯提亚女人是老式观念中的"好妻子"。她把家照顾得很好，她对自己或丈夫都没有野心——所以她既不与他竞争，也不唠叨他。她不是调情者，也不滥情。虽然他的忠诚对她来说并不像对赫拉那样重要，但她却像赫拉一样忠诚。她不会因被诱惑而出轨——只要她不受阿佛洛狄忒的影响。

赫斯提亚妻子看起来可能像一个依赖他人的妻子，舒适地践行着传统角色。然而，她的外在可能是误导人的，因为她保持着内心的自主权。她的一部分仍然安静地在做一个活出自我的处女女神，她不需要靠男人获得情感满足。没有他，她的生活也许会有所不同，但不会失去意义或目的。

取决于哪位女神最活跃，传统已婚女性的"职位描述"也会有所不同：赫拉侧重的是"妻子"；德墨忒尔侧重的是"母亲"；雅典娜强调的是维系一个高效而顺遂的家庭，这使得"家庭主妇"成为她的称号；而赫斯提亚将自己的职业列为"家庭缔造者"。

与男性的关系

赫斯提亚女性会吸引特定的男性：他们喜欢安静、不果敢、自给自足的女性，认为这样的女性能够成为好妻子。这样的男人认为自己扮演的是一家之主和养家糊口的传统角色。若是男人想要性感的女人、愿意溺爱或启发他们的女人，以及成为他们事业合伙人的女人，应该去别处寻找。

赫斯提亚女人常常会吸引那些认为女人不是圣母就是妓女的男人。这些男性会将缺乏性经验、对性不感兴趣的女性归为"好"女人，觉得她们因此而变得"圣洁"。与此对应，他们将被男性吸引并且对性敏感的女性归为"坏"女人或"放荡"的女人。这种男人与前者结婚，与后者发生婚外情。嫁给这样的男人后，赫斯提亚女人可能会对性快感一无所知，因为她的丈夫不想要一个有自己的欲望且对性敏感的妻子。

许多令人心满意足的传统婚姻是赫尔墨斯丈夫和赫斯提亚妻子的结合：丈夫是一位商人、旅行者、沟通者或企业家，能够敏捷地与外界谈判，而妻子能够保持家中炉火的持续燃烧。通常来说，这种安排对双方都非常有效。双方都对他们作为个人所做的事情感到极大的满足，这种满足间接地支持了对方的活动。因为她把家庭照顾得很好，所以他不必为此操心，对此他很感激。虽然这并不是她特意为他做的，但总是能在他涉足这个世界的间隙为他提供一个温暖祥和的家。他喜欢她身上居家精神和独立精神的结合。

反过来，她也很感激丈夫把家庭的管理权交给了她，也喜欢她所得到的经济支持，这让她有时间和空间做任何对她来说重要的事情。此外，赫尔墨斯丈夫总是在忙碌：提出新计划，进行交易，尝试新方法。他相信自己的敏锐和直觉，而且总体来说，在这个世界上他主要依靠自己。他不需要也不想要赫拉或雅典娜妻子帮自己提高声誉或提供策略。因此，他通常并不期望妻子陪他出差或参加鸡尾酒会，而这恰好与他的赫斯提亚妻子很相称。

她更喜欢在家里招待宾客：她负责营造气氛，为大家布置好房子，做好食物，并留在幕后——而她更外向的丈夫可能会主导对话，与客人寒暄。她花在准备工作上的时间可能被认为是理所当然的，而她对这个愉快夜晚的贡献可能始终得不到重视。就像这位女神一样，尽管她是核心人物，但保持匿名似乎是赫斯提亚女性的命运。

孩子

赫斯提亚女人（尤其是当她的内心也有德墨忒尔原型时）可以成为优秀的母亲。当她走向内心时，可能会有点过于疏离，她的爱可能会有些过于客观和含蓄，但通常她会以爱和耐心来照顾孩子。她对孩子们没有太高期待，因此她允许他们做自己。她为他们提供温暖和安全的家庭氛围，将照顾好他们当成一件理所应当的事情。赫斯提亚的孩子不需要逃跑或反叛。因此，即使他们在成年后接受心理治疗，也没有与母亲有关的重大问题需要修通。

然而，在需要帮助她的孩子应对社交或竞争时，她并没有多大用处。在帮助他们实现抱负或职业发展时也是如此。

中年

到了中年，赫斯提亚女性的人生轨迹似乎已成定数。如果她已经结婚，她就是满足于妻子这个角色的家务操持者。如果她不结婚，可能会被人称作"老处女"或"老姑娘"——她不介意自己的单身身份，也不会去追求男人。如果在办公室工作，或者住在修道院、静修所，她就是那里的"背景板"，总是默默地做着自己的分内之事。

中年可能是赫斯提亚女性正式进入修道院或静修所、改名并献身于特定的精神道路的时期。对她来说，这是一种自然的转变，是对她所信仰的宗教的更进一步的承诺。对于亲人来说，这个决定可能完全出乎他们的意料，因为安静的赫斯提亚从未向他们提及这对她的人生有多重要。

晚年

赫斯提亚女性总有一种"年长而睿智"的特质，她有能力优雅地变老。她非常适合独自生活，而且她可能会独居一辈子。作为老处女姑妈原型，当她被需要时，可能会被其他家庭成员召唤来提供帮助。

传统女性面临的两大主要情感危机是空巢和守寡。但是，尽管大多数赫斯提亚女性都是妻子和母亲，但她们并没有强烈的需求去扮演这两种角色。因此，与德墨忒尔或赫拉女性不同，失去这两种角色并不会导致赫斯提亚抑郁。对赫斯提亚女性来说，应对外部世界是艰难的。如果她们因离婚或丧偶而成为"流离失所的家庭主妇"，而且在经济上得不到保障，她们通常没有办法走出家庭，靠工作养活自己。因此，她们可能会加入穷人的行列。

一位年长的赫斯提亚女性可能不得不靠社会保障维持生计，但她的精神世界并不贫困。在人生的最后几年，她常常一个人生活，对人生没有遗憾，对死亡也没有恐惧。

心理困境

作为内在智慧的原型，赫斯提亚从不消极。因此，赫斯提亚没有呈现出常见的潜在病理模式也就不足为奇了。她不与其他神和凡人交往，这种超然的模式可能会使女性感到寂寞和孤独。赫斯提亚女性的主要困境与赫斯提亚缺少的东西有关。相比奥林匹斯山的其他所有男神和女神，她没有以人的形象出现过——她缺乏一个人的形象或人格面具。而且，她没有卷入过情爱阴谋或冲突，所以她也缺乏在情爱领域纵横的实践和技巧。

向赫斯提亚认同

像赫斯提亚一样生活意味着保持谦逊、匿名，并且默默地处在家庭的中心位置。许多女性都知道这个角色的缺点。她们的工作常常被认为是理所当然的，而她们的感受却常常被漠视。赫斯提亚女性的特点是缺乏自信，哪怕她觉得自己被贬低了，也不会说出来。家务完成后，如果其他人进行破坏并造成混乱，那么，本可以成为她宁静快乐和内在秩序的源泉的家务活就会失去意义。当赫斯提亚的努力看起来毫无意义和无效时，她可能会感到精疲力竭。

向情感超然的赫斯提亚认同会扼杀女性直接表达感情的能力。赫斯提亚女性倾向于通过深思熟虑的行为间接地表达对他人的爱和关心。俗语"静水流深"就描述了赫斯提亚隐藏在表面之下的内向情感。因为赫斯提亚女人的情感不外露，所以对她来说非常重要的人可能不知道自己在她心中如此重要。如果赫斯提亚关心的人没有察觉到她的感受，并且让她独自一人待着，那么她所珍视的孤独感可能会演变成寂寞。当一个想被赫斯提亚女人爱的人真的被她爱上时或许是可悲的，因为他们无法确定这份爱。只要不是用言语或拥抱来表达，她的温暖就显得没有人情味和疏离，而且可能不是专门针对她所爱的人。要想超越赫斯提亚，一个女人必须学会表达自己的感受，这样才能让那些对她来说有特别意义的人知道她的心意。

对赫斯提亚的贬低

当修道院或婚姻制度作为终生承诺存在时，赫斯提亚的精神就有了一个安全的地方茁壮成长。如果没有安全和稳定的终身团体，赫斯提亚女性可能会处于明显的劣势：她觉得自己就像一只没有壳的乌龟，被期待进行一场你死我活的竞争。从本质上讲，赫斯提亚不是一个热衷团体活动或趋炎附势的人，她不为政治事业所动，也缺乏野心。她并没有试图在外部世界留下自己的印记，而且对此并不在意。因此，她很容易被有成就者、行善者和社会仲裁者忽视和贬低——他们用有形的标准衡量人，发现她达不到这些标准。

这种贬低对赫斯提亚女性的自尊有负面影响。如果她采用别人的标准并将其应到自己身上，可能会感到格格不入、不适应和无能。

成长方式

当赫斯提亚女性冒险离开家或神庙迈向世界时，困难就出现了。作为一个内向的人，面对竞争激烈、节奏飞快的社会，她会变得格格不入，直到她发展出自身人格的其他方面。

塑造一个适应社会的人格面具

人格面具（在拉丁语中意为"面具"）一词过去指演员在舞台上佩戴的面具，其作用是帮助观众快速识别演员所扮演的角色。在荣格心理学中，人格面具是一个人向世界所展示的适应社会的面具。这是我们向他人展示自己以及他人看待我们的方式。具有功能良好的人格面具的人就像一个拥有大衣橱的女人，她可以从中选择适合特定场合以及适合自身个性、地位和年龄的衣服。我们的行为方式，我们所说的话，我们如何与他人互动，我们如何定位自己都是我们人格面具的一部分。

赫斯提亚女性天生就对人格面具不感兴趣，也就是对谁是谁以及如何给人留下良好或适当的印象不感兴趣。然而，除非她一直躲在修道院，不再冒险出去，否则她将不得不与他人互动、闲聊、接受面试和评估——就像身处竞争文化中的其他人一样。这些技能不是她天生就拥有的，她必须通过学习才能掌握它们。这个过程往往非常痛苦。不得不去参加一个大型聚会时，她会感到不适应、尴尬、害羞和无能；她觉得自己没有合适的人格面具，就好像"没有什么衣服可穿"。当这种痛苦反映在噩梦中，她会发现自己赤身裸体或只穿着少许衣服。有时，与梦中的隐喻相对应，她会表现得过于赤裸——她透露得太多，过于诚实，让人们看到了其他人在同样的情况下会掩盖的东西。

不得不参加面试或接受评估的赫斯提亚女性必须有意识地塑造一个人格面具，并为此深思熟虑，就像她再三考量自己的简历（简历可以被当作"书面形式的"人格面具）一样。她需要尽可能清楚地去了解自己在不同的特定环境中应该成为"谁"，而且她必须准备好去"试穿"多个人格面具，直到发现一个对她来说很自然的人格面具。

通过阿尔忒弥斯、雅典娜或阿尼姆斯获得自信

除了人格面具之外，赫斯提亚女性还需要培养自信。如果她想要与他人互动，或者在外部世界中照顾好自己，那么她的个性中就需要有积极的一面。赫斯提亚女神没有争权夺利，也没有去竞争金苹果。她远离关系，避开奥林匹斯山，没有参与

特洛伊战争，也没有赞助、拯救、惩罚或帮助任何凡人。与赫斯提亚女神不同的是，赫斯提亚女性是众生中的一员，她必须冒险走到房屋或神殿的围墙之外。而除非心灵的其他部分可以帮助她变得活跃、富有表现力和自信，否则，她就没办法准备好迎接这种体验。作为积极活跃的女性原型，阿尔忒弥斯和雅典娜可以帮助女性获得这些能力，就像女性的阿尼姆斯或她个性中的男性部分所做的那样。

如果赫斯提亚女性参加了竞技活动、夏令营、女子团体、户外运动或在学校里表现出色，就说明阿尔忒弥斯和雅典娜品质可能已经得到了发展。一个典型的赫斯提亚女孩在生命的早期就发现她必须适应人群并满足一些外向的期待。在这个过程中，她可能会唤起和培养其他原型。因此，她可以将阿尔忒弥斯或雅典娜品质融入自己的人格中。

事实上，一个赫斯提亚女人可能会觉得她存在的核心——女性、居家、内心安静的赫斯提亚——不受外在经历的影响。与此同时，她可能会认为，在适应这个充满竞争和社交的世界时，自己会形成一种男性化的态度或阿尼姆斯。一个发展完好的阿尼姆斯就像一个内在的男性，当她需要清晰地去表达或表现得自信时，她可以将他召唤出来为自己说话。然而，无论他多么能干，对她来说，他都是"陌生"的（这"不是我"）。

一个赫斯提亚女性与自己的阿尼姆斯的关系，往往很像一个内在的赫斯提亚－赫尔墨斯关系，这对应着他们在希腊家庭中的重要性以及位置。赫斯提亚由家庭中央的圆形炉灶所代表，而代表赫尔墨斯的"赫尔墨"或柱子则伫立在门外。赫尔墨斯是门槛处的保护神，也是陪伴着旅人的男神。当赫斯提亚与赫尔墨斯都存在于女性内心时，赫斯提亚能够提供一种内在的私人存在方式，而她的赫尔墨斯阿尼姆斯则提供了一种能与这个世界有效相处的外部方式。

如果一个女人觉得她内心的赫尔墨斯阿尼姆斯正在与这个世界对话，她就会感觉到自己身上有着阳刚的一面，借助于这一面，当她冒险进入这个世界时，就会变得自信和善于表达。阿尼姆斯也执行哨兵任务，坚定地保护她的隐私并阻挡不必要的入侵。有了赫尔墨斯阿尼姆斯，她会变得非常高效和机智，能够在竞争激烈的情况下照顾自己。然而，当阿尼姆斯对女性的自信负责时，它（"他"）并不总是在场，也并不总是触手可及的。例如，她可能会接到一个电话，本以为是朋友打来的，却听到一个咄咄逼人的销售人员提出一些扰人的问题，或者一个坚持要做善事的人希望她能自愿贡献出自己的时间。她的阿尼姆斯被打了个措手不及，她只好稀里糊涂地去应对。

获得艾美奖的剧作家、诗人，《女人与自然》（*Woman and Nature*）的作者苏珊·格里芬（Susan Griffin）发现，赫尔墨斯-赫斯提亚联盟解释了她截然不同的两个方面。在家里，她是一个温柔的存在、一个在厨房闲逛的赫斯提亚，她把自己的房子变成了一个避风港。这位私下里的苏珊·格里芬与前《堡垒》（*Rampatrs*）杂志编辑即口齿清晰、思维敏捷、精通政治的苏珊·格里芬形成了鲜明对比，后者的公众形象可能是"善变的"——既聪明又多变。

坚守一个人的核心：忠于赫斯提亚

阿波罗和波塞冬都曾试图夺走赫斯提亚的贞操，夺走那独属于她自己的完整性。然而，她并没有屈从于他们的欲望，而是发誓永远保持贞洁。通过拒绝阿波罗和波塞冬，赫斯提亚抵制了一些具有重要隐喻意义的事物："能将女性拽离她核心的智力和情感力量。"

赫斯提亚代表了自性。自性是女性人格中的一个可以被直观地感知到的精神核心，为她的生活赋予了意义。如果她"屈服于阿波罗"，这种赫斯提亚式的自我中心稳定性可能会失效。阿波罗是太阳神，几乎等同于逻各斯、智性生活、至关重要的逻辑和推理。如果阿波罗说服一个女人放弃她的赫斯提亚式贞操，她将不得不把自己内在的、直觉的体验置于科学理性的审视之下，她所感受到但无法用语言表达的东西就这样被判无效了。因此，除非有确凿的证据支持，否则她作为一个内心充满智慧的女人所了解的东西就会被忽视。当"男性"的科学怀疑主义被允许渗透进入精神体验并要求"证明"时，这种入侵总是会侵犯女性的完整感和意义感。

如果一个赫斯提亚女人"被波塞冬带走"，她就会被海神击败。波塞冬代表了被海洋的情感或潜意识中涌现的内容淹没的危险。当这样的洪水威胁到自己时，她可能会梦见巨浪正向她袭来。在现实生活中，对情绪状况的忧心忡忡可能会使她无法集中注意力。如果这种混乱导致了抑郁，波塞冬掀起的滔天巨浪可能会暂时"扑灭赫斯提亚壁炉中心的火"。

当受到阿波罗或波塞冬的威胁时，赫斯提亚女人需要在孤独中寻找自我。在安静祥和中，她可以再次凭直觉找到重返中心的路。

第七章

脆弱女神：赫拉、德墨忒尔和珀耳塞福涅

三位脆弱女神分别是婚姻女神赫拉、谷物女神德墨忒尔以及被称为科瑞（Kore）、少女或冥后的珀耳塞福涅。这三位女神代表女性传统角色的原型——妻子、母亲和女儿。她们是以关系为导向的女神，其身份认同和幸福取决于是否拥有重要的关系。她们表达了女性对归属感的需求。

在神话中，这三位女神都曾被男神强奸、绑架、控制或羞辱。当某种依恋被破坏或羞辱时，她们中的每一位都遭受了痛苦。每一位都经历过无能为力。每一位都有典型的反应——赫拉回之以愤怒和嫉妒，德墨忒尔和珀耳塞福涅则陷入抑郁。每一位女神都表现出类似心理疾病的症状。内心中有这些女神原型的女性同样很脆弱。对赫拉、德墨忒尔和珀耳塞福涅的了解，可以令女性深入理解自己对人际关系的需求的本质，以及面对丧失的反应模式。

当赫拉、德墨忒尔或珀耳塞福涅是占主导地位的原型时，女性的动力来源是关系，而不是成就、自主或新体验。她们注意力的焦点在他人身上，而不是外在的目标或内在的状态。因此，向这些女神认同的女性会关注并接受他人。她们被关系带来的回报激励——认可、爱、关注，也被原型的需求激励——需要找到配偶的原型（赫拉）、需要去养育（德墨忒尔）或依赖（作为科瑞的珀耳塞福涅）的原型。对于这些女性来说，履行传统女性的角色是有意义的。

意识的特性：像漫射的光

这三位女神都具有与众不同的意识特性。与脆弱女神原型相关的特性是"发散意识"。荣格分析家艾琳·克莱蒙德·卡斯蒂列霍（Irene Claremont de Castillejo）在《认识女人》（*Knowing Woman*）中将这种意识描述为"一种接受的态度，意识到所有生命的统一，以及对关系的准备就绪"。这种意识是以关系为导向的男男女女的典型特征。

我认为这种意识类似于客厅的灯所发出的光，它会照亮其半径范围内的所有事物，并投射出温暖的光芒。它是一种泛化的注意力，能够使人注意到感受中的细微差别，是对情境中情绪基调的接受能力，也是对背景声音以及前景中的注意力中心的觉察。发散的意识是一种扫描般的意识，它可以让父母在嘈杂的谈话中听到孩子的呜咽声，或者让妻子了解到丈夫郁闷了或生病了，或者察觉到他走进家门时正处于压力之下（有时甚至在他自己意识到这一点之前）。这种善于接纳、发散的意识可以感知到某种情形的整体或"完形"（Gestalt）[1]。（相比之下，阿尔忒弥斯、雅典娜和赫斯提亚这三位处女女神的"聚焦意识"则专注于某一方面而排除了其他一切。）

当我有了两个尚未完全脱离尿布的孩子时，我意识到母亲的行为如何被她们的孩子改变，使得她们处于发散的意识状态。大多数时候，当我在孩子们身边时，我能与他们协调一致，处于一种精神不集中的容纳接收状态。我发现，当我改变模式并刻意专注于其他事情时，他们总是打断我。

例如，如果他们在隔壁房间安静地玩耍，而我忙着清理水槽、整理衣服，甚至进行简单的阅读时，那么我大概率是能够继续这种"漫不经心"的活动的。但如果我决定利用安静的游戏时间读一份杂志或研究一些需要我全神贯注的东西，那么大约几分钟后，他们就会跑进来打断我的注意力。孩子们仿佛有第六感，他们好像知

---

① 完形或格式塔指整体不等于各部分简单相加之和。——译者注

道，当我关注他们、扫描细节的意识状态被聚焦的注意力取代时，会"对他们置之不理"。试图在不断的干扰中集中注意力是令人沮丧的。最终，通过阻挠聚焦意识的出现，我的心理行为被改变了。

当这种情况在我身上发生时，我做了一个其他人也可以尝试的实验：等待学龄前儿童满足并清醒地在没有你的情况下做某事的平静时段到来。请注意，在此期间你可以忙于不需要集中注意力的事情。然后看一下时间，从发散意识切换到聚焦意识，专注在另一项任务上。看看在孩子打断你之前可以保持多久。

当生命中重要的女人不理他们，而是专注于自己关心的事情时，不仅仅只有小孩子会做出上述反应。我的女性患者们也描述过无数类似事件。例如，当一个以关系为导向的女性报名了一门课程，或以研究生的身份重返大学时，她不可避免地与和自己同住的人——丈夫、情人、较大的孩子——发生了摩擦：当她学习时他们会闯进来打扰她。她经常难以集中精力工作：善于接纳和发散的心态，虽然使得女性能够照顾他人，但也使得他们的注意力容易被分散。

而当她真的集中注意力时，她生活中的男人可能会无意识地干扰她，就好像这会将她从自己身边带走。他失去了她的注意力，而在此之前，它一直是家庭环境的一部分。她暂时失去了赫拉或德墨忒尔的特质，在做她自己，而不是像往常一样回应他。

就好像一盏看不见的暖灯被关掉，让他隐约感到焦虑和不安似的——有哪里不对劲。在他"无缘无故"闯入之后，事情变得更糟，因为注意力被打断的通常反应是恼怒，所以她很可能会感到生气或愤怒，从而证实了他被拒绝的感觉。我所知道的每一对夫妇——男人真正支持女人的学术或职业抱负，女人真正地爱着对她很重要的男人——都认为能够觉察到这种产生摩擦的模式是很有帮助的。只要他不把她从发散意识到聚焦意识的变化放在心上，他无端地打断以及她随之而来的愤怒和怨恨就会改变，紧张情绪也会随之消失。

脆弱、受害和发散意识

脆弱女神们都曾是受害者。赫拉被她的丈夫宙斯羞辱和虐待，宙斯不重视她对忠诚的需要。德墨忒尔与她女儿的关系被忽视了，当珀耳塞福涅被绑架并被囚禁在冥界时，她的痛苦也被忽视了。德墨忒尔和珀耳塞福涅都被强奸过。就像人类女性处于一败涂地、受苦受难、无能为力的境地时一样，三位脆弱女神也都出现了精神症状。

内在与这些女神相似并且有着发散意识模式的女性也容易受到伤害。相比之下，需要使用聚焦意识的女神，比如定义边界和瞄准目标的阿尔忒弥斯或思考问题并制定策略的雅典娜，是不易受伤害的处女女神，与她们相似的女性成为受害者的可能性较小。

为了避免成为受害者，女人需要看起来专注和自信。她必须疾步快走，好像急着要去什么地方似的——显得漫无目的或心不在焉会招来麻烦。尽管一个善于接纳且平易近人的女性有助于使人际关系和家庭变得温暖，但将这些相同的品质带到外部世界可能会导致不请自来的侵入。任何一个独自站着等待，或者孤身一人坐在餐厅或大厅里的女人，可能都会被男人接近，因为他们认为自己有权接近任何没有明确对象的女人。如果她善于接纳且平易近人，那么她的友善可能会令人假设她是一个容易得到的性对象。因此，她可能会收到一些自己并不想要的性暗示，当她拒绝时，可能会遭遇性骚扰或愤怒。有两个因素使她容易受害：男人总是将善于接受或友善误读为性邀请，并自以为是地假设他们可以接近和得到任何单身女性；另一个因素是将女性视作财产的潜在社会假设，这种假设禁止男性接近已经有人陪的女性，甚至不能看她一眼，因为他们可以对没有人陪的女性做这些事。

像德墨忒尔和珀耳塞福涅这样感到脆弱或缺乏保护的女性，经常会做焦虑梦。她们可能会梦见男人闯入她们的卧室或房子，或者潜伏着的、凶神恶煞的男人正在威胁或跟踪她们。有时，梦中这个不怀好意的男人是她们熟悉的：正是那些批评她们、令她们感到害怕的男性，或者是那些通过身体虐待或发泄愤怒来恐吓她们的男人。如果女性在童年没有受到保护，甚至遭受了虐待，那么在梦中攻击她的人往往来自童年，或者发生在童年所熟悉的环境中。

并非所有以关系为导向的脆弱女神型女性都会做受害者梦。就像女神们也会经历各种人生阶段一样，与这些女神相似的女性完全有可能度过一段安全无忧的生活。她们的梦境可能同样愉快。然而，有些女性在美好时光里也会做受害者梦，仿佛在提醒她们自己的脆弱似的。无论哪种情况，脆弱女性的梦里总是充满了人，并且经常发生在建筑物内；它们唤起了跟过去的情感纽带有关的记忆，同时也以象征性的方式描述了当前的关系。

存在和行为模式

三位脆弱女神中的每一位，在自己的神话中都有一个快乐或满足的阶段，有一个受害、受苦并出现症状的阶段，也有一个恢复或转化的阶段。每一个阶段都代表了女性生命中的一个时期，她可能会快速度过这一时期，也可能会在此停留一段时间。

如果一名女性发现自己像赫拉、德墨忒尔或珀耳塞福涅，那么她可以通过理解自己与这些原型女神之间的相似之处来更多地了解自己，了解自身的优势、敏感易受影响的部分和潜在的消极部分。如果她对自己的问题有先见之明，就可以为自己省去一些痛苦。例如，如果不草率地允许自己过早地被推入婚姻，一名赫拉女性就可以避免很多哀伤，她需要在结婚之前学会判断一个男人的性格和爱的能力。同样，德墨忒尔女性必须清楚自己在什么情况下会怀孕，并且必须在此之前采取预防措施，因为她内心的女神——感觉像是一种令人难以抵挡的母性本能——并不关心后果。一个年轻的珀耳塞福涅女性最好离开家去上大学或工作，这样她就有机会成长，而不是一直做妈妈的顺从的女儿。

超越脆弱女神

虽然脆弱女神并非那些能引向成就的品质的化身，但内心有这些原型的女人可能会超越她们。或者她能会发掘自己的雅典娜或阿尔忒弥斯品质，或者她可能会发现，行走世界所需的能力和竞争力来自自身"男性"部分的发展。她可能会探索与炉灶女神赫斯提亚以及爱神阿佛洛狄忒相关的精神和感官维度。

接下来的三章将深入探讨赫拉、德墨忒尔和珀耳塞福涅的神话和性格特征。每一章都描述一位女神所代表的原型模式，展示她是如何影响女性的生活，以及如何影响女性的配偶、父母、朋友、恋人或孩子的。

每一个有过结婚、生孩子的冲动，或者觉得自己在等待某件事发生来改变生活的女人——几乎包括所有女人——都会发现自己在某些时候就像某位脆弱女神。

第八章

赫拉：婚姻女神，承诺制定者和妻子

女神赫拉

赫拉是庄严、华贵、美丽的婚姻女神，罗马人称她为朱诺（Juno）。赫拉是统治着天地的奥林匹斯的至高神宙斯（朱庇特）的配偶。她的名字赫拉被认为是"伟大的女士"的意思，即希腊词"英雄"（hero）的女性形式。希腊诗人用"牛眼"这个词来赞美她那大而美丽的眼睛。她的象征是母牛、银河和百合，孔雀尾巴上色彩斑斓的"眼睛"象征着赫拉警觉的特质。神圣的母牛作为营养的提供者，长期以来都与伟大的母神联系在一起；而银河——我们的星系，来自希腊词"gala"，"母乳"（mother's milk）反映了早于奥林匹斯神的信念，即银河系来自作为天后的伟大女神的乳房①。后来，这成了赫拉神话的一部分：当乳汁从她的乳房喷出时，银河系就形成了。落到地上的乳汁变成了百合花，象征着前希腊人对女性生殖器自我受孕能力的信仰。赫拉的象征（以及她与宙斯的冲突）反映了她曾经作为大母神所拥有的力量——对她的崇拜先于宙斯。在希腊神话中，赫拉有两个截然不同的方面：作为强大的婚姻女神，她在仪式上被庄严地尊崇和崇拜，但却被荷马诋毁为一个报复心强、好争吵、嫉妒的泼妇。

家谱和神话

---

① 银河系（The Milk Way）也有牛乳的意思。——译者注

赫拉是瑞亚和克罗诺斯的孩子。她一出生就被父亲吞下，她的四个兄弟姐妹也是如此。当她从克罗诺斯的囚禁中出来时，已经是个年轻的女孩子了。这位少女被安排给两位自然神去照顾，他们相当于高阶的、年迈的养父母。

赫拉长成了一位可爱的女神，吸引了宙斯的目光。他此时已经征服了克罗诺斯和提坦，成为主神。（别介意他是她的弟弟——奥林匹斯众神在关系方面有自己的规则，或者说缺乏规则。）为了接近这个贞洁的少女，宙斯把自己变成了一只颤抖、可怜的小鸟，赫拉很可怜它。为了温暖这个冰冷的生物，赫拉把它抱在胸前。之后，宙斯卸下伪装，恢复了他那极具男子气概的外貌，并试图强迫她。他的努力没有成功。她拒绝了他的求爱，直到他答应娶她。据说，他们的蜜月持续了300年。

当蜜月结束时，一切也就真的结束了。宙斯恢复了他婚前的滥情生活（在他娶赫拉之前，有6个不同的配偶和许多后代）。宙斯一次又一次地不忠，使妻子产生了报复性的嫉妒。但是，赫拉的怒火并非针对她不忠的丈夫；相反，它是针对"另一个女人"（通常是被宙斯引诱、强奸或欺骗的女人）、宙斯的孩子或无辜的旁观者。

与赫拉的愤怒相关的故事有很多。当宙斯把埃癸娜（Aegina）带到一个岛上想要强奸她时，赫拉放出了一条巨龙——它害死了大部分民众。当她对狄俄尼索斯的出生感到愤怒时，她把他的养父母逼疯，试图摧毁他，但没有成功。

卡利斯托（Callisto）是另一个不幸陷入宙斯 - 赫拉战火的受害者。宙斯伪装成狩猎女神阿尔忒弥斯去引诱卡利斯托。赫拉把卡利斯托变成一只熊，并且想让卡利斯托的儿子在不知不觉中杀死她，但是宙斯将母子俩分别化作大熊座和小熊座放在天空中（大熊座和小熊座也被称为大小北斗七星）。

赫拉被宙斯数不尽的风流韵事羞辱。他侮辱了对她来说神圣的婚姻，此外，他还特别偏爱自己与其他女人所生的孩子，这更加使她感到悲痛。雪上加霜的是，他独自生下了女儿——智慧女神雅典娜，这表明他甚至不需要妻子来完成生孩子这个任务。

赫拉有好几个孩子。为报复雅典娜的出生，赫拉决定成为某个儿子的唯一父母。于是，她独自孕育了锻造之神赫菲斯托斯。当发现他有畸形足时——他是一个有缺陷的孩子，不像雅典娜那样完美——赫拉拒绝接受他，并将他赶出了奥林匹斯山。

根据某些说法，赫拉也是提丰（Typhaon）的唯一父母。提丰是一个残暴、具有破坏性、"可怕而邪恶的"怪物。战神阿瑞斯是赫拉和宙斯的儿子（宙斯轻视阿瑞斯，因为他在激烈的战斗中丢掉了脑袋）。赫拉还有两个不出彩的女儿：青春女神，同时也是诸神的斟酒官赫柏（Hebe），以及与阿尔忒弥斯共同担任分娩女神的厄勒提亚（Eileithyria）——分娩的妇女向阿尔忒弥斯和厄勒提亚祈祷。

赫拉通常会采取行动来应对宙斯带给她的新羞辱，但愤怒和报复并不是她唯一的反应。在其他时候，她退出了。神话中讲述了赫拉曾漂泊到地球和海洋的尽头，将自己包裹在最深的黑暗中，与宙斯和其他奥林匹斯神分开。在另外一个神话中，赫拉回到了她曾度过年轻快乐时光的高山之中。宙斯见她不打算回来，便宣称要娶当地的一位公主，试图激起她的嫉妒。然后，他用一个女人的雕像安排了一个虚假的结婚仪式。这个恶作剧逗乐了赫拉，她原谅了他，回到了奥林匹斯山。

尽管希腊神话强调了赫拉的屈辱和报复心，但在对她的崇拜中，她却受到了极大的尊敬。

在赫拉的仪式中，她有 3 个称号和 3 个相应的圣所，在那里，她在一年当中的任何季节都受到崇拜。在春天，她是赫拉·帕提诺斯（Hera Parthenos），少女赫拉或处女赫拉；在夏天和秋天，她作为赫拉·特列利亚（Cera Teleia），完美的赫拉或满足的赫拉被赞美；在冬天，她成为赫拉·切拉（Here Chera），寡妇赫拉。

赫拉的这三个方面代表了女人的三种生活状态，象征性地在各种仪式中被重现。在春天，代表赫拉的形象被浸入浴中，象征性地恢复了她的童贞。夏天，她在一场仪式性的婚礼中达到了完美。在冬天，另一个仪式强调了她与宙斯的争执和分离，这引出了寡妇赫拉的阶段，在此期间她是躲藏起来的。

赫拉原型

赫拉作为婚姻女神被人敬仰和谩骂，被人尊敬和羞辱。她比其他任何女神都具有更鲜明的积极和消极属性。赫拉原型也是如此，这是一种在女性人格中表现出快乐或痛苦的强大力量。

妻子

赫拉原型首先代表了女性想要成为妻子的渴望。一个有着强大的赫拉原型的女人，没有伴侣会感觉到一种深刻的不完整。她的动力是"女神给予"的婚姻本能。对她来说，没有伴侣的悲痛，相当于一个最想要生孩子的女人却没有孩子，是一种深刻和受伤的内心体验。

作为一名精神科医生，我很清楚赫拉女性在生活中没有重要的男人时所感到的痛苦。许多女性与我分享了她们隐秘的悲伤。一位律师抽泣着说："我已经39岁了，还没有丈夫，我感到很羞耻。"一位32岁的漂亮的离异护士悲伤地说道："我觉得我的心灵中有一个大洞，它可能是一道永远无法愈合的伤口。天啊，我一个人孤零零的。我想我约会得够多了，但我遇到的男人都不想认真地对待我。"

当一个迫切需要成为伴侣的女性参与到一段有承诺的关系中时，赫拉原型所创造出的想要成为妻子的大部分愿望都会得到满足。但她仍然对婚姻本身感到急切的渴望。她需要婚姻赋予她声望、尊重和荣誉，她希望能作为"某人的夫人"被认可。她不想仅仅与对方生活在一起，即使在当下这样做不会被污名化。她迫切需要外在认可：她觉得在大型教堂举办婚礼比飞往里诺（Rino）或去市政厅结婚要好得多。[①]

当赫拉是新娘的原型时，在婚礼当天她可能会觉得自己像个女神。对她来说，即将到来的婚姻唤起了自己对圆满和完整的期待，这让她充满喜悦。她是一位容光焕发的新娘，浑身上下都被赫拉充满。

前第一夫人南希·里根（Nancy Reagan）就是这种妻子原型的化身。里根夫人曾明确表示，成为罗纳德·里根（Ronald Reagan）总统的妻子是她最重要的优先事项。当她描述婚姻的重要性时，其实是代表处于幸福婚姻中的所有赫拉女性说话。

就我而言，在遇到罗尼之前，我从未真正活过。哦，我知道这不是当下流行

[①] 里诺是美国著名的离婚城市，而市政厅往往是美国人领结婚证的地方。——译者注

162

的观念。你应该是完全独立的,将你的丈夫留在身边也许是为了图方便。但我无法控制自己的感受。罗尼就是我快乐的理由。没有他,我会很痛苦,会失去真正的人生目标或方向。

我们的文化直到最近还在呼应南希·里根的观点:"结婚"被认为是女性的主要成就。即使是现在,教育和职业目标变得非常重要,大多数女性仍无法摆脱"安定下来结婚"这种文化期待所带来的压力。因此,赫拉原型得到了巨大的支持。此外,"挪亚方舟"的心态盛行:人们应该像鞋子或袜子一样成对出现。把这作为一种社会规范,单身女性会感到自己正在错过这条船。因此,当她没能遵从赫拉时,赫拉原型会因其带来的消极后果而得到进一步加强;但如果她遵从了赫拉,也会因受到积极的认可而加强赫拉原型。

有证据表明,赫拉可能不仅仅是父权制文化的产物——一种贬低女性的文化,除非她被男性选中(男性越有权势越好)——许多女同性恋者也有类似的动机。她们中的很多人同样渴望能有一个伴侣,同样需要忠诚,同样期望伴侣能使自己得到满足,同样迫切希望通过举行仪式让外界承认她们的关系。能够肯定的是,化身赫拉的女同性恋者并不是在对文化压力或家庭期望做出回应,因为这两者都倾向于谴责而不是支持她们的关系。

做出承诺的能力

赫拉原型提供了与伴侣建立纽带、对彼此忠诚、一同忍耐和经受困难的能力。当赫拉是一种动力来源时,女人的承诺就是无条件的:对她来说,一旦结婚,就意味着"无论好坏"都要保持这种状态。

没有赫拉,一个女人可能会经历一系列短暂的关系,当不可避免的困难出现,或者令她坠入爱河的魔力消退时,她会放下过往继续前进。她可能永远不会结婚,对自己的未婚状态感觉良好。她可能也会结婚,但并没有以赫拉的方式与自己所嫁的男人建立联结。

当女性在没有赫拉的情况下结婚时，"就会缺失某些东西"。我的一个病人就是这样形容自己的婚姻的。她是一位 45 岁的摄影师，与她的丈夫缺乏深厚的联结。"我很喜欢他，而且一直是个好妻子，"她说，"但我常常认为一个人住更适合我。当我在的时候，如果有女人和他调情，他有时会鼓励她们——我想是为了我好。他希望我会嫉妒，然后他会因为我不生气而生气。我想他在怀疑自己对我来说并不重要——真相的确如此。我骨子里真的不是一个忠实的妻子，尽管作为妻子我的行为是无可非议的。"对他们来说，可悲的是，即使在结婚 20 年后，赫拉也不是一个活跃的原型。

神圣的婚姻

婚姻有三层意义，其中两层意义分别是满足了人们想成为伴侣以及作为夫妻被外界认可的内在需求。婚姻原型也表现在神秘的第三层意义上，即通过"神圣的婚姻"来追求完整性。强调婚姻神圣本质的宗教婚礼——其特征是一种精神上的结合或者可以传输恩典的圣礼——是赫拉神圣仪式的当代重演。

能够洞察到赫拉原型神圣的一面，得益于我的直接经验。我是作为一个温和的新教徒被抚养长大的。我们的宗教仪式中没有神秘或魔法。领圣餐只不过是使用万尔希公司生产的葡萄汁举办的纪念活动而已。因此，当我发现在旧金山格雷斯大教堂举行婚礼是一次令人惊叹的内心体验时，我既出乎意料又深受感动。我觉得自己正在参与一个能够召唤神圣存在的强大的仪式。我有一种感觉，自己似乎正在经历某种超越普通现实的神秘体验，而这正是原型体验的特征。当我背诵我的誓言时，我觉得自己好像在参加圣礼。

当神圣的婚姻发生在梦中时，其强度会发生变化。人们记住的是这种体验的奇妙之处。人们经常使用电场或能量场解释他们与梦中的神圣伴侣结合时所产生的感受。象征着男性和女性心灵结合的梦是一种有关完整性的体验。当做梦者被神圣的伴侣拥抱时，会产生一种混合着情欲、狂喜与结合的感觉。梦是"超自然的"，这意味着它对做梦者有一种难以言喻的、神秘的、神圣的情感影响。做梦的人醒来时激动异常："对我来说，这场梦比我醒来时的感觉更真实。我永远不会忘记它。当他抱着我的时候，我感觉很棒。这就像一场神秘的重聚。我无法解释：它在激动人心的同时，还让我产生一种深深的平静感。这个梦是我生命中的一件大事。"

这种神圣的婚姻带给做梦者的纯粹的内在体验，让她感受到自己是完美或圆满的赫拉。这通常会让她成为伴侣的愿望和结婚的需求平静下来。

被抛弃的女人：消极的赫拉模式

女神赫拉没有对宙斯毫不避讳的不忠表示愤怒。被他拒绝以及被他的婚外情羞辱时所感受到的痛苦，被她转化为报复性的愤怒施加在另一个女人或宙斯的孩子身上。赫拉原型使女性倾向于将责任从她的伴侣（她在情感上依赖的人）身上转移到其他人身上。赫拉女性对丧失和痛苦的反应是愤怒和行动（而不是像德墨忒尔和珀耳塞福涅那样陷入抑郁）。在我的分析工作中，我发现报复是一种心理上的花招，它让赫拉女人感到强大而不是被拒绝。

简·哈里斯（Jean Harris）是被抛弃的赫拉的当代化身。这位高傲的马德拉学校校长因谋杀了她的长期情人、斯卡斯代尔饮食法（Scarsdale Diet）的开发者赫尔曼·塔诺弗（Herman Tarnover）博士而被判有罪。哈里斯因塔诺弗偏爱一位更年轻的对手而感到嫉妒，她认为后者的教养、受教育水平和阶层都比她低。在塔诺弗死前她写给他的一封长信中，她对另一个女人的强烈仇恨显露无遗，之后她被判犯有谋杀罪。她写道：

> 你一直是我生命中最重要的事物，是我生命中最重要的人，这一点永远不会改变。你通过威胁要驱逐我牢牢地掌控了我——你知道我无法忍受这种小伎俩的威胁——所以当你和一个几乎彻底摧毁我的人做爱时，我一个人待在家里。我一次又一次地被公开羞辱。

尽管哈里斯有成就和声望，但她坚信，没有塔诺弗，她一文不值。她坚定地认为这场谋杀是意外。哈里斯以赫拉的身份所说的话的确可能是真心的，因为她无法想象没有他的生活，就像赫拉从来没有让宙斯对他的风流韵事负责一样。

培养赫拉

一些女性在中年早期意识到自己需要更像赫拉一些，这时她们已经有了一系列关系，或者太过专注于自己的事业，以至于婚姻从未成为优先事项。到目前为止，她们或者顺应了阿佛洛狄忒从一种关系转移到另一种关系的倾向，或者顺应了珀耳塞福涅逃避承诺的倾向，又或者像阿尔忒弥斯和雅典娜一样专注于实现目标。也许，女神们的目的是不同的，一个女人所选择的男人可能会使其想要成为伴侣的欲望化为泡影，因为这个选择受到了其他女神的影响。

当结为伴侣不是出自一种强烈的本能时，它需要被有意识地培养出来。而这通常只有在女性看到有必要做出承诺、愿意遵守承诺，并且有机会这样做时才有可能实现。如果她爱上一个需要或要求她忠诚的男人，那么她必须做出选择。她必须下决心制止阿佛洛狄忒的滥情、阿尔忒弥斯的独立，并支持赫拉。有意识地决定成为赫拉妻子，可以增强女性与原型的联系。

如果与不想结婚的男人交往会使得一个女人无法成为妻子，那么她需要对自己所吸引的男性类型以及从他们那里得到的待遇祛魅。她还需要重新评估自己对那些具有传统价值观的男性的态度，因为她可能对这些想要结婚和成家的男人存有偏见。当她心目中理想男人的形象变成能够做出承诺的男人时，就有可能实现赫拉想要成为妻子的冲动。

作为女性的赫拉

现代的赫拉很容易被认出来。当光芒四射的新娘沿着过道走向等待的新郎时，她是快乐的赫拉，在期待着梦想成真。作为被背叛的妻子，当她发现丈夫有外遇并对另一个女人大发怒火时，她是泼妇赫拉。赫拉女人体现在无数"夫人"

身上——她们通常在婚前或至少在订婚之前是处女，然后做了几十年的忠诚妻子，直到成为靠低保生活的寡妇。

一个赫拉女人乐于让丈夫成为自己生活的中心。每个人都知道她的丈夫在她心中是第一位的。赫拉女人的孩子很清楚她的世界是如何运转的：最好的总是留给丈夫。其他人很快就明白了这一点：在她把他安排好之前，其他人都会被她"搁置"起来。

很多遵循赫拉模式的女性都具有主妇的气质，会被大家认为"大概率已经结婚了"。和许多其他女性一样，赫拉只是她们个性的其中一个方面。从表面看，她们看起来可能不是赫拉女性，但当人们逐渐了解她们时，会意识到对她们而言，赫拉是一个非常熟悉的内在人物。

早年

在四五岁的时候，小赫拉可能会玩"过家家"——她把玩伴带到门口说："你来当爸爸，去上班吧。"她像个大人一样忙忙碌碌，把一份由青草沙拉和泥巴馅饼组成的晚餐放在桌子上，期待着一天的重头戏，即等他回家坐下来吃晚饭。（相比之下，对小德墨忒尔来说，做妈妈是头等大事，所以她会用玩具马车推着她的洋娃娃，花几个小时给她穿衣、喂食，最后把她的"婴儿"放在床上。）

但是到了六七岁，当男孩子和女孩子分开玩游戏，而且大多数小女孩都认为大多数小男孩"很讨厌"时，要找到男孩玩"过家家"几乎是不可能的。虽然在一年级有些孩子会不时地"成双入对"，但通常来说，当孩子们再长大一些开始确定关系时，赫拉才会再次出现。

父母

赫拉的父母是克罗诺斯和瑞亚，即一个由于担心孩子可能会推翻他，便将孩子吞进肚子里的冷漠的父亲，以及一个无法在父亲面前保护孩子的无能为力的母亲。克罗诺斯和瑞亚为我们描绘了一幅关于父权制婚姻的消极、夸张的画面：这位丈夫是一个强大、专横的男人，不会容忍来自子女的竞争，也不会允许自己的妻子有任何新的兴趣。妻子通过对他隐瞒秘密和使用欺骗手段来被动地抵抗。在这些被吞下的兄弟姐妹中，赫拉是唯一一个有两对父母的。当她从父亲那里被解放出来，就有了两个自然神作为养父母，并在一个恬静闲适的环境中长大。

两对父母呈现的主题——或者说两种婚姻模式——是许多赫拉女性所熟悉的。在一个不太理想的家庭环境中，其他孩子对婚姻感到悲观或愤世嫉俗，但年轻的赫拉却坚信理想婚姻的存在并积极寻找这样的婚姻，并将它视为摆脱糟糕家庭的一条出路。在更幸福的环境中，赫拉女儿能够从父母稳定的婚姻中看到自己想要的东西。

青少年和成年早期

如果处于稳定的关系中，青春期的赫拉会感到非常满足。她是那个自豪地将男朋友的戒指挂在脖子上的女孩，梦想着一场盛大的婚礼，并不断地在笔记本上写着"鲍勃·史密斯夫人""罗伯特·史密斯夫人""罗伯特·埃德温·史密斯夫人"。

拥有一段稳定的关系对她来说至关重要。如果她就读于一所注重地位的富裕的郊区高中，那么他是谁——班级代表、校队的橄榄球运动员、高级俱乐部的成员——就变得很重要。如果她在市中心的学校就读，那么构成对方身份、地位的要素可能会有所不同，但模式是一样的。她寻求与一个地位很高的年轻人交往，并渴望从这段关系中获得情感上的安全感。一旦成为受人瞩目的情侣的一员，她就会安排四人约会和派对，像赫拉一样站在奥林匹斯山上，从高处蔑视那些没能成双入对的凡人。这个模式会贯穿她上大学及以后的日子。

为了尽快"过家家"，一些赫拉女性确实会在念高中时或高中一毕业就结婚。但大多数高中生的恋情最终都破裂了，而这第一段严肃感情的结束，通常也意味着年轻的赫拉女性第一次受到严重的感情创伤。

赫拉将上大学视为寻找伴侣的机会。如果她聪明能干，那么她往往会在大学里表现出色，只是她会让那些以为她会认真地对待自己的才能的老师失望。对于赫拉女性来说，教育本身并不重要。这可能只是她所期望的社会背景的一部分而已。

由于寻找婚姻伴侣是她上大学的目的，所以，如果没能找到一个丈夫，她的焦虑会随着时间的推移而增加。作为一名 20 世纪 50 年代中期的大学生，我记得那些没找到对象的赫拉女性在大三时变得越来越焦虑，而在未订婚的大四学生中，则笼罩着一种绝望的氛围——她们觉得自己注定要成为老处女了。亲戚问的一些唐突的问题——"你打算什么时候结婚？"——非常令人痛苦，原因就在于未婚的赫拉女人内心所感到的空虚和缺乏意义，被同样重视婚姻的其他人的期望放大了。

工作

对于赫拉女性来说，工作和上大学一样，都是生活的次要方面。无论她的教育、事业、职业或头衔如何，当赫拉是女性心灵中的一股强大力量时，她的工作就都只是她所做的事情而已，并不是她身份认同的重要组成部分。

赫拉女性可能非常擅长自己所做的事情，也可能会获得认可和进步。然而，如果她没有结婚，这一切对她来说似乎都不算什么——不管成就如何，在她看来，在婚姻这个真正重要的尺度上，她都是一个失败者。

那些在工作领域表现出色的女性内心通常也有其他女神存在。然而，如果赫拉是她最重要的模式，那她并不会觉得自己的工作具有重大意义。如果她已结婚，她自然会将自己的事业置于丈夫的事业之下，并会根据丈夫的需要调整工作时间和晋升机会。只有从表面看时，赫拉女人才像是处在双职工婚姻中：实际上，她的婚姻才是她的事业。

在这个通常需要两份薪水的双职工时代，许多有工作的妻子都是赫拉女性。然而，这样的赫拉女性总是说："你往哪里去，我也往那里去。"[1] 她不会提出暂时"分居"，比如其中一个人在周末通勤。她也不会坚持认为自己的事业和他的事业一样重要。要想让她看重自己的事业，另一位女神必须发挥作用。

---

① 这句话的原文出自《圣经》。——译者注

与女性的关系：互相抛弃

赫拉女人通常不太重视与其他女人的友谊，也没有最好的朋友。她更喜欢和丈夫在一起，和他一起做事。如果她真的与一个女性有亲密而持久的友谊，那么一定是其他女神在发挥作用。

如果未婚，她觉得当务之急是找到适合结婚的男人。如果需要去那些女性独自一人待着会觉得不舒服的地方，比如酒吧，那么她可能会和另一个女人结伴同行。然而，一旦建立了稳定的亲密关系，她就很少有时间陪伴单身的女性朋友，甚至可能会结束与她们的友谊。

赫拉女性会很自然地保持一种在某些女性中很常见的社会习俗，即如果男人约她出去，她就会取消之前与女性朋友见面的约定。一旦她结婚，这种安排甚至会延伸到终止与女性朋友的友谊。

已婚的赫拉女性视其他已婚女性为一对夫妇的一半。她要么会因为她的丈夫对单身女性表现出哪怕一丝丝关注而觉得她们具有威胁性，要么会因为觉得她们是没有男人的女人而忽视她们。婚后，她的社交活动几乎都是作为夫妻一起进行的。当一个已婚的赫拉女性与其他女人一起做事时，通常与她丈夫的职业或他的活动有关。女性的辅助作用使得这种趋势成为惯例。在某些组织中，丈夫的地位通常决定了妻子的选举职位。在选举这样一个组织中的官员时，赫拉女性不可避免地会考虑其丈夫的地位。

对于赫拉女性来说，当她们在充满夫妻的场合中与其他女性接触时，女性之间的联系往往更像一种友好的联盟，而不是一种个人的友谊。因此，在多年的频繁社交后，当朋友不再有另一半作陪时，赫拉女人很容易放弃这些离婚或丧偶的"朋友"。赫拉女性的互相抛弃强化了她们内心的信念，即没有丈夫，女人什么都不是。许多悲苦的寡妇搬到了阳光充足的地方——并非为了享受好天气，而是出于愤怒和自尊，因为她们发现，曾经亲密的朋友圈子里不再有自己的位置了。

与男性的关系：对完满的期望

当女神赫拉在希腊神庙中被崇拜以及宙斯和赫拉的婚姻经由仪式缔结时，宙斯被称为宙斯·特雷欧斯，意思是"带来圆满的宙斯"。一位当代赫拉女性也会在丈夫身上寄托一种原型的期望，即他会使她完满。

一个赫拉女人会被一个有才能的、成功的男人吸引，而如何定义这样的男人，通常取决于她的社会阶层和家庭背景。饥饿的艺术家、敏感的诗人和天才学者并不适合她。赫拉女性对因艺术或政治原则而受苦的男性不感兴趣。

然而，有的时候，赫拉女性似乎很容易被某些特质的组合影响，这些特质曾经征服赫拉本人。宙斯先将自己变成一只颤抖的鸟来接近赫拉，然后才显露出自己作为主神的模样。赫拉女人所嫁的男人，往往都是这种需要温暖的可怜的小动物（这种温暖由她提供）和强大的男人的组合。许多在这个世界上非常成功的男人，就像宙斯一样具有一种吸引人的、情感上不成熟的小男孩元素。当这种元素与对其有极大吸引力的强大能力相结合时，就会触动赫拉女人。他可能缺乏亲密好友，可能不知道他人私下里的悲伤，也可能没有发展出同理心。

男人在情感上的不成熟也导致他所寻求的是变化，而不是与女人的深度关系，继而使得他有发生婚外情的倾向，而这是赫拉女人无法容忍的。他可能是一个在去其他城市出差时愉悦地享受一夜情的商人。他享受与一个新结交的女人发生性关系所带来的征服感和兴奋感，认为他妻子不知道的事情伤害不到她。他讨厌谈论这种关系，也不想因为他的所作所为引发冲突，所以一个赫拉女性会避免这两者的发生。

如果一个赫拉女人嫁给了一个像宙斯这样骨子里是花花公子和骗子的男人，而且如果她轻信他的话（这是想要安心的赫拉女人的典型特征），那么她将会反复受到伤害。许多赫拉女性是有缺陷的，因为她们难以对潜在的性格进行评估，也很难去了解行为模式。在对人进行评估时，这些女性感知到的只是表面的东西，而不是潜在的可能性（比如在看一栋待售的房子时，她看到的只是房子当前的模样，而不是它过去的样子或可能变成的样子）。最后，赫拉女人的失望和痛苦，与她对成就的原型期望和现实之间的差异成正比，而且这个差距可能会很大。

性

一个赫拉女人会认为性和婚姻是分不开的。因此，她在订婚或结婚之前可能会一直保持童贞。没有婚前经验的她，依靠丈夫来唤起自己的性欲。但如果他不这样做，她仍然会定期与丈夫发生性关系，因为她认为这是自己作为妻子的角色的一部分。尽职尽责的性行为这个概念可能首先出现在了赫拉女性身上。

赫拉女人在结婚之初没有高潮并不罕见。至于这种情况在多年后是否依旧保持不变，则取决于在婚姻中阿佛洛狄忒式原型是否被激活。

婚姻

赫拉女士认为婚礼是自己一生中最重要的一天。在这一天，她获得了一个新姓氏。（她从不保留自己的姓氏——她认为这是她的"娘家姓"。）她现在成了妻子，这满足了她从记事起就感受到的一种驱动力。

对于许多赫拉女性来说，美国中部是一个如鱼得水的环境。丈夫和妻子会共度周末和假日。丈夫出去工作，然后定期回家吃晚饭。他的朋友都是男性，他们可以一起消磨时光。他尊重他的妻子，希望她能做好妻子的分内工作，并假定他的婚姻可以持续一辈子。他们的日常生活、形影不离的社交生活以及各自所扮演的角色都有助于巩固婚姻，也能够为赫拉女人提供满足感。

另一种适合赫拉女性的环境是在公司里的生活。她可以和丈夫一起在公司晋升，换个城市工作，或者再上一个台阶，轻轻松松地把那些上升得不那么快的人甩在后面。因为与丈夫的纽带是她重要的意义来源，而且因为她与他人的关系很脆弱，所以和他一起搬家对她来说是件很容易的事。相比之下，拥有深厚友谊的女性每次搬家都会遭受失落和孤独，对于那些很看重自己的工作，并且每次搬家都必须重新开始的女性来说也是如此。

一个赫拉女人的幸福状态取决于丈夫对她的忠诚，取决于他对婚姻的重视，以及他对她作为妻子的欣赏。但是，吸引她的是那些成功的人，而他们中的许多人之所以成功，是因为他们全身心地投入工作，甚至与工作"结婚"了。因此，她可能会发现，尽管她结婚了，尽管婚姻中从未存在性方面的不忠，她还是不快乐。当婚姻对自己的丈夫来说不是很重要时，自然不能令她满意。

在当代宙斯式的丈夫眼中，婚姻主要是其社会形象的一部分。他与和自己处于相同社会阶层或更高阶层的女人结婚，并且可以在他需要时与她一起出现。这种安排对他来说可能只是一场功利的婚姻，而对她来说却是一场个人灾难。如果其他原型在她身上占主导地位，她也许可以接受徒有其表的婚姻，但一个赫拉女人会因他的缺席而受伤。他经常全神贯注于其他利益，而这通常会涉及权力，例如商业交易和政治联盟。他不会与她分享自己的担忧，因此，她的内心会感到一种情感上的空虚。

她可能会尝试通过一系列社交活动来展示一种完美夫妻的公众形象，以此弥补（或掩埋）这种空虚感。许多在社会上知名的夫妻也是这样做的：他们常常在诸如歌剧开幕之夜或医院赞助的舞会等活动中露面。但是，他们在公共场合中所呈现的亲密无间，却在私下里消失了。当然，这种功利的婚姻并不局限于任何特定的阶层，在所有社会阶层中都可以找到这样的婚姻。

尽管对婚姻不满，但在所有女神类型中，赫拉女人最不可能提出离婚。像被羞辱被虐待的赫拉女神一样，赫拉女人可以忍受恶劣的待遇。她发自内心地觉得自己是已婚的。她觉得离婚是不可思议的——哪怕离婚真的发生在自己身上。

如果她的丈夫想为了别人而离开她，并如实告知她，那么一个赫拉女人会非常抗拒去听他在说什么。婚姻对她来说是一种原型体验——在她看来，自己永远是一名妻子。即使离婚成了既定事实，赫拉女性仍然可能认为自己是已婚的，并且每次被提醒自己其实并不是已婚状态时，她都会再次遭受折磨。这种反应给别人带来麻烦，也给自己带来痛苦。

她可能会花费许多时间在精神科与困境作斗争，这些困境可以追溯到婚姻（或赫拉）在原型层面对一个女人实施的控制——即便她的婚姻已经结束。在我的临床工作中，曾看到赫拉对所有相关人员造成的影响。例如，患者也许是离异的赫拉女人，她在痛苦和愤怒之间摇摆不定，觉得自己仍然是法律意义上的妻子。病人也可能是前夫，他每天都被前妻的电话骚扰。病人还可能是充满怨恨的新婚妻子，对前妻不停地闯入他们的生活、坚持在账单和其他文件上使用前夫的名字所造成的混乱感到愤怒。

孩子

赫拉女人通常是有孩子的，因为这个功能是她作为妻子角色的一部分。然而，除非德墨忒尔也是一个重要的原型，否则她不会有太多母性本能。而且除非阿尔忒弥斯或雅典娜也在场，否则她也不喜欢和孩子们一起做事。

如果一个赫拉女人有孩子，并且不能产生一种原型的母子关系的话，那么她的孩子会感觉到她的失败，即缺乏爱和保护。即便她是一名全职的母亲，并且经常出现在他们的生活中，他们也会感到缺失亲密感，而且在情感上觉得被遗弃了。

当一个赫拉女人必须在丈夫与孩子之间做出决定时，她通常会牺牲孩子的最大利益来留住丈夫。我经常在临床工作中与那些在传统的家庭结构中长大的年轻人交流。在这样的家庭中，父亲往往是一家之主，是养家糊口的人，也是暴君。这类患者觉得母亲对他们很支持，也尽了养育的责任，但母亲从未充当过丈夫与孩子之间的缓冲带。无论父亲多么不讲道理或失控，孩子们总是不得不独自对抗他。

起初，在这些患者的心理分析中，他们回忆起童年的痛苦时刻时，会觉得与父亲相处的困难是最显眼的。有时，他们觉得有必要去面对现在的父亲，而且，如果可能的话，他要承认过去发生的事情并向他们道歉。在这个时候，他们的母亲所扮演的角色渐渐被察觉。

有一位患者是30多岁的职业女性，她的整个青春期都在与父亲打架，她说："我所做的一切都不够好。在他眼里，我要么是痴心妄想，要么是没能力——不管真相是什么，他都把我打倒了。他嘲笑那些对我来说很重要的事物，有几次甚至破坏了我所看重的东西。"她希望自己的成就能够得到他的认可——她拥有一个专业学位，也拥有自己的事业。她还想让他知道，他的行为曾经造成了多大的破坏。

有一天，她打电话给父母——他们总是待在一起。像往常一样，他们在不同的分机上接电话（她不记得与他们中的任何一位单独交谈过）。她对父亲发表了意见，尤其强调说自己有"重要的事情"要告诉他，希望他能在不打断她的情况下倾听。她详细诉说了过去的不满，没有感到不安或生气。令她吃惊的是，他真的按照她的要求去做了——只是倾听。然而，她母亲的反应很大，就像听到了女儿的辱骂："你没有权利这样和你父亲说话！"当母亲这样介入时，正好让女儿了解到她一直以来所扮演的角色。

母亲的反应是典型的赫拉式反应。她忠诚地站在丈夫这边。一个孩子怎么胆敢对抗他！他是宙斯，是绝对的统治者。一个孩子怎么胆敢让他难受！他太脆弱了，就像那只需要赫拉的温暖和保护的颤抖的鸟一样。

中年

赫拉女性的中年生活是否充实，取决于她是否已婚，以及她嫁给了谁。如果赫拉女性处在稳定的婚姻中，丈夫已经取得了一定程度的成功和地位并且能够欣赏和尊重自己的妻子，那么这就是她们最好的年纪。相比之下，未婚、离异或丧偶的赫拉女性是悲惨的。

人到中年，婚姻常常会承受一些压力，而赫拉女性往往不能很好地处理这些压力。当婚姻遇到麻烦时，一个赫拉女人经常会因为自己的占有欲和嫉妒心而将情况变得更糟。如果她头一次在婚姻生活中了解到或怀疑另一个女人的重要性，那么一种前所未有的报复心可能会全方位地、难堪地显现出来，进一步危及对她来说无比重要的婚姻。

晚年

对于从少女赫拉转变为完美者赫拉的赫拉女人来说，成为寡妇赫拉是其一生中最艰难的时期。数百万比丈夫长寿的女性正处于这个位置。丧偶后，赫拉妇女不仅失去了丈夫，还失去了妻子的角色，这个角色曾为她们提供意义感和身份认同感。如今，她们觉得自己微不足道。

在丈夫去世时，一个没有发展自己其他方面特质的赫拉女人，可能会从哀悼变成慢性抑郁、漂泊无依和孤独。这是她之前局限的态度和有限的行动导致的结果。赫拉女人总是把丈夫放在第一位，通常不会特别亲近自己的孩子。她没有好朋友，她的社交生活是以夫妻的身份做所有事情。而且，如前所述，她可能会发现自己被曾经的社交圈子淘汰，就像她自己倾向于放弃与其他单身女性的友谊一样。

这时，寡妇赫拉的生活质量取决于其他女神的存在以及她本人的经济状况。一些赫拉女性永远无法从失去丈夫的打击中恢复过来。

那些幸运的赫拉女性能与丈夫一起步入老年，共同庆祝金婚纪念日。她们是受祝福的女性，能够实现赋予她们生活意义的特定原型。

心理困境

赫拉对许多女性的生活产生了不可否认的影响。其他一些女神在生活中产生积极作用时也许不那么令人满意，但在消极作用方面，所有女神的破坏性都比赫拉小。因此，对于赫拉女性来说，去了解应对原型有多困难尤为重要，因为赫拉可以成为一股令人难以抗拒的力量。

向赫拉认同

对于一个女人来说，"像赫拉一样"生活就等于认同妻子的角色。这个角色是会提供意义和满足感，还是会导致痛苦和愤怒，取决于婚姻的质量和男人的忠诚度。

当本能冲动没有得到满足时，找个男人是赫拉女性的当务之急，而没有伴侣是她悲伤的主要来源。在寻找伴侣的同时，她经常忙于上学或工作、交朋友、到处走走——无论做什么，她都希望能找到丈夫。

一旦结婚，赫拉女人往往会限制自己的生活，顺从自己的角色和丈夫的利益。如果他在完成学业期间需要她的经济支持，她就会去工作。如果他想要一个全职妻子，她就会辞职或放弃学业。如果她也有工作，那么她愿意为了他搬家。通常，她并不去维持婚前建立的友谊，也不保持认识丈夫之前的那些兴趣。

一个娶了赫拉女人的男人可能会发现，在婚礼之后，她不再是他所娶的那个女人了。在对自己加以限制以适应妻子的角色之前，她有更广泛的兴趣。即使是婚前性行为，可能也比婚后好得多。性行为的变化并不少见，也许能追溯到新婚之夜。当赫拉女人结婚时，所有其他女神的影响力可能都会急剧下降。

赫拉女人婚后可能也会容光焕发——光芒四射的新娘成为幸福的妻子。如果她的丈夫是一个爱她的忠诚的宙斯，那么婚姻将是她生活中一个非常有意义的中心。尽管其他女神所代表的意义总是次于作为妻子的角色，但其他女神的特质也有可能得到表达。

赫拉女人是否会在婚后限制自己的活动并将自己局限在作为赫拉的角色中，取决于原型的强度、她人格的其他方面在婚前发展得有多好，以及她丈夫是否能够给她支持以超越赫拉。占有欲强的、嫉妒的丈夫希望妻子遵从他们的要求，像赫拉原型一样行动，从而使得一个女人不得不只做赫拉。

期待落空

当一个女人认同赫拉时，常常会假设她和丈夫能够因婚姻而发生转变，不自觉地期待她的丈夫成为宙斯·特雷欧斯——"使人完满"的宙斯。婚礼结束后，她可能会感到一种深深的、非理性的失望，可能会觉得他欺骗了她，就好像他曾经隐晦地承诺了一些他没有兑现的东西。然而，事实上，罪魁祸首并不是他，而是她投射在他身上的宙斯·特雷欧斯式的原型期望。

许多赫拉女性会将理想化的丈夫形象投射到一个男人身上，当他没有达到期望时，她就变得挑剔、不满和愤怒。当她敦促他改变时，可能会变成"泼妇"（荷马对女神赫拉的看法）。另一种类型的女人可能一开始就对这个男人看得更清楚，并不期望婚姻能改变他，所以她们也许能够离开他。

夹在原型和文化之中

通过原型和文化的共同作用，赫拉女性可能会被推进婚姻中，同时也被困在那里。按照贝蒂·弗里丹（Betty Friedan）的描述，原型得到了女性神秘性的支持，或者想要"通过他人获得完满"。这两种力量都隐晦地承诺了一种童话般的结局——他们从此过上了幸福的生活。一旦结婚，一个赫拉女人便会感到被束缚（比任何其他类型的女人都更明显）——这束缚有好有坏。当束缚是"坏"的时，赫拉原型通常会在文化的支持下，反对她摆脱一段糟糕的婚姻。宗教信仰和家庭期望往往"合谋"，让女人与酗酒者或家暴者继续纠缠在一起。

被压迫者或压迫者

很明显，向赫拉认同的后果证实了这种原型会压迫女性。未婚的赫拉女人可能会觉得自己是不完整的和失败的，也许她会被推入一段糟糕的婚姻。已婚女性可能无法离开糟糕的婚姻，也许会受到婚姻的负面影响。她可能会变成一个唠叨的、不满的女人，当她的丈夫没有达到赫拉的期望时，她会感到痛苦。而如果她的丈夫不忠，或者在她的想象中他是不忠的，那么她可能会变成一个愤怒的、受伤的、嫉妒的妻子。她可能无法摆脱对她造成极大伤害的婚姻。

赫拉女神比除德墨忒尔（她所遭遇的是另一种不同的痛苦）外的所有女神都遭受了更多痛苦。但她也报复性地迫害过他人，因此她是所有女神中最具破坏性的一位。正如当代女性所表达的那样，赫拉的压迫性可以体现为对他人的评判态度，也可以体现为明目张胆地搞破坏。

赫拉女人会评判其他女性并惩罚她们——通常是通过孤立、排斥她们和她们的孩子来进行——因为她们没有满足赫拉的评判标准。这样的女性是社会仲裁者。她们尤其对阿佛洛狄忒式充满敌意。只要有可能，她们就会排斥那些被男性围绕的有吸引力的、性感的女性，以及离婚女性和性活跃的单身女性——这些女性可能会吸引她们的伴侣，因此在她们看来具有威胁性。但她们的评判主义也延伸到了那些对她们没有威胁的女性身上，比如，关于未婚母亲应享受的福利以及该如何对待强奸受害者，她们都抱着一种批判的态度，缺乏同情心。对于赫拉来说，唯一真正可以接受的角色是作为成功男人的妻子。

在我开始将自己当作女性主义者一段时间之后，我发现当我和丈夫一起参加活动时，潜意识里有一种贬低其他女性的赫拉模式。我的这个"领悟"时刻发生在当我与他一起参加聚会时，我发现自己会寻求其他夫妻的陪伴，避免与"没有成双入对"的女性交流，而当我独自一人时，偏偏又喜欢与这些女性相处。当我看到这种特殊的赫拉模式时，我为自己的非女性主义行为感到羞愧。同时，我很不好意思地意识到，我以前会觉得自己比赫拉女性优越，而事实上，赫拉的消极方面也是我的一部分。在那之后，我可以充分地选择要与谁共度时光。在我发现尽管我很早就摒弃了"夫人"的称号，但我和"夫人"还是有一些共同点之后，我也摆脱了之前的批判态度。

美狄亚综合征

"美狄亚综合征"这个词恰如其分地描述了怀有报复心的赫拉女人如何在感到被背叛和被抛弃后为了复仇而走极端。美狄亚（Medea）神话是一个隐喻，描述了赫拉女人将自己对男人的承诺置于一切之上的能力，以及当她发现自己的承诺在他眼中一文不值时自己的报复能力。

在希腊神话中，美狄亚是一个凡人女性，她杀死了自己的孩子以报复离开她的男人。她是一个"临床案例"，代表了那些被赫拉的破坏性一面所附身的女人。

美狄亚是科尔基斯（Colchis）国王的女祭司和女儿。伊阿宋和阿尔戈英雄们所寻找的金羊毛就属于这个王国。因为金羊毛被保护得很好，所以伊阿宋需要一些帮助才能偷走它。他的守护神赫拉和雅典娜说服阿佛洛狄忒，让美狄亚爱上了伊阿宋，帮助他偷走了金羊毛。伊阿宋恳求美狄亚帮助他，承诺他会娶她，也承诺要一直与她在一起，"直到死亡的厄运将我们包围"。因此，出于对伊阿宋的激情和忠诚，美狄亚帮助他偷走了金羊毛。但这样一来，她就背叛了自己的父亲和国家，也导致了自己兄弟的死亡。

伊阿宋和美狄亚在科林斯（Corinth）定居并育有两个年幼的儿子。作为外国人，美狄亚的地位类似于事实婚姻者（common-law wife）[①]。后来，机会主义者伊阿宋抓住机会娶了科林斯国王克瑞翁（Creon）的女儿格劳斯（Glauce）。作为结婚的条件，伊阿宋同意流放美狄亚和他们的孩子。

美狄亚因他的背信弃义而受到伤害，并因她为他所做的所有牺牲都化为乌有而感到羞愤，所以她开始杀人。首先，她给了格劳斯一件毒袍。格劳斯穿上毒袍后就像一枚凝固的汽油弹，最终烧死了自己。接下来，美狄亚在对孩子的爱和复仇的愿望之间陷入了冲突。经过一番挣扎后，愤怒和自尊心胜出了，为了报复伊阿宋，她杀害了他们的孩子。

美狄亚的所作所为残酷暴虐，但她显然是自己对伊阿宋的强烈爱意的牺牲品。虽然有些女性在被拒绝和唾弃后可能会变得抑郁甚至自杀，但美狄亚却积极策划并实施了报复。她与伊阿宋的关系是她生活的中心。她所做的一切，要么是因为爱他，要么是因为失去了他。一切的一切都源于她想要成为伊阿宋的伴侣，她为这个念头痴迷并被它牢牢掌控，最终被逼得发疯。她的病态根植于赫拉强烈的本能和她感受到的挫败。

虽然，幸运的是，美狄亚神话很少在现实中重演，但在隐喻层面它们相当普遍。当一个女人通过赫拉和阿佛洛狄忒的双重干预与一个男人建立关系时，就像发生在美狄亚身上的那样，她的交配本能以及她对他的激情会迫使她将这种关系置于其他一切事物之上。她将离开她的家庭，背叛家庭的价值观，并在必要时与家庭"断绝"关系。许多女人就像美狄亚一样，相信婚姻所承诺的永恒奉献，并为她们的男人做出巨大的牺牲，结果却被肆无忌惮、野心勃勃的伊阿宋利用和抛弃。

当一对夫妇重演美狄亚和伊阿宋的戏剧冲突时，她可能不会真的去烧伤和撕碎另一个女人，但她经常幻想或尝试类似的情感报复。例如，美狄亚式的女人可能会用谎言破坏另一个女人的名誉，甚至可能真的去伤害她。

[①] 在美国有些州，同居多年的情侣可被承认为事实婚姻关系，他们被称为事实婚姻者。——译者注

如果（再次与美狄亚和伊阿宋的神话作对应）她的报复心大于她对孩子的爱以及她想为他们好的心，她可能会破坏他们与他的关系。她可能会把孩子们带走，这样他就见不到他们了。或者，她也可能将他对孩子们的探视变成创伤性事件，以至于他不得不放弃与他们保持联系。

请注意，在她最具破坏性的时候依然保持了赫拉特性，即美狄亚并没有杀害伊阿宋。同样，充满敌意、被唾弃的赫拉对他人的伤害往往远大于她对那个离开她的男人的伤害——尤其是她还伤害了他们的孩子。

成长方式

识别出赫拉的影响并理解她的敏感性是超越她的第一步。许多女性在回顾以前的关系时可能会意识到她们太想结婚了。如果赫拉占上风并且找到了机会，这样的女性会嫁给她高中时的稳定男友，或者在某个夏天邂逅的浪漫对象，甚至也可能嫁给任何她不太了解的男人。

当一个女人受到赫拉的影响时，她很可能会嫁给第一个向她求婚的体面男子，或者任何与她约过会的合适的男人，而不会停下来考虑对她来说什么才是最好的。如果聪明的话，她应该抵制婚姻，直到她对自己的未来丈夫足够了解。他有什么样的性格？他的情感成熟到什么程度？他准备好安定下来了吗？忠诚对他来说有多重要？作为一个人，她对他的真实感受是什么？他们的适配性如何？诚实地回答这些问题对赫拉女性未来的幸福至关重要。一旦结婚，她将依赖她所嫁的男人的性格以及他爱她的能力。他将决定她会成为谁——一个圆满的赫拉，还是一个狂暴的、幻想破灭的赫拉。

超越赫拉，拓展自我

虽然美好的婚姻是一个赫拉女人生命意义的主要来源，但将自己限制在妻子的角色中，意味着如果死亡或离婚将这一角色终结，她的成长和适应能力就会被束缚。

她可能会不知不觉地听从丈夫的选择来做事情和交朋友，并可能让他决定她将如何度过自己的人生。然而，她也完全可以渐渐意识到自己的模式是什么样的，并意识到她忽略了自己的其他方面，这样一来，她的生活以及婚姻都会变得更加充实。

在传统婚姻中，夫妻是一个整体的两部分；每个人都扮演着由文化所决定的角色。这种任务的专门化不利于每个人的完整性。任何被文化认定为"男性化"的东西都没有在女性身上得到发展。赫拉女人很容易陷入这种模式。她甚至可能会因为对汽车或数字一无所知，或者不知道如何与商界的人打交道而感到一种异样的骄傲——因为她的丈夫承担了这些工作。因此，如果这种模式被允许的话，赫拉也会限制女性的能力。但是女性完全可以停止被动地去应对，转而反思自己的婚姻模式。这样她就可以看到，她所扮演的角色说好听点是限制了她，说得更直白点则是在损害她。这种觉悟是她抵抗赫拉并超越这一模式的第一步。因此，一个赫拉女人必须有意识地、反复地与能令她超越妻子角色的其他女神结盟。

作为一种成长经历的婚姻

一个没有安全感的赫拉女人很容易陷入嫉妒。只要稍稍被挑衅，她就会怀疑丈夫不忠，并因丈夫在公共场合对自己的漠不关心而感到被轻视和被羞辱。如果丈夫没能很好地回应她，她要么会通过指控他使他疏远自己，要么会试图让他留心他对自己造成的伤害。其结果要么是婚姻会由此恶化，从而证实了她的恐惧，要么是夫妻双方会变得更加亲密。

她的丈夫也许可以试着以同情的态度回应她的需求，让她知道自己现在在哪里，而不是以怨恨和隐瞒来应对她。如果他能这样回应，她对他的信任就会增加。一位这样做的丈夫说道："现在我会让她知道我打算几点回家，如果出现意外，我会打电话给她，而不是让她任由嫉妒的恶魔摆布，这个恶魔会折磨她的想象力。"赫拉女人必须一遍又一遍地去决定信任谁——是内心多疑的赫拉，还是她的丈夫。为了成长，她必须抵抗赫拉，并且必须赞扬她丈夫的支持和忠诚。

将愤怒和痛苦转化为创造性的工作：赫菲斯托斯解决方案

当一个赫拉女人处于糟糕的婚姻中，或者必须努力摆脱深受伤害、心怀报复的赫拉时，赫拉的儿子赫菲斯托斯（锻造之神）的神话提供了一种可能的解决方案。他象征着一种潜在的内在力量，女神本人拒绝了这种力量，但赫拉女性仍然可以使用它。（赫拉偏爱她的另一个儿子战神阿瑞斯。阿瑞斯在战场上不受控制的愤怒与赫拉失控的报复心如出一辙。）

赫菲斯托斯被罗马人称为伏尔甘（Vulcan），在一座火山里有他的熔炉。他象征着一种可能性：火山的愤怒可以被遏制并转化为创造性的能量，来制造盔甲和艺术品。

一个被唾弃的愤怒的赫拉女人可以选择被自己的愤怒吞噬，也可以选择去控制自己的冲动并反思摆在自己面前的选择。如果她能意识到自己因愤怒和嫉妒而变得元气大伤和处处受限，她就可以将愤怒转化为工作——她可能会效仿赫菲斯托斯（他的妻子阿佛洛狄忒屡次对他不忠），成为一名女匠人。她可以用黏土工作，在窑里烧制东西，并在此过程中改变自己——在隐喻层面，她可以把情感之火转变为手工艺，而不是被消耗和摧毁。或者，她也可以将自己那强烈的感受倾注到绘画或写作中。任何形式的工作，无论是脑力劳动还是体力劳动，都可以作为升华愤怒的一种方式，而升华比让愤怒野蛮生长并摧毁自己要健康得多。

评估和解的可能性：现实与神话

一个赫拉女人需要知道，一旦一个男人离开她，她将很难相信这种失去真的发生了。在这种情况下，她很难接受现实，很可能会相信神话般的结局——他会像宙斯一样，想念她并回到她身边。赫拉女人承受不起忽视证据带来的后果，她需要接受现实而不是否认它。只有当她不再寄希望于最终的和解时，她才能哀悼、恢复并继续她的生活。

当男人因为另一个女人离开她时，许多赫拉女性希望他有朝一日能回来。在一个关于赫拉的神话中，这种和解确实存在，但也只是发生在她能够离开宙斯之后。如前所述，在神话中，宙斯去了她的山间静修所，并与一个伪装成女人的雕像举行了婚礼。赫拉被这一幕逗乐了，随后他们便和好了。

这里存在着两个重要的心理因素。首先，要想达成和解，赫拉必须比宙斯放下更多：放下希望他改变的愿望，放下受害的、报复的赫拉角色。其次，宙斯发现赫拉对他来说真的很重要，并将这个信息传达给了她。或许只有这样，赫拉才会被逗乐——因为她终于意识到，对他而言，从始至终都没有任何女人比自己更重要。他的每一件风流韵事（正如这尊雕像）对他来说都只是一个象征，而不是一段重要的关系。

虽然生活有时会模仿这种神话般的幸福结局，但大多数情况下并非如此。女人可能会看到，分离并没有改变丈夫的心——他没有回来。相反，他仍然与其他女人纠缠不清，或者因为离开她而松了一口气。既然如此，她就需要关注现实。只有这样，她才能完成哀悼并继续自己的生活。

自我循环

赫拉神话中有一个固有的可能性，即完成一个循环并重新开始。如前所述，在每年的崇拜周期中，女神在春天是少女赫拉，在夏天和秋天是完满的赫拉，在冬天是寡妇赫拉。每年春天，她都会恢复童贞，重新开始循环。理解了这种原型的可能性，处于糟糕婚姻中的赫拉女性便可以离开那些只提供空虚、虐待或不忠的关系，在情感上"寡居"自己。之后，她可以重新开始，而这一次，她可以明智地进行选择。在新的婚姻中，她可以通过积极的方式来实现自己想成为妻子的动机。

如果一个女人放下了想要成为妻子的需求，或者放下了通过妻子的角色来变得完满的期望，那么这个循环也可以作为一种内在体验来实现。例如，一位丧偶的祖母梦见自己再次开始月经来潮——在绝经 10 年后——并意识到这个梦是一个准确的象征性描述。她感觉自己是完整的，并且站在了人生新阶段的门槛上，因此，她在心理上再次成为少女。

第九章

德墨忒尔：谷物女神，养育者和母亲

女神德墨忒尔

谷物女神德墨忒尔掌管丰收。罗马人将她称为克瑞斯——我们的谷物[①]一词就与她有关。在《荷马史诗》中，她被描述为"了不起的女神，有着美丽的头发……和金剑"（小麦是她的主要象征，金剑可能是对一捆成熟小麦的诗意描绘）。她被刻画成一个金发碧眼、穿着蓝色长袍的美丽女人，或者被塑造成一个坐着的中年女子（在雕塑中最常见）。

德墨忒尔名字的一部分"墨忒尔"（meter），似乎是"母亲"的意思，但我们并不完全清楚"de"或其更早的名字中的"da"指的是什么。她被崇拜为母亲女神，特别是作为谷物的母亲，以及少女珀耳塞福涅——罗马人称她为普洛塞庇娜（Proserpina）——的母亲。

德墨忒尔的人生开端和赫拉一样悲惨。她是瑞亚和克罗诺斯所生的第二个孩子，也是被克罗诺斯吞下的第二个孩子。德墨忒尔是宙斯的第四任王后，也是他的姐姐。她排在赫拉之前，赫拉是排在第七位的宙斯的王后，也是他最后一任王后。从宙斯和德墨忒尔的结合中诞生了他们的独生女珀耳塞福涅，在神话和崇拜中，德

---

① 克瑞斯的英文为 Ceres，谷物的英文为 cereal。——译者注

墨忒尔是与珀耳塞福涅联系在一起的。

德墨忒尔和珀耳塞福涅的故事在《荷马史诗》中被优美地讲述，围绕着德墨忒尔的兄弟冥王哈迪斯绑架珀耳塞福涅后德墨忒尔的反应展开。这个神话成为 2000 多年来古希腊最神圣和最重要的宗教仪式厄琉息斯秘仪（Eleusinian Mysteries）的基础。在公元 5 世纪，厄琉息斯的圣殿因哥特人的入侵而遭到毁坏，这种崇拜也随之告终。

绑架珀耳塞福涅

珀耳塞福涅和她的同伴正在草地上采花，被一株美得惊人的水仙花吸引住了。当她伸手去摘时，大地在她面前裂开了。哈迪斯驾着黑马牵引的金色战车从地底深处现身，一把抓住了她，就像他来的时候一样迅速地潜入深渊。珀耳塞福涅挣扎着向宙斯求救，但没有得到任何帮助。

德墨忒尔听到了珀耳塞福涅的呼喊声，急忙去找她。她为了寻找被拐走的女儿走遍了陆地和海洋，找了足足九天九夜。在疯狂地搜寻中，她没有停下来吃饭、睡觉或洗澡。

（另一个神话补充说，当德墨忒尔寻找被绑架的女儿时，被海神波塞冬看到。他想要得到她。她试图通过将自己变成一匹母马并混入马群中来躲避他。波塞冬没有被这种伪装糊弄过去，他把自己变成了一匹种马，在马群中间找到并强奸了她。）

第十天的黎明时分，德墨忒尔遇到了暗月和十字路口女神赫卡忒，她建议他们一起去见太阳神赫利俄斯（Helios，与阿波罗共享这个称号的自然神）。赫利俄斯告诉她们，哈迪斯绑架了珀耳塞福涅，并将她带到冥界，强迫她做了自己的新娘。此外，他还说哈迪斯绑架和强奸珀耳塞福涅得到了宙斯的许可。他建议德墨忒尔停止哭泣，接受所发生的一切，因为哈迪斯毕竟"不是一个不般配的女婿"。

德墨忒尔拒绝了他的建议。被宙斯背叛，她感到愤怒，同时也感到悲痛。她从奥林匹斯山离开，伪装成一个无人认出的老妇人，在城市和乡村游荡。一天，她来到了厄琉息斯，在井边坐下，被厄琉息斯的统治者克琉斯（Eleusis）的女儿们发现了。她的举止和美貌吸引了她们。当德墨忒尔告诉她们自己正在找一份保姆的工作时，她们便把她带回母亲梅塔尼拉（Metanira）身边，因为她们有一个很晚才出生的深受喜爱的弟弟，名叫德莫芬（Demophoön）。

在德墨忒尔的照料下，德莫芬像神一样长大。她喂了他只有神才能食用的仙馐，偷偷地把他包在火里，如果不是梅塔尼拉发现后害怕地尖叫，这本可以让他长生不老。德墨忒尔怒不可遏，斥责梅塔尼拉的愚蠢，并披露了自己的真实身份。说出自己是德墨忒尔后，女神的大小和形态都发生了变化，展现出了神圣的美丽。她金色的头发垂到肩上，她的芬芳和光芒充满了整个屋子。

德墨忒尔下令为她建造一座神殿。她在那里安顿下来，独自坐着，为被绑架的女儿感到悲伤，拒绝工作。因此，万物都无法生长，也没有任何新生命诞生。人类就要因饥荒而消亡，连奥林匹斯诸位男神和女神的贡品和祭品也因此被剥夺了。

最终，宙斯上心了。他派他的信使伊里斯（Iris）去恳求德墨忒尔回来。然而，德墨忒尔不为所动，因此每一个奥林匹斯神都轮流带着礼物和敬意过来了。愤怒的德墨忒尔向他们表示，在珀耳塞福涅回到她身边之前，她不会踏足奥林匹斯山，也不会允许任何事物生长。

宙斯终于做出了回应。他派信使神之赫尔墨斯去找哈迪斯，命令他将珀耳塞福涅带回来，以便"她的母亲亲眼看后终止自己的愤怒"。赫尔墨斯去了冥界，发现哈迪斯坐在沙发上，旁边是消沉的珀耳塞福涅。

珀耳塞福涅在听到她可以自由离开之后欣喜若狂，高兴地在赫尔墨斯身旁跳了起来。临走前，哈迪斯给了她一些甜石榴籽，她吃下了。

赫尔墨斯借用哈迪斯的战车将珀耳塞福涅带回家。马匹快速地飞出了冥界，停在了德墨忒尔等候的神殿前。当看到他们时，德墨忒尔跑了过来，张开双臂拥抱她的女儿，珀耳塞福涅也同样高兴地跑进了母亲的怀抱。随后，德墨忒尔焦急地询问珀耳塞福涅是否在冥界吃过什么东西。如果没有吃过，她就会完全地回到自己身边。但是，因为她吃下了石榴籽，所以，一年中她只有三分之二的时光与德墨忒尔一起度过，剩下的日子不得不与哈迪斯一起在冥界度过。

母女团聚后，德墨忒尔恢复了大地的肥沃和生长。然后，她传授了厄琉息斯秘仪。这些秘仪是令人敬畏的宗教仪式，同修者被禁止向外透露信息。通过这些秘仪，人们拥有了快乐的生活和不畏死亡的理由。

德墨忒尔原型

德墨忒尔是母性原型。她代表通过怀孕或通过向他人提供生理、心理或精神层面的营养而实现的母性本能。这个强大的原型可以决定一个女人的人生轨迹，可以对她生活中的其他人产生重大影响，而且如果她的养育需求被拒绝或遭受挫败，可能会给她埋下抑郁症的隐患。

母亲

母亲原型由奥林匹斯山的德墨忒尔代表，她最重要的角色是母亲（珀耳塞福涅的母亲）、食物的提供者（谷物女神）和精神寄托（厄琉息斯秘仪）。尽管其他女神也有做母亲的（赫拉和阿佛洛狄忒），但德墨忒尔与女儿的关系却是她最重要的关系。她也是女神中最具养育色彩的一位。

有着强大的德墨忒尔原型的女人渴望成为一名母亲。当成为母亲后，她觉得这是一个令人满足的角色。当德墨忒尔是女性心灵中最强大的原型时，做母亲便是她生命中最重要的角色和功能。母亲和孩子的形象——在西方艺术中最常被描绘为圣母玛利亚和孩子——对应着一个深深打动她的内心画面。

母亲原型激发女性养育他人，使她们变得慷慨和乐于奉献，并有动力成为照料者和供应者，从而获得满足感。因此，德墨忒尔原型在养育方面的特质可以通过助人的职业来表达——教学、护理、咨询以及任何可以帮助他人的工作——或者在任何可以使她成为养育者的关系中得到表达。这个原型并不局限于成为母亲。

母性本能

在生物学层面，德墨忒尔代表母性本能——怀孕生子的强烈愿望。一些女性自从记事起就渴望这样做。

德墨忒尔原型是使人怀孕的强大力量。女性可能非常清楚这种本能有多强烈，并且能够决定她应该在何时满足这种深切的愿望。但如果不自觉地受到德墨忒尔的激励，她可能会发现自己"意外地"怀孕了。

在她发现自己意外怀孕后所发生的事情，能够表明这个原型在特定女性的内心中有多强大。对这时的女性来说，堕胎显然是最明智或最负责任的行动方案。非德墨忒尔女性能够安排堕胎，并在事后感到松了一口气。而且，从那之后她将非常小心，不会再意外怀孕。相反，对这时的女性来说，德墨忒尔有着强大的影响力。堕胎虽然可能符合女性的最大利益，但德墨忒尔女性也许会发现自己无法去堕胎——堕胎违背了她内心深处想生孩子的迫切需要。结果，她也许会选择把孩子生下来而不是去堕胎，从而完全改变了自己的整个人生轨迹。

如果她真的决定要堕胎，在选择过程中、手术期间以及这之后，她会感到冲突和混乱。她将会感到悲痛而不是解脱，或者体会到各种复杂的感受。很多人可能会觉得，经历这么多不幸之后，这类女性会确保这样的事情不再发生。但通常来说，情况恰恰相反——她会经历怀孕、情感震荡、堕胎和抑郁的循环，因为想要怀孕的动力一旦受阻，就会变得更加强烈。

德墨忒尔的母性本能并不仅限于成为亲生母亲和养育自己的孩子。在自己的孩子长大或离开后，许多女性可以作为养父母或保姆继续表达母爱。女神本人在德莫芬的人生中也扮演了这个角色。埃米莉·阿普尔盖特（Emilie Applegate）是圣地亚哥的一名女性，她就体现了德墨忒尔的这一方面，被公认为特殊的养母。她照顾那些由于营养不良或生病以致生存受到威胁的墨西哥婴儿，将他们带到自己的家中，让他们成为自己三个儿子和一个养女的家庭的一部分。她被描述为"Mama Segunda"（西班牙语"继母"的意思）——第二位母亲。阿普尔盖特以及更著名的德博尔茨（Dorothy DeBolts）[1]，她们收养了许多来自不同种族的残疾儿童，具

---

[1] 美国人德博尔茨与其丈夫一共养育了 20 个孩子，其中 6 个是他们的亲生子女，另外 14 个是收养的孩子。——译者注

有丰富的母性本能和能力——这就是典型的德墨忒尔。

食物供应者

喂养他人对德墨忒尔女人来说有一种满足感。她发现，照顾自己的孩子非常令人满足，能为家人和客人提供丰盛的饭菜令她高兴。如果他们喜欢自己的食物，她就会沉浸在温暖的感觉中，觉得自己就像一个好母亲（与之对比，雅典娜会觉得自己像一位大厨）。如果在办公室工作，她会很享受为别人倒咖啡（与之形成鲜明对比的是，阿尔忒弥斯女性会因此感到自己被贬低，所以，除非男人也轮流倒咖啡，否则她会拒绝这样做）。

作为谷物女神，德墨忒尔赋予了人类种植庄稼的能力，并掌管着大自然的丰收。同样，搬到乡下种植自己的粮食、烤面包、制作水果罐头并乐于与他人分享的女性，就是在表达德墨忒尔作为大自然母亲的一面。

执着的母亲

执着是德墨忒尔的另一个属性。在涉及孩子的福利时，这样的母亲拒绝放弃。许多针对残疾儿童的特殊教育课程之所以存在，主要是得益于德墨忒尔母亲，这是她们斗争的结果。而那些儿女被国家警察绑架以致失踪的阿根廷母亲，也像德墨忒尔一样坚持不懈。她们被称为"五月广场母亲"（Madres de la Plaza de Mayo）[①]，拒绝因失去孩子而屈服，并继续抗议独裁统治——尽管这样做很危险。固执、耐心和毅力是德墨忒尔的品质——正如宙斯懊悔地发现的那样——这些品质最终可能会影响一个有权势的人或一个机构。

慷慨的母亲

在德墨忒尔的神话中，她是最慷慨的女神。她给了人类农业和丰收，帮助养育

---

①1976—1983 年，阿根廷的一些母亲们组织起来，在阿根廷总统府前的五月广场抗议阿根廷军政府对她们的孩子进行的迫害和暗杀。——译者注

了德莫芬（而且本可以使他不朽），并提供了厄琉息斯秘仪。这些慷慨的表达都可以在德墨忒尔女性身上找到。她们中的有些人会自然而然地提供实实在在的食物和身体护理，有些人提供情感和心理支持，而另一些人则提供精神滋养。许多著名的女性宗教领袖都具有德墨忒尔的品质，并被她们的追随者视为母性形象：诺贝尔和平奖获得者、圣人一般的特蕾莎修女，创立了基督教科学教派的玛丽·贝克·安迪（Mary Baker Eddy）以及印度奥罗宾多静修院（Aurobindo Ashram）的精神领袖、那位被称为"母亲"的女士米娜氏（Mirra Alfassa）。

这三个层次的给予也与德墨忒尔女性对自己孩子的给予相对应。首先，她们的孩子依靠母亲来满足他们的物质需求。其次，他们向母亲寻求情感支持和理解。最后，当他们应对失望、悲伤或寻求生活的意义时，可能会向母亲寻求心灵智慧。

悲伤的母亲：易患抑郁症

当德墨忒尔原型是一股强大的力量，而一个女人无法实现这种力量时，她可能会患上一种典型的"空巢和空虚"抑郁症。渴望有孩子的女人可能会不孕，或者孩子可能会死去或离家出走。也许，作为代理母亲的工作结束后，她会想念她的客户或学生。经历了所有这些之后，德墨忒尔女人并没有愤怒，也没有积极打击那些她认为应该为此负责的人（赫拉的反应方式），而是倾向于陷入抑郁。她感到悲伤，觉得生活没有意义、充满空虚。

伊利诺伊大学社会学教授宝林·巴特（Pauline Bart）博士写了一篇关于抑郁的德墨忒尔女性的文章，题为《波特诺伊母亲的控诉》（Mother Porthoy's Complaints）。巴特研究了500多名在40—59岁第一次住院的女性的记录，她发现，极度地养育、过度地参与却又失去母性角色的母亲是最抑郁的。

在这些女性生病之前，她们属于"超级母亲"类型，总是自我牺牲。这些抑郁女性的语录揭示了她们在为他人付出时的情感投入，以及她们在孩子离开后所感受到的空虚。一位女士说："作为一个母亲，你自然不喜欢让女儿离开家。我的意思是，那里只有一片空虚。"另一位女士说："我是一个精力充沛的女人。我有一个大房子，我有我的家人。我女儿说：'妈妈没有上八道菜，而是上了十道菜。'"当被问及最让她们自豪的是什么时，她们都回答："我的孩子们。"没人提及属于自己的任何其他成就。因此，当她们失去母亲的角色时，生活也就失去了意义。

当一个处于中年晚期的女人因为成年子女在情感或身体层面疏远自己而变得沮丧、愤怒和失望时，她就变成了一个悲伤的德墨忒尔。她沉迷于这种失落感，以致限制了自己的兴趣。她的心理成长停滞了。被德墨忒尔原型悲伤的一面"控制"的女性，与其他同样受苦的女性几乎没有区别。这些抑郁症患者表现出了非常相似的症状：她们都有着抑郁的面部表情，她们坐着、站着、走路和叹息的方式相差无几，她们表达痛苦并使他人感到防御、内疚、愤怒和无助的方式也几乎一样。

具有破坏性的母亲

当悲伤的德墨忒尔停止工作时，没有任何事物可以生长，饥荒将要毁灭全人类。同样，德墨忒尔破坏性的一面也通过拒绝支持他人的需求来表达（与在愤怒中积极地进行破坏的赫拉和阿尔忒弥斯形成对比）。一个严重抑郁、功能受损的新妈妈可能会危及婴儿的生命：急诊室工作人员或儿科医生可能会作出"发育停滞"的诊断。宝宝不长体重，整个人显得无精打采，外表可能非常憔悴。当母亲拒绝与婴儿进行情感和身体接触，并拒绝提供婴儿所需的营养时，就会导致婴儿发育停滞。

数天，甚至在更长时间内不与年幼的孩子交谈的母亲，或那些孤立自己孩子的母亲，会给孩子造成严重的心理伤害。这样的母亲通常深陷抑郁和充满敌意。

比这些极端形式的拒绝更常见的，是当孩子越来越独立时，德墨忒尔母亲拒绝去认可孩子。虽然在此情况下她的抑郁症不太明显，但拒绝认可孩子（孩子的自尊需要认可）也与抑郁症有关。她将孩子日益增长的自主权视为自己的情感损失。她觉得自己不再被需要，也感到被拒绝，因此可能会感到沮丧和愤怒。

培养德墨忒尔

当女性在认真考虑是否要孩子时，其实就在不知不觉地培养德墨忒尔原型并使得它变得更加活跃。在考虑做这个决定时，她们会留意到怀孕的女人（她们以前似乎看不见这些孕妇，但现在她们似乎永远都在），会注意到婴儿，会寻找有孩子的人，也会关注孩子本身（这些都是德墨忒尔女性自然而然会做的事情）。女性通过想象自己怀孕生子来培养德墨忒尔。当她们留意到孕妇的存在，留意到母亲抱着婴儿并给予孩子充分的关注时，就会在内心唤起德墨忒尔原型。如果原型很容易被唤起，那么测试母性本能强度的努力就可以将其召唤出来，否则就不行。

一个女人可能会寻求变化，对某个特定的孩子更有母性，或者她可能希望得到某个特定的孩子的爱。孩子激励（或增强）了女人内心的原型。在她对孩子的感情的驱使下，她会努力变得更有耐心，或者为了孩子坚持不懈。当她看起来更加母性化，并且努力做到更加母性化时，德墨忒尔原型就会在她体内成长。

作为女性的德墨忒尔

德墨忒尔女人首先是母性的。在她的人际关系中，她是养育者和支持者，乐于助人和奉献。她通常是一位慷慨的女士，提供她认为别人所需要的一切——滋补的鸡汤、一个支持性的拥抱、帮助朋友渡过难关的钱、"回到妈妈的怀抱"的长期邀请。

一个德墨忒尔女性经常有一种大地之母的光环。她坚实可靠。其他人认为她是"脚踏实地"的女人，因为她在做需要做的事情时兼具实用性和温暖性。她通常是慷慨的、外向的、利他的、对个人和原则忠诚的，以至于其他人可能会认为她很固执。她有坚定的信念，当涉及对她来说很重要的人或事时，她很难让步。

年轻的德墨忒尔

一些小女孩显然是初露头角的德墨忒尔——将婴儿娃娃抱在怀里的"小母亲"。（小赫拉更喜欢芭比娃娃和肯尼玩偶，小雅典娜可能会在玻璃柜里收藏一些古董娃娃。）年轻的德墨忒尔也喜欢抱着真正的婴儿；在 9 岁或 10 岁的时候，她渴望为邻居照看孩子。

父母

如果我们先看看女神德墨忒尔与父母的关系，就可以更好地理解德墨忒尔女性与父母的关系。女神德墨忒尔是瑞亚的女儿、盖亚（Gaea）的孙女。盖亚是最初的大地之母，所有生命都来自她，包括后来成为她丈夫的天神乌拉诺斯。瑞亚也被称为大地女神，尽管她最出名的身份是第一代奥林匹斯神的母亲。

作为谷物女神，德墨忒尔延续了与生育有关的女神的血统。她与她的母亲和祖母还有其他相似之处。例如，当她们的丈夫伤害她们的孩子时，这三个人都遭受了痛苦。盖亚的丈夫在她的孩子出生时将他们束缚在她的身体里。瑞亚的丈夫吞下了她刚出生的孩子。德墨忒尔的丈夫允许他们的女儿被绑架到冥界。三位亲生父亲都表现出缺乏父爱的感觉。

三代母神都在受苦。她们没有丈夫那么强大，无法阻止丈夫伤害她们的孩子。然而，她们拒绝接受这种虐待，并且坚持到她们的孩子获得自由。与以夫妻关系为主要纽带的赫拉不同，这些女神最重要最紧密的纽带是母亲与孩子的关系。

当充满母性的女人嫁给没有父性的男人时，现实生活就变得与德墨忒尔神话相似。在这种情况下，一个德墨忒尔女儿在成长的过程中与她的母亲关系密切，而与她的父亲没有任何联系。父亲对孩子的态度可能是冷漠的、竞争的、怨恨的甚至辱骂的——如果他认为孩子是成功地争夺妻子感情的竞争对手。在这样的家庭中，年轻的德墨忒尔的自尊心会受损，从而养成一种受害者心态。或者，德墨忒尔女儿的母性可能会导致她与不成熟或无能的父母互换角色。一旦长到足够大，她可能就会照顾自己的父母或成为弟弟妹妹的代理父母。

相反，如果年轻的德墨忒尔有一个爱她和认可她的父亲，她在成长过程中就会感受到父亲对自己的支持，她会希望自己和以后的丈夫也能成为一对好父母。她会积极地看待男人，并对丈夫抱有积极的期望。这样的话，她的童年经历就不会增强原型所具有的易成为受害者的特质。

青少年和成年初期

在青春期，随着原型的母性驱动力被荷尔蒙推动，拥有自己的孩子在生理上成为一种可能。这之后，一些德墨忒尔女孩开始渴望怀孕。如果她生活的其他方面是空虚的，而她自己只不过是一个被忽视的孩子，那么一个被胁迫发生性行为并怀孕的年轻的德墨忒尔可能会欢迎这个孩子的到来。在一个未婚母亲收容所，有位 14 岁的怀孕女孩说："当其他同龄女孩想要自行车或其他东西时，我总是想要一个自己的孩子。我很高兴我怀孕了。"

然而，大多数德墨忒尔少女并没有怀孕。由于缺乏赫拉想要成为妻子的深切愿望，或者缺乏阿佛洛狄忒的情欲驱动力，德墨忒尔没有动力去早早地体验性行为。

许多德墨忒尔结婚很早。在工薪阶层家庭中，女孩可能会被鼓励在高中毕业后立即结婚。这种鼓励可能会与女孩自己的德墨忒尔倾向相吻合，即倾向于拥有一个家庭而不是继续受教育或去工作。

如果一个年轻的德墨忒尔女人不结婚、不组建家庭，她将会去工作或上大学。在大学里，她可能会选修那些旨在为她进入助人行业做准备的课程。德墨忒尔女性通常没有野心、过人的聪明以及取得好成绩的好胜心，尽管如果她聪明并且对课程感兴趣，她可能会在学业上表现出色。令赫拉女性觉得重要的地位对德墨忒尔来说无关紧要。她的交友范围非常广，涉及不同的社会阶层和种族。她会不遗余力地让不安的外国学生感到舒服，会去帮助身体残疾的学生，也会帮助不适应社会的学生。

工作

德墨忒尔女人的母性使她倾向于从事养育或助人的职业。她会被"传统女性"所从事的工作吸引，例如教学、社会工作或护理工作。当德墨忒尔在场时，帮助人们康复或成长对她来说是一种满足，也是一种基本的动力。成为心理治疗师、物理治疗师、康复治疗师或儿科医生的女性，在职业选择中常常表现出一些德墨忒尔倾向。托儿所和小学、医院和疗养院的许多女性志愿者，也在将她们的德墨忒尔倾向付诸实践。

一些德墨忒尔妇女成为组织的关键人物，这些组织接受了她们的母性能量。通常情况下，这样的德墨忒尔女人令人印象深刻。她可能构想并创立了该组织，投入了相当大的精力——该组织的早期成功离不开她。

处于领导和奠基者位置的德墨忒尔女性可能会出于以下几个原因寻求心理咨询：组织工作可能需要付出很多努力，以至于她几乎没有时间或精力去做其他事情；她对配偶（如果赫拉也在场）和对自己孩子的渴望没有得到满足；因为她是一个拥有权威的人，她和她的下属都将自己视为一个养育者，于是她的内心会发生冲突，她与下属之间也会产生冲突。例如，她很难解雇或直面一个不称职的员工，因为她为这个人感到难过，并为自己对其造成的痛苦感到内疚。此外，员工们希望她亲自照顾他们（他们对男性主管一般没有这种期望），只要她不这样做，他们就会怨恨和愤怒。

与女性的关系

无论是男性还是成就，德墨忒尔女性都不与其他女性竞争。任何对其他女性的嫉妒或羡慕都与孩子有关。一个没有孩子的德墨忒尔女人若是将自己与同龄的母亲相比较，肯定是不占优势的。如果她不孕，她可能会因为其他女人轻松怀孕而感到痛苦——如果她们选择堕胎，她会更加痛苦。在以后的生活中，如果她的成年子女住得很远或在感情上疏远她，她会羡慕那些与子女频繁接触的母亲。在人生的晚年，嫉妒可能会在沉寂了 25 年后重新出现，而这一次与孙辈相关。

德墨忒尔女性对女性主义和女性运动有着复杂的感情。一方面，许多德墨忒尔女人憎恨女性主义者贬低了母亲的作用；她们想成为全职母亲，却感到要被迫外出工作。另一方面，德墨忒尔女性强烈支持许多女性权益，例如，保护儿童免受虐待，为受虐妇女提供庇护所。

通常，德墨忒尔女性与其他德墨忒尔女性之间有着牢固的友谊。许多这样的友谊可以追溯到她们一起做新妈妈的时候。相比丈夫，她们中的许多人更依赖女性朋友来获得情感支持和切实的帮助。例如，一位女士说："我在医院的时候，我的朋友露丝帮忙带孩子，每晚都请我丈夫乔过来吃晚饭……两个星期里，她养活了9个孩子，她的4个和我的5个，还有3个大人……我也会为她做同样的事。"一般情况下，德墨忒尔女性会做好安排来获取帮助，而不是指望丈夫在自己不在的时候照顾家庭和孩子。

如果一个家庭中的母亲和女儿都是德墨忒尔女性，那么这个家庭可能会保持好几代的亲密关系。这些家庭有着显而易见的母系色彩。家庭中的女性比丈夫更了解大家庭中所发生的事情。

这种母女模式可能也会在她跟同龄人相处时复现。在与一个缺乏经验且优柔寡断的珀耳塞福涅式朋友相处时，她可能会扮演德墨忒尔的母亲角色。或者，如果两人都是具有珀耳塞福涅特质的德墨忒尔女性，她们可能会轮流照顾对方，而在其他时候，她们可以互相分享生活的细节，谈论她们的快乐和困难。或者，她们可能都会再次成为顽皮、爱笑的珀耳塞福涅。

女同性恋伴侣有时符合德墨忒尔－珀耳塞福涅模式，其中德墨忒尔女人的幸福取决于她与年轻或不太成熟的情人之间的关系的完整性。只要她们在一起，德墨忒尔女人就会感到工作卓有成效，整个人富有生机。与一个对她来说就像女神的女人在一起，她的工作和创造力都得到了蓬勃发展。如果她害怕失去对方，那么她可能会对她的珀耳塞福涅产生占有欲。而且，她可能会养成依赖性和排他性，而这最终会损害她们的关系。

然而，珀耳塞福涅女人是一个年轻的、未分化的人格。关于她的一切都是未成形的和模糊的。她是一个乐于接受的女性，其性偏好可能与她的其他部分一样具有可塑性。例如，尽管处于女同性恋关系中，她可能也会被男人吸引。如果在回应男人对她的关注时，她的异性恋倾向开始浮现，并离开她的德墨忒尔情人，那么德墨忒尔女人就会觉得神话本身好像被重演了。出乎她意料的是，她的珀耳塞福涅被"哈迪斯拐走了"，导致她损失惨重。

与男性的关系

德墨忒尔女人会吸引那些对有母性的女人感到亲切的男人。一个真正的德墨忒尔女人不会去做选择。她可能会回应一个男人对她的需要，甚至还可能因为对一个男人感到难过而和他在一起。德墨忒尔女性对男性的期望并不高。更多时候，她们觉得"男人只是小男孩"。

当夫妻中的女性是德墨忒尔时，他们的关系通常符合母亲与儿子－情人模式。尽管这个男人可能更年轻，但这种原型上的母子关系是超越年龄差异的。通常，他是一个才华横溢、非常敏感的人，觉得别人不重视他的特殊性（但她会），也不会忽视他的不负责任（但她同样会），他感到不被欣赏，也觉得自己常被误解。他是一个不成熟的、自我陶醉的男孩，感到自己是特殊的，而不只是一个普通的男人。她认同他的自我评估，并一再忽视他对自己做出的一些举动，尽管这些举动在其他人看来是自私的和轻率的。

在她看来，这个世界对他是不友好的——它应该像她一样为他破例。他的粗心大意常常伤害和激怒她——但如果他告诉她，他是多么感激她，或者她是他生命中唯一真正关心他的人，那么一切都会再次被原谅。

就像一个英俊儿子的母亲感慨自己居然生出一个年轻的神，扮演伟大母亲的德墨忒尔女性可能也会对"儿子－情人"的外表（或才华）惊叹不已。她可能会这样说（正如一位德墨忒尔女士对我所言）："在我看来，他就像米开朗基罗的大卫雕像。我为自己能照顾他而感到高兴。我把他宠坏了。"她说这话时语气中带着自豪而不是苦涩。

德墨忒尔女人的母性特质和她说"不"的困难使她很容易被反社会者利用，这是另一种在与德墨忒尔女人的关系中经常出现的男人。德墨忒尔－反社会者的关系表面上看可能类似于母－子－情人关系——并且有一些重叠——但儿子－情人有能力去爱、去忠诚或去悔恨。反社会者缺乏这些能力，这是一个至关重要的区别。反社会者的行为是基于这样的假设：他的需求理所应当被满足。他没有能力构建情感上的亲密或去欣赏别人。他的态度暗示了一个问题："你最近为我做了什么？"他忘记了德墨忒尔女人过去的慷慨或牺牲，以及他过去的剥削行为。他放大了自己的需求——这种需求得到了德墨忒尔女人的慷慨回应。与反社会者的关系可能会束缚德墨忒尔女性的情感生活很多年，并可能耗尽她的经济实力。

还有一种典型的德墨忒尔伴侣是想要"一个像嫁给亲爱的老父亲的女孩一样的女孩"[1]的男人。作为小俄狄浦斯，他可能只是在等待时机——他是一个想嫁给妈妈的四五岁的小男孩。现在他是一个成年男子，在寻找一个母亲般的女人。他希望她是养育性的、温暖的、积极同应的和懂得照顾人的——照料他的饮食，帮他购物和打理他的衣服，确保在他需要时带他去看医生和牙医，并安排他的社交生活。

在所有被德墨忒尔品质吸引的男人中，"顾家的男人"是唯一一种成熟大方的男人。这种男人强烈渴望拥有一个家庭，他在德墨忒尔女人身上看到了一个与他拥有同样梦想的伴侣。除成为孩子们的"好爸爸"外，这种男人还会为她着想。如果她难以拒绝那些会利用她的德墨忒尔善良天性的人，他可以帮助她照顾好自己。

顾家的男人还会帮助她通过生孩子来实现自我。前面提及的三种类型的男人会觉得生孩子这个想法是对自己的威胁，如果她怀孕的话，可能会坚持让她堕胎。这种坚持会让她陷入母性危机：要么拒绝那个被她当成宝贝的男人，要么拒绝做母亲。这让她觉得自己像一个面临不可能的选择的母亲——选择牺牲两个孩子中的一个。

性

当德墨忒尔是女人人格中最强大的女神元素时，其性取向通常不是很重要。德墨忒尔通常没有强烈的性欲。她通常是一个温暖、深情、充满女性风韵的人，只要做爱就会拥抱——她是个喜欢抱抱的女人，而不是性感的女人。许多德墨忒尔女人对性有着冷淡的态度。对她们来说，性是为了生育，而不是为了获得快乐。一些德墨忒尔女人认为性是妻子在给予或养育方面提供的东西——她正在提供丈夫所需的东西。许多德墨忒尔女性隐藏着一个"让自己愧疚"的秘密——对她

---

① 这句歌词出自 William Dillon 在 1911 年创作的歌曲 *I Want a Girl*。——译者注

们来说，最性感的身体行为是用母乳喂养婴儿，而不是与丈夫做爱。

婚姻

对于一个德墨忒尔女人来说，婚姻本身并不是一个压倒一切的优先事项，这与赫拉女人不同。大多数德墨忒尔女性结婚的目的主要是为了生孩子。除非德墨忒尔女人有阿佛洛狄忒或赫拉作为活跃的原型，否则她会认为婚姻只是为孩子创造条件的一个必要步骤和生育孩子的最佳环境。

孩子

一个德墨忒尔女人感到自己非常需要成为一个亲生母亲。她想生下并照顾自己的孩子。她也可能是一个慈爱的代养母亲、收养母亲或继母，但如果她不能拥有自己的孩子，这种深切的渴望就会落空，她就会因此感到人生荒芜。（相比之下，许多阿尔忒弥斯或雅典娜女性会尽快进入一个现成的家庭，嫁给一个有孩子的男人。）

德墨忒尔女性一致认为自己是为孩子着想的好母亲。然而，从她们对孩子的影响来看，德墨忒尔女性似乎要么是非常能干的母亲，要么是可怕的、包办一切的母亲。

当一个德墨忒尔女人的成年子女怨恨她时，她会深受伤害并感到困惑。她不明白为什么她的孩子对她如此不好，而其他母亲的孩子却爱她们、感激她们。她也看不出可能是她导致孩子们陷入困境。她只意识到自己的积极意图，而没有意识到毒害子女关系的负面因素。

德墨忒尔母亲是否对自己的孩子产生积极的影响，是否受到孩子们的积极评价，取决于她是孩子"被绑架之前"还是"被绑架之后"的女神德墨忒尔。在珀耳塞福涅被绑架之前，德墨忒尔相信一切都很好（就像珀耳塞福涅在草地上玩耍一样），一如既往地进行活动。珀耳塞福涅被绑架后，德墨忒尔既沮丧又愤怒，离开了奥林匹斯山并停止了工作。

"前阶段"在现实生活中有多种表现形式。对于一个在最后一个孩子离家后面对空巢，感觉自己的意义被"绑走"的女人来说，前阶段是持续了大约 25 年的充满亲密和关爱的家庭生活。对于有些母亲来说，如果女儿不顾她的反对，与一个被她认为是绑架者哈迪斯的男人生活在一起，那么在前阶段，女儿似乎是她自己的延伸，与她有着相同的价值观和对未来的希望。

一些德墨忒尔母亲总是担心自己的孩子可能会遭遇不好的事情。这些母亲可能会表现得好像她们从孩子出生时就预料到了孩子被"绑架"的可能性。因此，她们会限制孩子的独立性，并阻碍他们与他人建立关系。促使她们这样做的焦虑的核心是害怕失去孩子的爱。

环境可能也是激活德墨忒尔的消极面的原因之一。一位女士回忆说，在她女儿出生后的 6 年里，她一直生活在一种恩宠的状态——世界是安全的，做母亲是充实而有趣的。之后发生的一件事，就像哈迪斯从大地上的一个通风口出现一样令人苦恼和突然。一天下午，母亲把女儿交给了一名保姆来照顾。女儿跑到邻居家，遭到了性骚扰。之后，孩子变得恐惧和焦虑，开始做噩梦，对男人——甚至是自己的父亲——感到恐惧。

这位母亲愤怒、悲痛，并感到内疚，因为她当时没有在那里阻止这起事件的发生。以前，她一直很慷慨、容易信任人，而且她的母爱风格有些随意。之后，她感到内疚和自责，对自己失去了信心，担心不好的事情会再次发生。她对孩子变得过度控制和过度保护。她当母亲的乐趣，她生活在一个安全的世界的感觉，她的自信感，都一去不复返了。

任何对她的孩子产生不利影响的事件，都可能令德墨忒尔母亲感到内疚。在她对自己不切实际的期望（她应该成为一名完美的母亲）有所洞察之前，她希望自己无所不知无所不能，能够预见这类事件并保护她的孩子免受一切痛苦。

为了保护她的孩子，一个德墨忒尔女人可能会变得过度控制。她时刻关注着孩子的一举一动，为孩子说情和调解，并在事情有可能对孩子造成伤害时接管一切。因此，孩子始终会依赖她来与人打交道和处理问题。

有的时候，一个控制欲强的德墨忒尔母亲的孩子会与她很亲近，心理上的脐带始终完好无损。受她的个性支配，直到成年，他们仍然是母亲的小女孩或妈妈的小男孩。这样的孩子可能永远不会结婚。当他们真的结婚时，相比夫妻关系，他们通常更固守孝道。例如，德墨忒尔的儿子可能总是听从母亲的召唤，而总是将妻子的愿望放在次要位置，这让后者很不开心。或者，德墨忒尔的女儿可能永远都不会同意与她的丈夫一起去度长假，因为她不能离开自己的母亲那么长时间。

如果德墨忒尔母亲过度控制，一些孩子为了努力过自己的生活，可能会选择疏远并离开母亲，在他们与母亲之间制造地理和情感上的距离。通常，当母亲无意识地试图让他们感到感激、内疚或依赖时，他们就会这样做。

德墨忒尔女性的另一个消极的母亲模式是不能对孩子说"不"。她认为自己是无私的、慷慨的、奉献的母亲，所以总是不断地付出和给予。从他们很小的时候开始，德墨忒尔母亲就希望她的孩子们拥有他们想要的任何东西。如果那件东西比她所能负担的要贵得多，她要么会为得到它而做出牺牲，要么会感到内疚。此外，她没有对行为设限。从蹒跚学步开始，她就屈从于孩子们的要求，滋养他们的自私。因此，她的孩子在成长过程中觉得自己有权得到特殊照顾，而且没有准备好去适应他人。在学校里，他们的行为问题渐渐显现；他们与权威的冲突会影响到就业。因此，当她试图成为一个万事包办的"好母亲"时，结果可能会适得其反。

中年

中年是德墨忒尔女性的重要时期。如果一个德墨忒尔女人还没有生过孩子，她会惴惴不安地意识到，在怀孕的可能性上，生物钟已经越来越紧迫了。已婚的德墨忒尔女性会向不情愿的配偶提议生孩子，如果出现受孕或流产的问题，她们会去看生育专家。领养也被纳入考量范畴。未婚的德墨忒尔女性会考虑成为单身母亲。

即使一个德墨忒尔女人有孩子，她的中年时期也同样至关重要，尽管她可能没有意识到中年时期对塑造她的余生有多重要。她的孩子们正在成长，他们迈向独立的每一步都在考验她是否能让他们摆脱对她的依赖。她现在可能也感受到了在高龄时生一个宝宝的吸引力。一位处于中年危机的女士来找我，她说她现在40岁了，孩子们都在上学，如果她想要超越德墨忒尔，那么是时候重回学校了。她发现她害怕自己在读研时会失败，而"再来一个孩子"是她唯一可以接受的不入学的借口。其实，她可以将想再要一个孩子的愿望与她作为学生会失败的恐惧分开，并专注于探索这个担忧。而最终，她真的选择去读研，并且学了一门她喜欢的专业。毕业后的她，成为一位启迪人心的老师。

在中年时期，当德墨忒尔女性所创立的组织变得足够大以至于其他人觊觎她的地位和权力时，她作为奠基者可能会面临危机。除非她有雅典娜的战略家头脑并且精于政治，否则雄心勃勃的经理们可能会"绑架"这个由她创立和悉心经营壮大的组织。这种丧失将使她变成一个愤怒、悲伤的德墨忒尔。

即使没有权力斗争，或者她能够在这场危机中幸存下来，这个阶段，个人问题也会出现在她身上——当然也会出现在所有将母亲般的精力投入工作中的德墨忒尔女性身上。是时候考虑一下她的生活中缺少什么，以及她可以做些什么来充实自己了。

晚年

在晚年，德墨忒尔女人往往分为两类。第一类，许多德墨忒尔女人发现这一阶段的生活非常有意义。她们是活跃、忙碌的女性——一如既往——她们从生活中吸取教训，并因脚踏实地、智慧和慷慨而受到他人的赞赏。她们是学会了不被其他人束缚，也不让他们占便宜的德墨忒尔女性。这些女人培养了独立性，与人相处时相互尊重。跨越几代人的孩子、孙子、客户、学生或患者可能都会爱戴和尊重她。她就像神话末期的女神德墨忒尔一样，将自己的礼物送给了人类，并获得了极大的尊敬。

第二类，相反的命运会降临在一个认为自己是受害者的德墨忒尔女人身上。她不快乐的根源通常在于中年的失望和未实现的愿望。与坐在自己的神庙中、不允许任何事物生长的哀伤的、被背叛的、愤怒的德墨忒尔一样，这样的女人在晚年除了变得更老、更痛苦之外，什么都不做。

心理困境

女神德墨忒尔是一个很重要的存在。当她停止工作时,生命也停止了生长,所有的奥林匹斯神都聚集在一起恳求她恢复大地的生机。然而,她无法阻止珀耳塞福涅被绑架,也无法迫使她立即返回,她成了受害者,她的恳求被忽视,导致她患上了抑郁症。德墨忒尔女性所面临的困境具有相似的主题:受害、权力和控制、愤怒的表达和抑郁。

向德墨忒尔认同

一个认同德墨忒尔的女人就像一个慷慨的母性女神,有着无限的能力为别人奉献。只要有人需要她的关注或帮助,她就无法拒绝。德墨忒尔的这个特质会使一个女人做出如下的事情:与抑郁的朋友通电话的时间比她想的要长,明明不愿意也会同意照顾孩子们,或者牺牲掉一个空闲的下午来帮助别人,而不是把这段时间留给她自己。德墨忒尔也会出现在心理治疗师身上:她可能会给焦虑的来访者提供额外的 1 小时时间,而这是她在一天繁重的日程安排中的唯一的休息时间;她的晚上总是被冗长的电话打断;她的浮动收费总是处于较低的那一端。这种养育的本能最终会耗尽从事助人职业的女性的精气神,并可能导致她们产生严重的职业倦怠,出现疲劳和厌恶的症状。

当一个女人本能地对每个需要她的人都回答"好的"时,她很快就会发现自己过度允诺了。她不是某种无限的自然资源,即使其他人以及她内心的德墨忒尔期望她如此。如果要掌控自己的生活,德墨忒尔女人必须一次又一次地面对这位女神。她必须能够选择何时、如何以及向谁付出,而不是本能地回答"好的"(这是德墨忒尔的回应)。要做到这一点,她必须学会说"不"——无论是对一个需要她的人,还是对内心的女神。

母性本能

如果这个原型得以发挥作用，那么德墨忒尔女性也可能无法拒绝怀孕。因为做母亲对她来说是一种内在的要求，所以一个德墨忒尔女人可能会在不知不觉中与德墨忒尔原型合谋，可能会"忘记"自己有生育能力，或者可能对避孕这件事"粗心大意"。因此，她可能会发现自己在并不理想的情况下怀孕了。

德墨忒尔女性必须能够选择何时以及与谁生孩子。她需要认识到，她内心的德墨忒尔对她的现实生活不感兴趣，也不关心时机是否合适。如果想要在生命中的正确时机怀孕，那么她必须通过对避孕保持警觉来抵抗德墨忒尔。

对于那些即便工作过度、责任过多以及有孩子要照顾时也很难说"不"或表达愤怒的德墨忒尔女性来说，疲劳、头痛、月经来潮、溃疡、高血压和背痛都是很常见的症状。这些症状间接传达的信息是："我筋疲力尽、压力重重、痛苦不堪——不要再让我做任何事了！"它们也是轻度、慢性抑郁症的表现，当一个女人压抑自己的愤怒，不能有效地抗议，并对德墨忒尔制造的情况感到不满时就会这样。

培养依赖性

一个德墨忒尔女人需要她的孩子依赖她，当她的孩子"离开她的视线"时会感到焦虑，这可能会使她的超强养育能力带有缺陷。她会培养孩子的依赖性，把他们"拴在她的围裙上"。她也可能在其他关系中这样做。例如，她可能会像养育"依赖的孩子"一样养育爱人内心"可怜的小男孩"，照顾朋友内心"焦虑的孩子"。

这样的女人通过努力变得不可或缺（"妈妈最了解"）或过度控制（"让我为你做这件事"），从而把其他人当成小孩来对待。这种倾向会助长他人的不安全感和无能感。例如，在厨房里，她可能会鼓励年幼的女儿学习烹饪，但她会密切监督，并且总是做最后的收尾和润色。无论女儿做什么，母亲都会向她传达"这还不够好"和"你需要我的帮助才能做对"的信息。在工作中也是如此。她是"最了解"工作应该如何完成的主管、主编或导师，因此可能会接管工作，而这会扼杀"孩子"的原创性和自信，并增加她自己的工作量。

如果生活中有人需要她，焦虑的德墨忒尔女人就会感到安全。如果他们的独立性和才能有所增长，她可能会感到威胁。为了能持续得到她的关怀和照顾，他们通常需要保持对她的依赖。

一个德墨忒尔女人是否会培养依赖性，或者相反——创造一种安全感，让另一个人可以茁壮成长，取决于她自己拥有的是丰富感还是稀缺感。如果她害怕自己会失去另一个人，或者担忧她的"孩子"还"不够好"，她可能会变得想要占有、控制和束缚。这种不安全感会使她成为一个过度保护或令人窒息的母亲。

在我的临床工作中，有一位年轻的母亲意识到，当她的女儿还是婴儿的时候，她是那种很难让她长大的人。第一次挣扎是在引入婴儿食品的时候出现的。她一直用母乳喂养，享受这种关系的排他性和婴儿对她的依赖。到了该引入固体食物的时候，她的丈夫希望用勺子喂他们的女儿，这将是促进父女关系中一个重要的新步骤。幸运的是，尽管她的占有欲母亲想尽可能久地抵抗，但她内心的利他母亲知道，是时候开始喂孩子固体食物并更多地让丈夫参与进来了。她的愿望是想给孩子最好的，这一点最终胜出了。即便如此，她有时还是会忍不住为德墨忒尔哀悼，为她的丧失而哀伤。

随着她们放弃让他人依赖自己、不再将他人束缚在自己的围裙上，占有欲强的德墨忒尔女性得到了成长。在这样做的过程中，相互依赖可以转化为相互欣赏和爱。

被动攻击行为

一个不能说"不"的德墨忒尔女人身上的负担会变得过重。接下来她可能会变得筋疲力尽和冷漠，或者变得怨恨和愤怒。如果感到被剥削，她通常不会直接表达出来，这是因为她缺乏自信，就像在该说"不"的时候说"好"一样。一个德墨忒尔女人不会表达自己的愤怒，也不会坚持改变某些事情，相反，她可能会认为自己的感受是不大方的，并且会更加努力地完成所有事情。

当再也无法压抑自己的真实感受时，她开始表现出被动攻击行为。然后，她忘记了要"费力帮助他人"，也没有去买隔壁邻居让她买的东西；她错过了做某件事情的最后期限或者在重要的会议上迟到了。这样一来，她就卸下了别人想让她背的包袱，无意识地通过不顺从的行为表现出敌意，间接地表达了自己的怨恨，申明了自己的独立性。如果她能在一开始就学会说"不"，那就更好了，因为被动攻击行为会让她显得无能并感到内疚。

由于背后的目的性不同，表面上看起来一样的行为，传达的意思其实是截然不同的。直截了当地拒绝做别人希望你做的事情并说明原因，这是在传达一个明确的信息，而被动攻击行为则是在传达带有敌意的混乱信息。如果对方关心你的需求，一份明确的声明就足够了。当一个人抱着剥削你的心态，要求你按照其方式行事时，通常需要你用行动来支持自己的声明。例如，宙斯一直没有关注德墨忒尔的状态，直到她"罢工"。

直到德墨忒尔拒绝作为谷物女神工作，宙斯才注意到她的痛苦。当她拒绝让万物生长，使得饥荒威胁到大地时，他才开始担心，因为如果她继续这样做的话，就没有凡人来敬拜神了。直到这时，他才开始关注她，并派赫尔墨斯把珀耳塞福涅从冥界带回来。一旦一个德墨忒尔女人意识到自己的需求（她自己压抑的需求），并且意识到别人对这些需求的忽视给自己带来了愤怒，她就可以考虑把德墨忒尔当作榜样。例如，一个工资过低、工作过度的基本雇员可以陈述自己的理由，要求获得应有的加薪和额外的帮助，但除非她向老板明确表示她不会继续像以前那样工作，否则她的诉求不会被重视。

抑郁：空巢和空虚

当一个德墨忒尔女人失去一段把她作为母性形象的关系时，她不仅失去了这段关系和这个人，也失去了母亲的角色——这一角色给了她权力感、重要性和意义感，留给她的只有一个空巢和一种空虚的感觉。

"空巢抑郁症"一词描述了那些将生命奉献给孩子却使得他们远离自己的女性的反应。结束恋爱关系的德墨忒尔女人，或者"养育"了一个项目多年却以失败告终或被其他人接管的德墨忒尔女人，可能也会有这样的反应。这种组织上的困境让她有一种"被剥削感"和荒芜感。

当原型处于最极端的情况下，一个抑郁的德墨忒尔女人会变得无法正常工作，需要在精神科进行住院治疗。她可能会成为那个哀伤的女神的化身，在大地上寻找珀耳塞福涅却一无所获。像德墨忒尔一样，她可能不吃饭、不睡觉、不洗澡。她也许会来回踱步，一直不安地移动，双手绞痛，悲痛欲绝，陷入严重的不安和抑郁之中。或者她可能会坐着，就像在厄琉息斯的德墨忒尔一样，孤僻、一动不动、反应迟钝。在她看来，一切都黯淡无光，这个世界毫无意义。她的生活了无生机，感觉不到绿色，也感受不到成长。这种反应是严重的冷漠型抑郁症。在这些反应中，无论是不安还是冷漠，敌意都是她抑郁的深层原因：人生意义的来源被剥夺令她感到愤怒。

当一个悲伤的德墨忒尔住院时，她当然需要专业的帮助。但如果她知道自己很容易患上空巢抑郁症，并且采取了以下四项预防性心理健康措施，她的反应就不会那么严重了。学习正确地表达愤怒而不是将其压抑在内心可以减少抑郁。学会说"不"有助于避免因过度工作、不被赏识和受苦受难而感到精疲力尽和沮丧。学会"放手"，可以使她免于陷入孩子（或者是她的上司、员工或客户）怨恨她、想要摆脱她的痛苦之中。在自己身上培养其他女神则可以为她提供做母亲之外的兴趣。

成长方式

德墨忒尔女性发现她们很容易识别出自己所体现的母性模式，包括很难说"不"。然而，她们在看待自己的负面情绪和针对他人的负面行为时，往往会出现盲点。因为这些感受和行为是最需要改变的，所以在德墨忒尔女人能够看到全貌之前，其成长将受到阻碍。德墨忒尔女性的出发点是好的——再加上需要将自己视为好母亲，这阻碍了她们接受批评。她们的防御往往非常强。她们通过声明自己的良好意图（"我只是想帮忙"）或列出她们所做的许多积极和慷慨的事情来反驳批评。

德墨忒尔女人很难说"不"是因为她认同善良和给予的母亲，所以她也拒不承认她对自己所爱的人感到的愤怒。出于同样的原因，她否认自己可能存在被动攻击的行为，否认自己可能在过度控制或培养依赖。然而，她确实知道自己对不被赏识感到失望，而且能够承认自己感到沮丧。如果她愿意进行探索，那么她可能会逐渐允许自己负面的德墨忒尔特征浮现。最大的障碍是要能够承认它们，改变她的行为反而是更容易的任务。

成为自己的好妈妈

一个德墨忒尔女人需要为自己"雇佣"德墨忒尔，而不是用本能去回应别人（好像她自己就是德墨忒尔一样）。当她被要求承担又一项责任时，她需要学会专注于自己，将她对他人的关照放在自己身上。她可以问自己："这是我现在真正想做的事情吗？""我有足够的时间和精力吗？"当受到不好的待遇时，她需要安慰自己"我应该得到更好的待遇"，并鼓励自己"去告诉他们"自己的需求。

超越德墨忒尔

除非一个德墨忒尔女人有意识地在自己的生活中为其他非德墨忒尔的关系腾出空间，否则她可能会一直停留在同一种模式中，即"只是德墨忒尔"。如果她是一个有孩子的已婚妇女，会努力和丈夫创造没有孩子的二人世界吗？她会腾出时间独自行动，花时间慢跑、冥想、画画或演奏乐器吗？或者，就像典型的德墨忒尔那样，她永远都找不到时间吗？如果她是一名德墨忒尔职业女性，可能会把所有的精力都投入工作中。她可能会领导一个托儿所或一个专业项目，并把所有的时间和精力都花在这上面，每天都精疲力竭地回家。一个德墨忒尔职业女性需要像有5个孩子的德墨忒尔女人一样抵制"只是德墨忒尔"。如果她不超越德墨忒尔，那么当她不再被需要并发现自己对他人来说可有可无时，患上空巢抑郁症的可能性就会增加。

从抑郁中康复

哀伤、抑郁的德墨忒尔女人遭受了重大的丧失。这种丧失可以是任何对她来说具有重要情感价值的东西———一段关系、一个角色、一份工作、一个理想———任何能赋予她生活意义的东西都消失了。而且，就如每个女神的神话所展现的那样，女性有可能卡在任何阶段，也有可能超越神话模式获得成长。一些抑郁的德墨忒尔女性一直没有康复，他们的存在是空虚、苦涩和荒芜的。

但康复和成长是可能的。神话本身提供了两种解决方案。首先，当知道珀耳塞福涅被绑架后，德墨忒尔离开了奥林匹斯山，在大地上流浪。在厄琉息斯，这位忧郁而哀伤的女神受到了一个家庭的欢迎，在那里她成为德莫芬的保姆。她给他喂了琼浆玉露和美味佳肴，如果他的母亲梅塔尼拉没有来打扰，她本可以令他不朽。因此，她通过去爱和关心别人来应对自己的丧失。冒险经营另一段关系是哀伤的德墨忒尔女人康复并再次发挥作用的一种方式。

其次，与珀耳塞福涅重逢能够使德墨忒尔康复。悲伤的母亲一旦与自己永恒的少女女儿团聚，就变得不再抑郁，开始重新扮演谷物女神的角色，恢复了大地的生机和万物的生长。

从隐喻的层面看，这就是结束抑郁的原因：青春原型的回归。它的发生往往显得很神秘。它伴随着哭泣和愤怒。随着时间的流逝，一种萌芽的感觉被激起。也许这个女人开始注意到湛蓝的天空是多么美丽；或者，她被某人的同情心感动；或者，她产生一种完成一项早就放弃的任务的冲动。在情感上，这些都是春天来临的小小迹象。在恢复生命的最初迹象出现后不久，女人再次成为自己，再次充满活力和慷慨，与自己失去的那部分重新团聚。

此外，德墨忒尔女人还可以凭借更强大的智慧和精神领悟从痛苦中走出来。作为一种内在体验，德墨忒尔和珀耳塞福涅的神话讲述了女性通过苦难成长的能力。一个德墨忒尔女人可能会像德墨忒尔本人一样，开始接受人类季节性变化的存在。她可能会获得一种镜映大自然的大地智慧。这样的女人知道，无论在自己身上发生了什么事情，她都能熬过去，因为她明白，就像春天会在冬天之后到来一样，人类所经历的变化也遵循一定的模式。

第十章

珀耳塞福涅：少女和冥后，乐于接受的女人，母亲的女儿

女神珀耳塞福涅

女神珀耳塞福涅，罗马人称之为"普洛塞庇娜"或"科拉"（Cora）。《荷马史诗》描述了她被哈迪斯绑架的情况，而她也因此广为人知。她以两种身份被崇拜，一是作为少女或科瑞（意思是"年轻的女孩"），二是作为冥后。科瑞是一位苗条、美丽的年轻女神，与生育的象征有关：石榴、谷物和玉米，以及引诱她的水仙花。作为冥后，珀耳塞福涅是一位成熟的女神，统治着死去的灵魂，引导着冥界的来访者，并为自己争取想要的东西。

虽然珀耳塞福涅不是十二位奥林匹斯神之一，但她是厄琉息斯秘仪中的核心人物。在基督教出现之前的两千年中，厄琉息斯秘仪是希腊人的主要宗教。在厄琉息斯秘仪中，希腊人通过珀耳塞福涅每年从冥界的回归，来经历死后生命的回归或重生。

家谱和神话

珀耳塞福涅是德墨忒尔和宙斯的独生女。至于她是如何被怀上的，希腊神话不同寻常地保持了沉默。

在德墨忒尔－珀耳塞福涅神话的开端（第九章详细讲述过），珀耳塞福涅是一个无忧无虑的女孩，她一边采花，一边与她的朋友们玩耍。随后，冥王哈迪斯驾着战车，突然从大地上的一个洞口中出现，强行将尖叫的少女带回了冥界，并强迫她做自己的新娘。德墨忒尔对此拒不接受，她离开奥林匹斯山，执意让珀耳塞福涅回到人间，最终逼迫宙斯听从她的意愿。

宙斯随后派信使之神赫尔墨斯去寻回珀耳塞福涅。赫尔墨斯来到冥界，看到了郁郁寡欢的珀耳塞福涅。当珀耳塞福涅发现赫尔墨斯是来找她的，而且哈迪斯会放她走时，她的绝望变成了喜悦。然而，在她离开他之前，哈迪斯给了她一些石榴籽，她吃下了。然后她和赫尔墨斯一起上了战车，他迅速地把她带到了德墨忒尔那里。

重逢的母女愉快地拥抱后，德墨忒尔焦急地询问女儿是否在冥界吃过什么东西。珀耳塞福涅回答说她吃过石榴籽——因为哈迪斯"暴力地"强迫她，所以她"不情愿地"吃掉了它们（这当然不是真的）。德墨忒尔接受了这个故事和随之而来的循环模式。如果珀耳塞福涅没有吃任何东西，她就会完全回到德墨忒尔身边。然而，吃了石榴籽后，她一年中的三分之一的时间不得不在冥界与哈迪斯一起度过，只有另外三分之二的时间可以留在人间与德墨忒尔一起度过。

后来，珀耳塞福涅成为冥界的王后。每当希腊神话中的男英雄或女英雄前往冥界时，珀耳塞福涅都会在那里接待他们并成为他们的向导。（尽管珀耳塞福涅－德墨忒尔的神话说她一年中有三分之二的时间是不在冥界的，但在冥界，从未有人发现她缺席——没有一个门上牌上写着"她回家去找妈妈了"。）

在《奥德赛》中，英雄奥德修斯（尤利西斯）前往冥界，珀耳塞福涅向他展示了传奇女性的灵魂。在普赛克和厄洛斯的神话中，普赛克的最后一项任务是带着一个盒子进入冥界，让珀耳塞福涅给阿佛洛狄忒装满美容药膏。赫拉克勒斯（赫丘利）在完成十二项任务中的最后一项时，他来到冥界，得到哈迪斯和珀耳塞福涅的许可才能带走凶猛的三头护卫犬刻耳柏洛斯（Cerberus）——他最终将其制服并拴在了皮带上。

珀耳塞福涅与阿佛洛狄忒争夺阿多尼斯（Adonis）——他是两位女神都钟爱的

美丽青年。事情的起因是，阿佛洛狄忒把阿多尼斯藏在一个箱子里，送到珀耳塞福涅处保管。但刚打开宝箱，冥后就被他的美貌迷住了，不肯将他归还。珀耳塞福涅与另一个强大的神争夺阿多尼斯的占有权，就像德墨忒尔和哈迪斯曾经对她所做的那样。争议被带到了宙斯面前，宙斯决定阿多尼斯应该花一年中的三分之一的时间与珀耳塞福涅在一起，一年中的三分之一的时间与阿佛洛狄忒在一起，剩下的时间留给他自己。

珀耳塞福涅原型

赫拉和德墨忒尔所代表的原型模式与强烈的本能感受相关，与她们不同，珀耳塞福涅作为一种人格模式并没有那么强势。如果说珀耳塞福涅提供了人格结构，那么它使得女性倾向于不采取行动而是"被他人行动"——在行动上顺从，在态度上被动。此外，珀耳塞福涅少女还会令女人看起来永远年轻。

珀耳塞福涅女神有两个方面，分别是作为科瑞的她和作为冥后的她。这种二元性也表现为两种原型模式。女性可能会受到这两个方面中的其中一个方面的影响，可能会从一个方面成长为另一个方面，或者科瑞和冥后可能也会同时出现在她们的心灵中。

科瑞：少女原型

科瑞是"无名少女"，她代表不知道"自己是谁"并且还没有意识到自己的欲望或力量的年轻女孩。大多数年轻女性在结婚或决定职业之前都会经历一个"科瑞"阶段。其他女性在她们一生的大部分时间里仍然是少女。她们不会对一段关系、工作或教育目标作出承诺——即使她们正在谈恋爱、有一份工作或者在读大学甚至研究生。无论她们在做什么，似乎都不是"真实的"。她们的心态停留在永恒的青春期，对自己"长大"后想成为什么样的人犹豫不决，总是等待某事或某人来改变自己的生活。

母亲的女儿

珀耳塞福涅和德墨忒尔代表了一种常见的母女模式，在这种模式中，女儿离母亲太近，无法发展出独立的自我意识。这种关系的座右铭是"妈妈最了解"。

珀耳塞福涅女儿想取悦自己的母亲。这种渴望促使她成为"一个好女孩"——顺从、谨慎，并且经常受到庇护或保护，免受一丝风险。这种模式在童谣《鹅妈妈》（*Mother Goose*）中有所呼应：

> "妈妈，我可以出去游泳吗？"
> "可以，我亲爱的女儿。
> 把你的衣服挂在山核桃树枝上，
> 但不要靠近水。"

虽然母亲看起来坚强独立，但这种外表往往具有欺骗性。她可能会培养女儿的依赖性，以便将她留在身边。或者她可能需要女儿成为自己的延伸，通过女儿来介入生活。这种关系的一个典型例子是做舞台经理的母亲和做女演员的女儿。

有时，父亲是占主导地位的侵入性的那一方，会培养出女儿的依赖性。他过度控制的态度也可能具有欺骗性，掩盖了对女儿过于亲密的情感依恋。

除了家庭动力，我们的文化也使女孩们把女性气质与被动和依赖画等号。她们被鼓励像灰姑娘一样等待王子的到来，像睡美人一样等待被唤醒。因为环境强化了这个原型，所以被动和依赖是许多女性的核心（"科瑞"[①]）问题，导致人格的其他方面没有得到发展。

"阿尼玛女人"

埃斯特·哈丁是一位杰出的荣格分析家，在她的书《所有女人的道路》中，描

[①] "核心"的英文是 core，"科瑞"的英文是 Kore，两者的拼写和发音都很相似。——译者注

述了"一切顺从男人"的女性类型。她们是"适应他的愿望，让自己在他眼中显得美丽，使他着迷，令他高兴"的"阿尼玛女人"。她"对自己的认识不够充分，无法描绘出自己的主观生活是什么样的"。她"通常不自觉；她不分析自己，也不分析自己的动机；她只是存在而已；在大多数情况下，她都是笨口拙舌的"。

哈丁描述说，一个"阿尼玛女人"很容易接受男人无意识的女性形象的投射，并在不知不觉中顺应这个形象："她就像一个多面的水晶，不需要自己的任何意志就能自动转动……通过这种适应，首先是一个面，然后是另一个面呈现出来，并且总是将最能反映自己的阿尼玛的那一面呈现给凝视者。"

珀耳塞福涅女人与生俱来的接受能力使她非常具有可塑性。如果重要的人将一个形象或期望投射到她身上，她一开始并不会抗拒。她的模式是像变色龙一样"试穿"别人对她的期望。正是这种品质使她很容易成为"阿尼玛女人"：她不知不觉地符合了男人想要她成为的样子。和某个男人在一起时，她是一个完美融入乡村俱乐部的网球爱好者；在下一段恋情中，她坐在他的摩托车后座上，一起在高速公路上咆哮；她是第三个男人的模特，他把她描绘成一个天真无邪的少女——对他来说，她就是这个样子。

小孩 – 女人

在被绑架之前，珀耳塞福涅还是个"小孩 – 女人"，没有意识到自己的性吸引力和美貌。这种性欲和纯真的典型组合渗透到了美国文化中，在那里，理想的女人是一只性感小猫，一个为《花花公子》杂志摆出裸体姿势的、有着邻家女孩模样的女人。例如，在电影《艳娃传》（*Pretty Baby*）中，影星波姬·小丝（Brooke Shields）扮演了典型的小孩 – 女人——一个贞洁的、令人向往的 12 岁女孩，她的童贞被卖给出价最高的人。这一形象在她之后主演的电影《珊瑚岛》（*Blue Lagoon*）和《无尽的爱》（*Endless Love*）以及她为时装品牌"卡尔文·克莱恩"（Calvin Klein）拍的牛仔裤广告中得到了延续。与此同时，媒体将她描述成一位受母亲庇护的、听话的珀耳塞福涅式女儿，她的事业和生活都牢牢地被母亲掌控。

一个珀耳塞福涅女人感觉不到自己是性感的，这并不一定是因为她年龄小或者性经验不足。只要在心理上是科瑞，她的性欲就不会被唤醒。虽然她喜欢有男人喜欢她，但她缺乏激情，并且可能无法达到性高潮。

相较于美国，在日本，理想的女人更像珀耳塞福涅。她安静、端庄、顺从——她知道自己绝不能直接说"不"：她从小就被教育，要避免因不同意或不愉快而扰乱与他人之间的和谐。理想的日本女性总是优雅地保持在场，而在幕后，她能预见到男性的需求，并在表面上接受自己的命运。

通往冥界的向导

虽然珀耳塞福涅第一次接触冥界时的身份是绑架受害者，但她后来成为冥后，为其他来访者做向导。珀耳塞福涅原型的这一方面，正如在神话中一样，是经验积累和自我成长的结果。

象征性地讲，冥界可以代表心灵的更深层次，即一个"埋葬"记忆和感受的地方（个人无意识），在这里可以发现原型以及人类共有的图像、模式、本能和感受（集体无意识）。在心理分析中探索这些领域时，会在梦中产生冥界的图像。做梦者可能身处地下室，这里通常有许多走廊和房间，有时就像迷宫一样。或者，她可能会发现自己身处一个地下世界或深邃的洞穴，在那里她会遇到人、物体或动物，感到敬畏、害怕或充满兴趣——这取决于她是否害怕自己内心的这个领域。

冥界的王后和向导珀耳塞福涅代表了在两个世界之间来回移动的能力：基于自我的"真实"世界、心灵的无意识世界或心灵的原型现实。当珀耳塞福涅原型活跃时，女性有可能在两个层面之间进行调停，并将两者都融入自己的人格中。她还可以为那些在梦中和幻想中"访问"冥界的人做向导，或者可以帮助到那些被"绑架"且与现实脱节的人。

在自传体小说《我从未向你许诺一个玫瑰园》（*I Never Promised You a Rose*

Garden）中，汉娜·格林（Hannah Green）[①]讲述了一个16岁的精神分裂症女孩患病、住院和康复，以及从现实世界撤退到一个想象王国的故事。格林必须生动地回忆起自己的经历才能将其写下来。最初，"Yr王国"是她的避难所，这是一个拥有自己的"秘密日历"、语言和人物的幻想世界。但最终，这个"地下"世界呈现出可怕的现实景象。她成了其中的囚徒，无法离开。她写道："她只能看到轮廓，灰色对灰色，没有深度，平坦，就像一幅画。"这个女孩是一个被绑架的珀耳塞福涅。

像珀耳塞福涅这样的前精神病患者，可以引导他人穿越地下世界。汉娜·格林的自传体小说《我从未向你许诺一个玫瑰园》、西尔维娅·普拉斯（Sylvia Plath）[②]的小说《钟形罩》（*The Bell Jar*）和她的诗歌，以及多莉·普雷文（Dorothy Previn）[③]的歌曲，都为那些坠入深渊并需要一些帮助来理解这段经历的人提供了指导。这些女人都曾是住过院的精神病患者，她们最终获得了康复，并记录了自己被"绑架"到抑郁和疯狂的世界的经历。我还认识几位出色的心理治疗师，她们年轻时曾因精神疾病住院。她们一度被潜意识中的一些元素"俘虏"，与日常现实脱节。由于她们曾亲身体验过深渊并从中康复，所以她们现在对他人特别有帮助。这样的人知道她们在冥界的道路应该怎么走。

最后，有些人没有成为被俘虏的科瑞，而是认识了向导珀耳塞福涅。对于许多处理患者想象中出现的梦和意象的心理治疗师来说，这是他们的真实经历。他们对潜意识有一种接受能力，不会被囚禁在那里。他们凭直觉熟知冥界的情况。这时，向导珀耳塞福涅是心灵的一部分，正是因为有这个原型的存在，一个人在遇到象征性语言、仪式、疯狂、幻象或欣喜若狂的神秘体验时，才能感受到某种熟悉感。

[①] 汉娜·格林是美国女作家琼安·葛林柏（Joanne Greenberg）的笔名，《我从未向你许诺一个玫瑰园》是她的自传体小说，曾被改编为同名电影和舞台剧。——译者注
[②] 西尔维娅·普拉斯是美国著名女诗人，在1963年年仅31岁时自杀身亡。——译者注
[③] 多莉·普雷文是美国女歌手、词曲作家和抒情诗人。——译者注

春天的象征

珀耳塞福涅、科瑞或"无名少女"为许多女性所熟悉，这是她年轻、不确定、充满可能性时所处的人生阶段。这是在另一个（任何其他）原型被激活并迎来不同的人生阶段之前，她等待某人或某事来塑造自己的生活的阶段。在女人一生的四季中，珀耳塞福涅代表了春天。

就像春天总是在收获后的休耕期和贫瘠的冬季之后循环地出现，带来温暖、更多的光照和新的绿色植物一样，珀耳塞福涅也可以在经历过失去和抑郁的女性身上重新被激活。每当珀耳塞福涅重新出现在女性的心灵中，她就有可能再次接受新的影响和变化。

珀耳塞福涅代表着年轻、活力和获得新的成长的潜力。拥有珀耳塞福涅作为内心的一部分的女性，在一生中可能都会保持对变化的接受能力和年轻的精神。

培养珀耳塞福涅

珀耳塞福涅原型的接受能力是许多女性需要培养的品质。对于专注的雅典娜和阿尔忒弥斯女性来说尤其如此——她们习惯于知道自己想要什么并果断行事，而当她们不清楚该如何以及何时行动，或者不确定该优先做什么时，就不太能应付了。为此，她们需要培养像珀耳塞福涅那样去等待情况发生变化，或等待自己的感受变得清晰起来的能力。

保持开放和灵活性（或可塑性）的能力是珀耳塞福涅（有时也会过于灵活）的典型特征，同时可能也是德墨忒尔和赫拉女性需要培养的能力：当她们为自己的期望所困（赫拉）或坚信自己是懂得最多的那位（德墨忒尔）的时候。

对接受能力赋予正面价值是培养它的第一步。通过倾听他人的意见，尝试从他人的角度看待问题，避免批判性判断（或偏见），可以有意识地培养对他人的接纳态度。

对自己心灵的接受态度也可以被培养出来。必要的第一步是善待自己（而不是对自己不耐烦和自我批评），尤其是当女人觉得自己在"休眠"的时候。许多女性了解到，只有在她们学会接受"休眠期"是一个阶段而不是一种罪过之后，它才能成为活动或创造力激增之前的一种治愈性休整。

培养梦境往往是有益的。每天早上努力回忆和写下梦境，可以使梦的意象保持活力。这样做之后，对梦的意义的洞察力往往会提高，因为你会记住梦境并思考它们。许多人在尝试获取第六感并学会接受脑海中自发出现的意象时，甚至可以发展出超感知觉。

作为女性的珀耳塞福涅

珀耳塞福涅女人有一种年轻的特质。她看起来可能比自己的实际年龄更小，或者她的性格中可能有一些"少女感"，一种可能会持续到中年及以后的"请照顾这个小小的我"元素。我认为珀耳塞福涅女人有一种柔软的气质，使其可以顺应环境或者更强悍的人。根据"风向"，她先是朝一个方向走，然后再朝另一个方向走，当风力减弱时，她又会弹回来。除非她做出承诺改变自己，否则在某种意义上她不会受到经验的影响。

年轻的珀耳塞福涅

平时的小珀耳塞福涅是一个安静、谦逊的"乖巧小姑娘"，经常穿着粉红色的褶边连衣裙。她通常是一个乖巧的孩子，想要取悦别人，按照别人的吩咐去做事情，穿上别人为她挑选的衣服。

如果一位过度关心的母亲从婴儿时期就把女儿当作一个需要保护和监督的脆弱洋娃娃，无疑会加剧珀耳塞福涅谨慎和顺从的倾向。如果在女儿迈出摇摇晃晃的第一步时，她非但没有感到高兴，反而还担心她可能会跌倒并伤到自己，那么她正在传达许多类似信息中的第一个，即把尝试新事物所带来的困难等同于风险和担忧。当女儿尝试去做某件事时，她责备道"你应该先问我"，她的意思其实是"等我来帮忙"。保持依赖是她所发出的一种不言而喻的警告。

一个年轻的珀耳塞福涅很有可能是一个内向的孩子，因为她更喜欢先观察然后再加入，所以她天生就显得很谨慎。她宁愿在一旁观望，直到她知道发生了什么以及规则是什么，而不是像一个更外向的孩子那样直接去投入和亲身体验。在决定是否参加之前，她需要先想象自己做这件事时的心情。但她的母亲经常将她天生的内向误解为胆怯。一个好心、外向的母亲可能会在女儿准备好之前就逼迫她去做某事，这通常没办法给她的珀耳塞福涅女儿足够的时间去发现自己的喜好。年轻的珀耳塞福涅可能会因为被他人逼迫着"做决定"而去做让对方高兴的事，而不是直接拒绝，久而久之，她就变得越来越被动。

相比之下，如果能够得到支持，年轻的珀耳塞福涅也可以学会相信自己的内心，由此知道自己到底想做什么。她逐渐学会相信自己与生俱来的接受风格，并对她以自己的方式和自己的时间做出决定的能力充满信心。她主观地找到了适合自己的喜好，所以她无法说出自己的理由：她能从内心感觉到自己应该做什么，但无法从逻辑上解释清楚。

父母

一个珀耳塞福涅女儿通常是"妈妈的小女孩"，总是以德墨忒尔－珀耳塞福涅模式与自己的母亲相处。这种类型的母亲经常把女儿当作自己的延伸，女儿对她的自尊心或有贡献或有减损。这种模式可能会导致母亲和女儿的心灵有所交叠。母亲操持孩子的派对、舞蹈、钢琴课甚至朋友，就好像她在当自己的妈妈一样。她为女儿提供了自己小时候想要的或错过的东西，而不去考虑女儿可能有与她不同的需求。

珀耳塞福涅女儿并不会做太多的事来反抗这样一种印象：即她自己想要的东西和她母亲想要的东西一样。从本质上讲，她乐于接受、顺从，想要取悦他人。（相比之下，2 岁的小阿尔忒弥斯和雅典娜会明确地对她们不想穿的衣服说"不"，或者用转移她们注意力的方式表达"不"。）

如果一位很有事业心的雅典娜母亲有一个珀耳塞福涅女儿，她可能会想："我是怎么得到这样一个小公主的？"前一刻她也许会为自己能做这个孩子的母亲而感到高兴，但下一刻她可能会因为女儿表现出的明显的优柔寡断、无法说出自己的想法而感到沮丧。一位阿尔忒弥斯母亲的挫败感与雅典娜母亲不同：她更善于接受女儿的主观感受；她之所以愤怒是因为女儿缺乏意志，所以，她告诫女儿要"为自己挺身而出"。阿尔忒弥斯和雅典娜母亲可能都会帮助她们的珀耳塞福涅女儿培养自己重视的品质，或者向她灌输一种"还不够"的感觉。

许多年轻的珀耳塞福涅与父亲的关系并不亲密。父亲可能会因为德墨忒尔母亲的占有欲而感到气馁，后者希望与女儿建立一种排他的关系。或者，如果他是一个以从不换尿布为荣的传统丈夫，他可能会选择不参与其中，就像某些男人把女儿留给母亲抚养却只对儿子感兴趣一样。

在理想的情况下，年轻的珀耳塞福涅会有一对尊重她的父母，允许她以内在的方式来了解什么对她来说是重要的，并相信她的结论。他们会为她提供各种体验，但不会强迫她参与其中。他们是已经学会重视孩子身上的内向性的父母。

青少年和成年初期

年轻的珀耳塞福涅的高中经历通常是她早期生活的延续。如果她是在"妈妈最了解"的关系中长大的，她的妈妈会和她一起购物，帮她选择衣服，并影响她对朋友、兴趣和约会对象的选择。她想要通过女儿的经历来介入生活，所以她会详细了解女儿的约会和活动，并期望女儿向她倾诉和分享秘密。

但是，青少年需要保有一些秘密、享有一些隐私。在这个成长阶段，过度干预的父母会阻碍青少年独立身份的发展。通过分享一切，一个处于青春期的女儿允许她的母亲对本该属于她自己的经验施加影响。这样一来，母亲的焦虑、观点和价值观就会影响她自己的看法。

通常情况下，中产阶级或上流社会的珀耳塞福涅女性会去上大学，因为那是她所处的社会阶层和家庭背景要求她待的地方——相当于珀耳塞福涅和她的朋友们所玩耍的草地的当代版本。对于这样的女孩来说，教育通常是一种消遣，而不是职业的先决条件。她很难完成作业和论文，因为她很容易分心或缺乏信心。典型的情况是，她可能尝试了几个大学专业。如果她最终能够设法确定一个专业，那么这通常是因为她遵循了默认的或阻力最小的道路，而不是基于主动选择。

工作

珀耳塞福涅女人可能会继续做"专业的学生"，也可能会去工作。无论是高中毕业后还是大学毕业后，她往往都会从事一系列工作，而不是专注于一个职业或一份事业。此外，她还会倾向于待在自己的朋友或家人所在的地方。她从一份工作换到另一份工作，希望有一份工作能真正引起自己的兴趣。或者，当她没有按时完成任务或请假太多时，可能会被解雇。

珀耳塞福涅女性最擅长不需要主动性、毅力或管理技能的工作。如果有一个她想取悦的老板给她安排一些必须马上完成的具体任务，她会做得很好。对于战线比较长的任务，珀耳塞福涅会拖延。她表现得好像希望被人从任务中解救出来，或者她拥有世界上所有的时间。当两者都无望时，到了交付任务的时候，她就会准备不足。最好的情况是，借助通宵达旦的努力，她设法在最后一分钟完成了工作。

虽然对于跟科瑞很像的女人来说，工作从来都不重要，但如果她蜕变为冥后，情况就完全不同了。那时，她很可能会进入一个创造性的、心理的或精神的领域，例如，作为艺术家、诗人、心理治疗师或精神导师工作。无论她做什么，通常都是极具个人特色的，而且往往是非正统的；她常常会在没有"适当的"学位的情况下，以高度个性化的方式工作。

与女性的关系

一个年轻的珀耳塞福涅女人与其他和她一样的年轻女人在一起时会感到很舒服。她常常是高中或大学的姐妹会成员，习惯性地在其他女孩的陪伴下而不是靠自己去尝试新事物。

如果她很漂亮，她可能会吸引那些认为自己不是很女性化的女性朋友，她们会将自己未开发的女性气质投射到她身上，然后将她视为特别之人。如果她这一生都被他人视为脆弱和珍贵的人，她会认为这种待遇是理所当然的。她最亲密的朋友往往是性格比较坚强的女孩。珀耳塞福涅唤起了同龄人和年长女性的母性反应，她们为她提供帮助并照顾她。

与男性的关系

在男人面前，珀耳塞福涅女性是一个小孩－女人，没有主见，心态年轻。她符合所有女神中最模糊和最不具威胁性的科瑞－珀耳塞福涅模式。当她说"你想做什么，我们就做什么"时，她是认真的。

珀耳塞福涅女性通常会吸引三类男性：像她一样年轻和缺乏经验的男性，被她的天真和脆弱吸引的"硬汉"，以及面对"成年"女性感到不自在的男性。

"年轻人的爱情"这个标签符合第一类恋爱关系。在高中和大学，年轻的男女正在探索如何平等地与异性相处。

第二类恋爱关系是将珀耳塞福涅——典型的"来自好家庭的好女孩"——与一个强硬的、有街头智慧的男人配对。他对这个与他完全相反的女孩着迷（她是受保护的和享有特权的）。反过来，她也被他的个人魅力、性光环和有主见的个性吸引。

第三类恋爱关系涉及那些出于各种原因对"成年"女性感到不舒服的男性。例如，一个年长的男人和一个比他年轻得多的女人之间的忘年恋，就是这种典型的父权模式的夸张代表。这个男人应该比他的配偶更年长、更有经验、更高大、更强壮、更聪明。女人应该更年轻、经验更少、更矮小、更弱小、受教育程度更低、更不聪明。最符合这一理想的类型是年轻的珀耳塞福涅。此外，珀耳塞福涅与许多男人心中的"母亲"的形象完全不同——母亲是一个强大或难以取悦的女人——这也是一些男人喜欢年轻女孩的一个原因。和珀耳塞福涅在一起，男人会觉得他可以被视为一个强大的、占支配地位的男人，而他的权威或想法不会受到挑战。他也觉得自己可以是无辜的、没有经验的或者无能的、不被批评的。

与男人的关系可能是珀耳塞福涅女人与强势的母亲分离的手段。然后，她经历了珀耳塞福涅成为"棋子"的阶段，在这个阶段，她是男人和她母亲之间的权力斗争中双方都想要占有的对象。她爱上了一个她母亲不喜欢的男人，一个与她母亲心目中的"好年轻人"不同的人。有时，珀耳塞福涅会选择一个来自不同社会阶层甚至不同种族的人。母亲可能会反对他的个性——"他冷漠无礼！""他不讨人喜欢……总是站在另一个角度！"他可能是第一个没有把这个女儿当成娇生惯养的公主，也不会容忍她做公主的人。她的母亲感到很震惊。母亲相信自己可以对顺从的女儿施加影响，所以她会攻击女儿的选择。她对这个男人的人格、个性或背景进行强烈的抨击，有时还质疑她女儿的判断力、能力和道德。母亲经常觉得他是一个潜在的对手——事实上，他所具有的这种抵抗母亲的能力正是珀耳塞福涅女儿被他吸引的原因之一。

有生以来第一次，珀耳塞福涅女儿与母亲和母亲的"好女孩"行为标准发生了冲突。她的母亲或家人可能会禁止她去见她自己选择的男人。她可能会一边同意（而不是公开反对他们），一边偷偷溜出去见他。或者，她可能会试图令她的母亲相信他具有优秀的品质。

经过一定程度的挣扎后，男人通常会要求她与母亲对质，或者放弃试图获得母亲认可的努力。他可能会要求她和自己住在一起，嫁给自己，和自己一起离开这个地方，或者与她的母亲断绝联系。面对这种夹在两者之间的情况，她要么会回到母亲身边，扮演顺从的女儿的角色，要么与他一起投身于自己的命运并与母亲分离。

如果她的确从字面意义或象征意义上离开了自己的母亲，那么她可能已经踏上了成为一个独立的、自我决定的人的旅程。（她这样做虽然冒着用一个专横的母亲换取一个专横的男人的风险，但通常，在违背了母亲之后，她就已经改变了，不再是过去的那个顺从者了。）与母亲的和解可能会晚些到来——在她自己获得情感上的独立之后。

性

一个处于珀耳塞福涅少女阶段的女人就像睡美人或白雪公主——睡着了，或者不了解自己的性取向，等待王子出现来唤醒她。许多珀耳塞福涅最终被唤醒了性欲。她们发现自己是充满激情的、有性高潮的女人，这一发现对她们的自尊产生了积极影响。在此之前，她们感觉自己就像伪装成女人的女孩。（珀耳塞福涅的这一特点将在本章的后面部分做进一步的讨论。）

婚姻

婚姻是经常"发生"在珀耳塞福涅女人身上的事情。当一个男人想要结婚并说服她同意时，她就会被"绑进"婚姻中。如果她是一个典型的珀耳塞福涅，那么她可能不确定自己是否想结婚。她会被男人的坚持和确信冲昏头脑，并且受到文化预设的影响，认为结婚是自己应该做的事。从本质上讲，珀耳塞福涅女人具有"传统女性"的个性。她们顺从更强大的人，善于接受而不是积极主动，不参与竞争，也不咄咄逼人。男人选择她们，而不是反过来被她们选择。

一旦结婚，珀耳塞福涅女人可能会经历与珀耳塞福涅神话相似的阶段，成为夹在丈夫与母亲之间的不情愿的新娘或棋子。婚姻可能会变成一个不期而至的转化事件：当赫拉、德墨忒尔或阿佛洛狄忒原型被婚姻激活，永恒的女孩或少女就会变成已婚的主妇、母亲或性感的女人。

一位新婚丈夫描述了自己和珀耳塞福涅妻子之间的痛苦的戏剧性关系："她对待我的方式就好像我毁了她的生活，而我所做的只不过是爱上她并想马上结婚。上周的某一天，我需要去银行取一张表格，而我一整天都安排了其他事情，所以我请她帮忙——但她指责我把她当作仆人对待。做爱只有在我提出时才会发生，然后她表现得好像我是强奸犯一样。"他对他们之间发生的事情感到困惑、愤怒和沮丧。他觉得她把自己当成一头麻木不仁、压迫人的野兽，他感到受伤和无能为力，因为他妻子的反应就好像她是被俘虏的珀耳塞福涅，而他是绑架她的哈迪斯。

不情愿地成为新娘的珀耳塞福涅女性只会做出部分承诺。她们结婚的时候内心有所保留。有人这样说："我和一些室友住在一起，有一个很无聊的工作。他不是我梦寐以求的白马王子，但他想要的和我过去以为我想要的一样——一个房子和一个家——而且他很可靠，所以我答应了。"这个珀耳塞福涅只是部分地忠于她的丈夫。在情感上，她只把一部分时间花在婚姻上，而在其余的时间，她幻想着其他男人。

孩子

尽管珀耳塞福涅女人可能有孩子，但除非她激活了部分德墨忒尔，否则她不会真的觉得自己是一个母亲。她可能仍然觉得自己是个女儿，认为自己的母亲才是"真正的母亲"，而自己只是在扮演母亲的角色。一个喜欢干预的母亲如果作为祖母接管了她的孙子，会让她的珀耳塞福涅女儿感到无能，并将困难变得更加突出。她可能会说："你不会抱一个挑剔的孩子，让我来做吧！""我会处理的，你休息吧。"或者说："你的母乳对宝宝来说还不够——也许你应该改用奶瓶。"这些典型的评论削弱了女儿的自信心。

珀耳塞福涅女人的孩子以各种方式对她作出反应。一个比自己的珀耳塞福涅母亲拥有更强烈的意志和更明确的想法的女儿最终可能会告诉她母亲应该做什么，而不是反过来由她母亲做主。随着年龄的增长（有时早在 12 岁），女儿可能会与依赖人的珀耳塞福涅母亲互换角色。这样的女儿在成年后回顾自己的童年和青春期，往往都会说："我没有妈妈——我才是妈妈。"如果母女都是珀耳塞福涅，尤其是当她们住在一起并相互依赖的时候，她们可能会变得过于相似。随着时间的流逝，她们可能会变得如同形影不离的姐妹。

珀耳塞福涅母亲如果有自信的儿子，那她们可能会觉得自己被"碾压"。即使是蹒跚学步的小男孩，也可以威胁到他们的珀耳塞福涅母亲，因为当男孩们坚持和生气时，他们似乎是强大的男人的缩小版。由于珀耳塞福涅女人在任何关系中都不使用权力，因此她不太可能向这样的孩子展示"谁是老大"。她可能会屈从于对方的要求，无法设定界限，并感到无能为力和受害。或者，她可能会找到一种间接的方式来转移注意力：想法让他心情好起来，哄他改变主意，转移他的视线，或者让他心烦意乱、感到内疚或羞愧。

一些珀耳塞福涅母亲的儿子和女儿因拥有不干涉他们的母亲而茁壮成长，这些母亲爱他们并钦佩他们的独立精神（这与她们自己是如此不同）。珀耳塞福涅母亲也可以通过与孩子一起想象、玩耍来培养孩子的独立能力。如果她自己已经超越了作为科瑞的珀耳塞福涅，就可以引导他们将内心生活视为创造力的源泉。

中年

虽然科瑞－珀耳塞福涅原型永远年轻，但女人自己却变老了。随着失去绚烂的青春，她可能会为每一个面部皱纹和线条而感到苦恼。现实的障碍开始涌现，使她意识到曾经拥有的梦想现在已遥不可及。当这些残酷的现实对她来说变得显而易见时，她就会患上中年抑郁症。

如果仍然将自己认同为"少女"，那么她可能会努力否认现实。当专注于试图保持年轻的错觉时，她可能会去做面部拉皮手术。她的发型和衣着可能更适合比她小很多的女人；她可能会表现得无助，并试图显得可爱。而且随着时间的流逝，她的行为会越来越不符合她的年龄。对于这样的女人来说，抑郁症总是近在咫尺。

如果她在中年时不再认同科瑞－珀耳塞福涅——因为她做出了承诺，或者一些经历改变了她——她将免受抑郁症的困扰。否则，抑郁症将成为她人生的转折点：也许能产生积极的结果，但也可能导致消极的后果。这可能标志着持久抑郁的开始，之后她仍会被生活打败。或者，抑郁症将标志着漫长的青春期的结束和成熟的开始。

晚年

如果一位珀耳塞福涅女人从科瑞进化为王后，那么在 65 岁以后，她可能会像一位威严而睿智的长者，知道如何使生与死变得有意义。她有过神秘的经历，并挖掘了自己内心深处的灵性来源，消除了对变老和死亡的恐惧。如果她变成熟了，做出了承诺，发展了自己的其他方面，但仍然与珀耳塞福涅保持着联系，那么她的一部分就会在精神上永远保持年轻。

晚年的她，也有可能几乎没有留下珀耳塞福涅的痕迹，因为她在刚开始的时候遵循珀耳塞福涅模式，但在成年早期或中期激活了赫拉、德墨忒尔或阿佛洛狄忒。或者，最坏的情况是，珀耳塞福涅可能永远无法从抑郁症中恢复过来，从那时起，她就一直被生活打败或过着脱离现实的生活，被囚禁在自己的地下世界。

心理困境

在被哈迪斯绑架和强奸前，女神珀耳塞福涅一直是一个无忧无虑的女儿，这之后，她又一度是一个无能为力的、被俘虏的、不情愿的新娘。虽然在母亲的努力下获得了自由，但她还是吃了一些石榴籽，这意味着她将在人间与德墨忒尔一起度过一部分时间，在冥界与哈迪斯一起度过另一部分时间。直到后来，她才逐渐变成自己，成为冥后和冥界的向导。这则神话的每个不同的阶段都有其对应的现实生活。像女神一样，珀耳塞福涅女性可以通过这些阶段进化，以成熟地应对发生在她们身上的事情。但是，她们可能也会卡在某个阶段。

赫拉和德墨忒尔代表女性在成长过程中常常必须去抵制的强烈本能，与这两位女神不同，珀耳塞福涅的影响是使女性变得被动和顺从。因此，她很容易被别人支配。她是七位女神中最不定型和最不清晰的，她的特点是缺乏方向和动力。然而，在所有这些女神中，她也有最具可能性的成长路径。

向科瑞－珀耳塞福涅认同

像科瑞一样生活意味着成为一个不对任何事或任何人进行承诺的永恒少女，因为做出明确的选择会消除其他可能性。况且，她会觉得自己好像拥有全世界所有的时间，可以慢慢地下定决心，直到有什么东西打动自己。她生活在一个永无乡，就像温迪（Wendy）、彼得·潘[①]和迷路的男孩一样，在生活中漂流和玩耍。要想成长，

---

① 永无乡和温迪分别是英国作家詹姆斯·巴里（J.M.Barrle）所著小说《彼得·潘》中出现了地点和人物。
　　——译者注

她必须回归现实生活。温迪当然做出了这个选择。她和彼得告别，穿过窗户回到了很久以前离开的儿童房。她知道从现在开始自己会慢慢变老。而珀耳塞福涅女人必须跨越的是心理上的那道门槛。

珀耳塞福涅女人要想成长，必须学会做出并兑现承诺。她很难说"是"，也很难将自己同意做的事情做完。对于想要在生活中玩乐的人来说，赶上截止日期、完成学业、步入婚姻、抚养孩子或坚持做一份工作都是艰巨的任务。成长要求她与优柔寡断、被动和惰性作斗争；她必须下定决心，并在自己做出的选择已经失去乐趣时兑现承诺。

在 30 岁和 40 岁之间，现实闯入了珀耳塞福涅女人保持的永远年轻的幻觉。她可能感觉到了哪里不对劲。按照生物钟来看，她已经没有多少时间来生孩子了。她可能会意识到自己的工作没有未来，或者她可能会看着镜子里的自己，发现自己正在变老。环顾周围的朋友，她意识到她们都已经长大并将她留在原地。她们有丈夫和家庭，或者事业有成。她们所做的事情对其他人来说真的很重要，并且在某些明确但无形的方面，她们与她不同，因为生活已经影响了她们并留下了印记。

如果一个女人的态度像科瑞－珀耳塞福涅一样，她要么永远不会结婚，要么虽然会走一走过场，但不会真正地做出承诺。她会抵制婚姻，因为她以少女的心态从原型的角度看待婚姻，而对少女来说，婚姻就意味着死亡。从珀耳塞福涅的角度来看，婚姻是死亡使者哈迪斯进行的绑架。她对待婚姻和丈夫的这种观点与赫拉形成了鲜明对比：赫拉将婚姻视为一种圆满，并期待着丈夫宙斯能帮助自己实现这一目标。赫拉女人必须了解这个男人，并学会抵制因原型持有的积极期望而陷入糟糕的婚姻。否则，当婚姻不圆满时，她就会感到幻灭。与此形成鲜明对比的是，珀耳塞福涅女人也必须抵制一个同样未经证实的假设，即婚姻总是需要去抗争或怨恨的一种绑架或死亡。

珀耳塞福涅面临的陷阱：性格缺陷

当珀耳塞福涅与德墨忒尔重逢时，她母亲问的第一个问题是："你在冥界吃过任何东西吗？"珀耳塞福涅回答说她吃了一些石榴籽，然后撒谎说她这样做只是因为被哈迪斯强迫。珀耳塞福涅做了她想做的事，却没有影响她在母亲心中的形象。虽然她给人留下的印象是无法掌控自己的命运，因此无法承担责任，但实际上她却决定了自己的命运。通过吞下石榴籽，珀耳塞福涅保证了她将来会花一部分时间和哈迪斯在一起。

狡猾、撒谎和操纵是珀耳塞福涅女性潜在的性格问题。在感到无能为力并依赖更强大的他人时，她们可能学会了去间接地得到自己想要的东西。她们可能会等待适当的时机采取行动，也可能会进行奉承。她们可能只说出部分真相或者干脆撒谎，而不是直面对方。

珀耳塞福涅女性通常会回避愤怒。她们不希望人们生她们的气。她们能准确地识别出比她们更强大的人，然后依赖他们的慷慨和善意。因此，她们经常把自己的母亲、父亲、丈夫、雇主和老师当作需要讨好的赞助人。

自恋是一些珀耳塞福涅女性可能会面临的另一个陷阱。她们可能会焦虑地专注于自己，以至于失去了与他人交往的能力。她们的思想被关于自己的问题支配："我看起来怎么样？我够机智吗？我听起来是否聪明？"她们的精力用在了化妆和衣服上。她们会在镜子前待上几个小时。人们的存在只是为了给她们反馈，为她们提供可以看到自己的反光面。

在冥界：心理疾病

在珀耳塞福涅的部分神话中，作为冥界的俘虏，她是一个不吃也不笑的悲伤少女。这个阶段类似于一些珀耳塞福涅女性所必须经历的心理疾病时期。

当一个珀耳塞福涅女人被那些束缚她的人支配和限制时，她很容易患上抑郁症。作为一个不自信的人，她会压抑愤怒或分歧，而不是将它们表达出来或积极地改变局势。相反，她压抑着自己的负面情绪，变得抑郁（愤怒转向内心，压抑变成了抑郁）。孤立感、无能感和自我批评进一步导致了她的抑郁。

当一个珀耳塞福涅女人变得抑郁时，这是一种平淡无奇、近乎无影踪的抑郁症。她退隐的个性带着她进一步后退，她的被动变得更加严重，她的情绪也令人难以接近。她看起来纤细而脆弱。就像珀耳塞福涅第一次被绑架到冥界时一样，她不吃东西，也没有话要说。随着时间的推移，无论是在身体上还是在心理上，这种脆弱都会变得更加明显。看着珀耳塞福涅陷入抑郁就像看着花朵凋零一样。

相比之下，一个抑郁的德墨忒尔女人显得很突出，对她周围的每个人都有很大的影响。在她变得抑郁之前，她可能是一个精力充沛的核心人物，所以当她抑郁时，她的行为会发生戏剧性的变化—— 一个珀耳塞福涅女人本来就不张扬，所以当她抑郁时，只会变得更加封闭。

此外，抑郁的德墨忒尔会让她周围的每个人都接收到她所暗示的责备，从而感到内疚、无能为力或愤怒。相比之下，抑郁的珀耳塞福涅不会激起他人的这些感受。相反，他们觉得与她隔绝了联系。她是那个感到内疚、应受指责和无能为力的人。而且，她经常为自己所说、所想或所做的事情感到不恰当的内疚。因此，抑郁的德墨忒尔在家庭中是一个巨大的存在，而抑郁的珀耳塞福涅似乎消失在了后面的房间里。

一些珀耳塞福涅会退到一个由内心意象、沉思和想象的生活所组成的阴暗世界——一个只有她们才能进入的世界。她们可能已经独自度过了太多时间，或者可能已经撤退到那里以摆脱一个侵入性的母亲或虐待的父亲。我的一位珀耳塞福涅病人说："我有我的特别之地——在客厅角落的棕色大椅子后面，在我的树下，树枝触地，能够把我隐藏起来——我会躲到那里。小时候我在那里度过了无数时光，大部分时间都在做白日梦，假装我在其他任何地方，而不是在那所房子里和那些人在一起。"

有时，她对内心世界的专注会使她与人隔绝，每当现实世界显得太困难或太苛刻时，她就会退到那里。然而，在某个时刻，避难所可能会变成监狱。就像田纳西·威廉斯（Tennessee Williams）的戏剧《玻璃动物园》(*The Gilass Menagerie*)

中的劳拉（Laura）一样[1]，珀耳塞福涅女人可能会被限制在自己的幻想世界，无法回到平淡无奇的现实中。

随着逐渐脱离现实，一些珀耳塞福涅似乎患上了精神病。她们生活在一个充满象征意象和深奥意义的世界中，对自己的看法发生了扭曲。有时，精神病可以作为一种蜕变方式，帮助这些女性突破桎梏她们的生活限制和禁令。通过暂时变得精神错乱，她们可能会获得一种更宽广的感受和更深入的自我意识。

但精神病患者有被囚禁在冥界的风险。在现实太让人感到痛苦时，一些珀耳塞福涅女性（如莎士比亚戏剧《哈姆雷特》中的奥菲莉亚）通过保持精神病状态来回避真实发生的事情。然而，也有很多人在心理治疗的帮助下熬过了这个时期，学会了成长、坚持自己并变得独立。

珀耳塞福涅从冥界出来后，赫卡忒常伴她左右。赫卡忒是暗月与十字路口女神，统治着鬼魂与恶魔、巫术与魔法这些不可思议的领域。从精神病中走出来的珀耳塞福涅女人可能会获得一种反思性的洞察力，可以靠直觉感知到事件的象征意义。当她康复并从医院回到这个世界时，经常能意识到另一个精神维度的存在，就好像她有赫卡忒作伴一样。

成长方式

为了做出承诺，珀耳塞福涅女人必须与自己内在的科瑞搏斗。她必须下定决心结婚并且不纠结地说出"是"。如果她这样做了，婚姻可能会逐渐将她从一个永恒少女变成一个成熟的女人。如果她开始了职业生涯，她也需要做出承诺并坚持下去，这既是为了她的个人成长，也是为了获得成功。

一个必须独自面对生活并照顾好自己的珀耳塞福涅女人可能会超越科瑞 – 珀耳

---

①《玻璃动物园》是美国剧作家田纳西·威廉斯的戏剧作品，首演于 1944 年，曾于 1973 年被搬上电影银幕。故事的主人公之一劳拉曾把玻璃动物园当作逃离现实的一种手段。——译者注

塞福涅。对于许多享有特权的女儿来说，第一次有可能实现这种独立是在她们离婚之后。在那之前，她们所做的事情都是人们期待她们做的。她们是受保护的女儿，嫁给了合适的年轻男子。她们离婚的部分原因是她们将婚姻视为囚牢。她们并没有因婚姻而改变；相反，她们发现，离婚成了她们的成年礼。只有当没人为她们做事或无人可责备时，一些珀耳塞福涅女性才能成长。当她们不得不应对漏水的水龙头、越来越少的银行余额和棘手的工作时，这些不可避免的情况就变成了她们的老师。

一个珀耳塞福涅女人可以通过激活其他女神原型（全书都有描述）或通过发展自己的阿尼姆斯（在关于阿佛洛狄忒的章节中有描述）在几个不同的方向进行成长，这些都是这个原型固有的潜力（这些将在下面讨论）。

成为一个富有激情的、性感的女人

珀耳塞福涅女人可能会对性没有反应：她在发生性关系时要么感到被强暴，要么只是顺从。这样的女人可能会说，"一个星期过去了，我知道他在性方面对我感到恼火"；"当它发生时，我脑子里想的是食谱"；或者"有时候，我真的很头疼"；或者"我讨厌性"。但她也可能变成一个性感的女人。这种转变经常发生在我在办公室见过的女性身上，或者发生在与我谈论过这件事的男人的妻子身上。

事实上，让女性接触到自己的性欲（性启蒙）是珀耳塞福涅原型的潜力，这一点与神话一致。珀耳塞福涅一旦成为冥后，就与爱与美的女神阿佛洛狄忒有了联系或纽带。珀耳塞福涅可能代表着冥界层面的阿佛洛狄忒；珀耳塞福涅有一种更内向的性行为，或者说是一种休眠的性行为。在神话中，阿多尼斯同时被阿佛洛狄忒和珀耳塞福涅所爱。两位女神都将石榴作为自己的象征。

而且，珀耳塞福涅接受了哈迪斯的石榴籽，这意味着她会自愿回到他身边。通过这一行为，她不再是那个不情愿的新娘。她成为哈迪斯的妻子和冥界王后，而不是俘虏。在现实生活中，有时，一直对嫁给丈夫心怀怨恨的珀耳塞福涅妻子，可能会在结婚多年后不再觉得自己是一个压抑、自私的丈夫的俘虏。只有当她能够将他视为一个脆弱的、得体的、不完美的男人，并且能够感激他对她的爱时，她才会有不同的感觉。当她的看法发生变化时，他第一次在他们的婚姻中了解到，她会一直与他在一起并且爱他。在这种信任和欣赏下，她可能会第一次达到高潮，并将他视为激情的唤起者狄俄尼索斯，而不是劫持者哈迪斯。

在古希腊，狄俄尼索斯那令人陶醉的精神将女性推向了狂喜的性高潮。希腊女性在山间狂欢时崇拜他，她们会定期抛弃自己受人尊敬的传统角色，离开自己的炉灶和家园，去参加宗教狂欢。狄俄尼索斯把她们变成了热情的少女。传统和神话将哈迪斯和狄俄尼索斯联系在一起：据说狄俄尼索斯在再次出现的间隙睡在了珀耳塞福涅的房子里。哲学家赫拉克利特说："女人们为之疯狂和愤怒的哈迪斯和狄俄尼索斯是同一位神。"

一个当代的珀耳塞福涅女性可能会与自己的"酒神狄俄尼索斯"遭遇。一位女士说："离开丈夫后，我出去寻找婚姻中所缺少的东西。我想，出现这种缺失很大程度上都怪我——我很紧张，受过良好的教育，认为自己是大小姐。"在一家咖啡馆里，她遇到了一个后来成为她情人的男人。他非常性感，而且帮助她意识到了"自己以前甚至不知道的神经末梢"。

成为冥界的向导

珀耳塞福涅女性一旦深入自己的内心深处，探索深邃的原型世界，并且不畏惧再次回归来审视自己的体验，就可以在平凡与不平凡的现实之间进行调停。她可能有过令人敬畏或感到可怕的非理性经历、幻视或幻觉，也可能有过灵性经历。如果她能将自己所学的东西传递出去，就可以成为其他人的向导。例如，当我还是一名精神病院住院医师时，"蕾尼"（Renee）写的《一个精神分裂症女孩的自传》（*Autobiography of a Schizophrenic Girl*）让我对精神病患者的主观体验有了生动的了解。而一个去过冥界又回到现实的珀耳塞福涅女人也可以成为一名心理治疗师及向导，将他人与自己深深地联结起来，引导他们找到象征意义，并理解他们在冥界所发现的东西。

第十一章

炼金术女神

阿佛洛狄忒

阿佛洛狄忒，爱与美的女神，我将她归为炼金术女神，这个称号非常贴切地概括了她独有的魔法过程或转化力量。在希腊神话中，阿佛洛狄忒是一个令人惊叹的存在，她可以让凡人和神（三位处女女神除外）坠入爱河并孕育新生命。她把塞浦路斯国王皮格马利翁（Pygmalion）的一尊雕像变成了一个活生生的女人（相反，雅典娜把人变成了石头）。她启发了诗歌和具有说服力的演讲，象征着爱的转化和创造力。

尽管她与处女女神和脆弱女神都有一些共同点，但她不属于这两个群体。作为拥有最多性关系的女神，阿佛洛狄忒绝对不是处女女神——尽管她和阿尔忒弥斯、雅典娜和赫斯提亚一样，喜欢做能够取悦自己的事。她也不是脆弱女神——尽管她和赫拉、德墨忒尔和珀耳塞福涅一样，与男性神有关联以及生了孩子。然而，与她们不同的是，阿佛洛狄忒从未受过伤害，也没有遭受过苦难。在她所有的关系中，欲望的感觉都是相互的；她从来不是男人强人所难的激情的受害者。她更看重与他人的情感体验，而不是独立于他人（这是处女女神的动力）或与他人缔结永恒的关系（这是脆弱女神的特征）。

作为炼金术女神，阿佛洛狄忒与其他两类女神有一些相似之处，但在本质上却与两者都不同。对于阿佛洛狄忒来说，关系很重要，但对他人的长期承诺并不重要（这是脆弱女神的特征）。阿佛洛狄忒寻求完善的关系并创造新的生命。这个原型可以通过身体的融合或创造性的过程来表达自己。她所追求的与处女女神不同，但她和她们一样，能够专注于对她个人来说有意义的事情——其他人无法使她偏离目标。她所看重的价值是主观的，不能用成就或认可来衡量。在这一点上，阿佛洛狄忒（矛盾地）与匿名、内向的赫斯提亚最相似——从表面上看，她是最不像阿佛洛狄忒的女神。

无论阿佛洛狄忒将美赋予什么人或什么事物，都是不可抗拒的：磁性吸引力会在两者之间产生，继而发生"化学反应"，使他们对结合的渴望超出了其他欲望。他们有一种强烈的冲动，想要更亲近、想要发生关系、想要变得完善——或者按照《圣经》中的说法，他们想要"了解"对方。虽然这种驱动力可能是纯粹的性，但这种冲动往往更深刻，代表了一种心理和精神上的冲动。发生关系是沟通或交流的同义词，完善可能是一种追求完成或完美的冲动，结合是指合二为一，了解是真正理解彼此。渴望了解和被了解是由阿佛洛狄忒所激发的。如果这种愿望导致身体上的亲密，则可能会受孕创造出新生命。如果结合也是思想、心灵或精神的结合，那么新的成长就会出现在心理、情感或精神领域。

当阿佛洛狄忒影响一段关系时，她的影响不仅限于浪漫元素或性元素。柏拉图式的爱、灵魂的联结、深厚的友谊、和睦的关系和同理心都是爱的表达。每当成长得以发生，愿景得到支持，潜力得到发展，创造力的火花被鼓励——就像在指导、咨询、养育子女、导演、教学、编辑以及进行心理治疗和精神分析时所发生的那样——阿佛洛狄忒就在那里，影响着这段关系所涉及的两个人。

意识的特质：像聚光灯

与阿佛洛狄忒相关的意识是独一无二的。处女女神与聚焦的意识相关联，这个原型使得女性能够专注于对她们来说重要的事情。脆弱女神的接受能力等同于发散的意识。但是阿佛洛狄忒有她自己的意识特质，我称之为阿佛洛狄忒式意识。阿佛洛狄忒式意识既是专注的，又是接受的；这样的意识既注意到了所聚焦的对象，又觉察到了被影响的部分。

阿佛洛狄忒式意识比脆弱女神的发散意识更加集中和有力，而相较处女女神的聚焦意识，她对被聚焦的对象有更多的关注和接受。因此，它既不像客厅的灯，用温暖、柔和的光线照亮其发光半径内的一切，也不像探照灯或激光束。我认为阿佛洛狄忒式意识类似于照亮舞台的聚光灯。我们在这个聚光灯下看到的东西会增强、戏剧化或放大在剧院的经历对我们的影响。我们全身心体验我们的所见所闻并对它们做出反应。这种特殊的灯光可以帮助我们被交响乐唤醒情感，或者被戏剧或演讲打动；或者唤起感觉、感官印象和记忆，以回应我们的所见所闻。反过来，舞台上的人也会被观众启发，因感受到观众对他们的支持而备受鼓舞。

聚光灯下的东西吸引了我们的注意力。我们毫无察觉地被看到的事物吸引，并且在专注中得到了放松。我们在阿佛洛狄忒式意识的金色光芒中看到的任何东西都会变得迷人：一个人的脸或性格，关于宇宙本质的想法，或者一个瓷碗的半透明颜色和形状。

任何曾经爱过一个人、一个地方、一个想法或一个物体的人都会以阿佛洛狄忒式意识聚焦并接纳它。但并不是每个使用阿佛洛狄忒式意识的人都会坠入爱河。阿佛洛狄忒式以"恋爱"的方式关注一个人，觉得对方似乎迷人而美丽，这是把阿佛洛狄忒式作为自己原型的女性的特征，对于许多喜欢人且将全部注意力放在人身上的女性（和男性）来说，这是一种自然地建立联结和收集信息的方式。

这样的女人注意到他人的方式，就如葡萄酒鉴赏家关注和留意到有趣的新葡萄酒的特征一样。为了充分理解这个比喻，想象一个葡萄酒爱好者正在享受逐渐熟悉一种不知名的葡萄酒的乐趣。她将高脚杯举到灯光下，欣赏酒的颜色和清晰度。她吸了一口酒香，悠长地啜了一口，以捕捉葡萄酒的特性和柔滑度；她甚至品尝到了余味。但是，如果假设她对葡萄酒的"爱的关注"和兴趣意味着这特定的葡萄酒是独特的、有价值的，甚至是令人享受的，那就错了。

这是人们在回应使用阿佛洛狄式意识的女人时经常犯的错误。沐浴在她专注的光芒中，他们感到自己是有吸引力的和有趣的，因为她积极地吸引他们并以爱或肯定的方式（而不是评估或批评）做出反应。她的风格是真诚而短暂地参与她感兴趣的任何事情。如果她的互动方式给人以她很着迷或迷恋的印象，而实际上她并没有，那么对另一个人的影响可能是诱人的，而且会产生误导。

阿佛洛狄式意识、创造力和沟通

我自己对阿佛洛狄式意识的发现始于这样的观察：无论是聚焦意识还是发散意识，都不能描述我在心理治疗工作中所做的事情。对比艺术家和作家的笔记，我发现在创作中还有第三种模式在运作，我称之为"阿佛洛狄式意识"。

在心理治疗中，我注意到有几个过程在同时进行。我全神贯注地倾听我的病人，病人得到了我的全身心投入和关怀。同时，我的思维是活跃的，正在脑海中将我听到的信息关联起来。我已知的关于这个人的事情浮现在脑海——可能是过去的一个梦，或者是与家庭相关的信息、以前发生的某个事件，也可能是其生活中正在发生的事情。有时会有一个画面浮现，或者有一个隐喻冒出来。我可能对材料或表达方式有所注意，从而有了自己的情感反应。我的思想在积极工作，不过是以一种接受的方式——被我对另一个人的全身心投入激发而来。

我在分析过程中的反应就像一个大马赛克的一部分，只是某人部分完成的更大的图片中的一个重要的细节。这个人正和我一起参与一个互惠互利的过程。如果从事转化的工作，我们之间就会产生一个强大到足以触动我们双方的情感场。正如荣格所指出的，分析涉及两个人格的全部。医生和病人的有意识的态度和无意识的因素都参与到了一个双方都深受影响的过程："两个人格的相遇就像混合了两种不同的化学物质：但凡有任何结合，两者都会发生转化。"

在进行心理治疗时，我逐渐意识到，除了要保持阿佛洛狄式意识之外（能促进改变和成长、具有互动性和接受性的阿佛洛狄式意识），我还必须保持最佳的情感距离。如果对病人有太多感受或共鸣，我就会缺乏一些基本的客观性。如果太疏远病人并且缺乏对病人的爱，我就会失去一种至关重要的共情联结，没有这种联结，就没有足够的转化能量带来更深层次的改变。阿佛洛狄忒同时拥有处女女神的不脆弱特质和脆弱女神的参与特质，与之相称，阿佛洛狄忒意识也具有这两种特质。

阿佛洛狄忒意识存在于所有创造性工作中，包括那些在孤独中完成的工作。如此一来，人与作品之间就会发生"关系"对话，从而涌现出一些新的东西。例如，让我们观察画家使用颜料和画布的过程。一种全神贯注的交换由此产生：艺术家对颜料和画笔的创造性组合做出反应或进行接纳；她以大胆的笔触、细致的刻画和醒目的颜色开始积极地作画；然后，在看到发生了什么之后，她会进行回应。这是一种互动，是自发性和技巧的结合。艺术家和画布之间的相互作用创造出了以前从未存在过的东西。

不仅如此，画家在关注眼前的细节的同时，也在意识中保持着对整个画布的觉察。有时，她会退后一步，客观地看着自己主观参与的创造性工作。她全神贯注地参与其中，但也保持些许超然和客观。

在良好的沟通和创作过程中都有互动的存在。例如，一段对话可以是平庸的、毫无意义的、伤人的，或者也可以是一种艺术形式，就像即兴演奏一样自发、动人、美妙：当灵魂随着音乐飞翔，一瞬间飙升到狂想曲的高度，便会触动下一个深沉的和弦。这种相互作用在形式上是自发的，但它的实质可能是深刻而动人的。交谈者会有兴奋感和新发现，因为每个人都会反过来激发对方的反应。他们相互体验阿佛洛狄忒意识，这为交流或创造力的发生提供了能量场或背景。音乐将走向何方，或者对话将如何发展，在刚开始的时候大家并不知道，也没有计划。发现——新事物的诞生——是创造力和交流的关键要素。

每当阿佛洛狄忒意识出现时，就会产生能量：恋人散发着幸福和高涨的能量；谈话火花四溅，激发思想和感情。当两个人真正相遇时，无论剧情如何，都会从相遇中获得能量，感到自己比以前更有活力——这在心理治疗中可能是非常痛苦的材料。工作也变得充满活力而不是使人疲劳。我们沉浸在和他人在一起的忘我境界中，或者沉浸在正在做的事情当中，以至忘记了时间——这是阿佛洛狄忒与赫斯提亚共有的特征。

愿景的载体

要实现梦想，一个人就必须有梦想，相信梦想，并朝着梦想努力。通常，这需要另一个重要的人相信其梦想是可能的（这很重要）：那个人是愿景的载体，他的信念往往是至关重要的。美国心理学家丹尼尔·莱文森（Daniel Levinson）在《男人的四季》（*The Seasons of a Man's Life*）一书中描述了一个"特殊的女人"在一个年轻人进入成人世界的过渡阶段所起的作用。莱文森声称，这样的女人与实现他的梦想之间有着特殊的联系。她帮助他塑造和实现梦想。她也共享这个梦想，相信他是她的英雄，给予他祝福，与他一起踏上旅程，并为他提供一个避难所来想象他的愿望、滋养他的希望。

这个"特殊的女人"类似于瑞士心理学家托尼·沃尔夫（Toni Wolf）对交际花的描述（交际花来自古希腊语中的"妓女"一词，指受过教育、有教养、比当时大部分女人都异常自由的女性；她在某些方面就像日本艺妓）——她与男性的关系兼具色情和陪伴的特质。她可能是他的灵感女神或缪斯女神。根据沃尔夫的说法，交际花培养了一个男人的创造力并帮助他实现它。托尼·沃尔夫是荣格分析师，也是荣格的前病人和前同事，据一些人说，她也是他的情妇。她本人可能是荣格的"特殊的女人"，一位启发了荣格理论的交际花。

有时，有些女人有一种天赋，可以吸引几个或很多视她为"特殊的女人"的男人；她有能力看到他们的潜力，相信他们的梦想，并激励他们去实现梦想。例如，露·安德烈亚斯 – 莎乐美（Lou Andreas-Salome）是包括里尔克、尼采和弗洛伊德在内的许多著名且富有创造力的男性的"特殊的女人"、缪斯、同事和性伴侣。

女性和男性都需要能够想象出他们的梦想，相信梦想是可以实现的，并让另一个人以促进成长的阿佛洛狄式意识来看待他们和他们的梦想。人们试图猜测为什么著名的女艺术家、伟大的女厨师、管弦乐队的女领导者或著名的女哲学家如此之少——其中一个原因可能是女性缺乏梦想的载体。女性为男性培养了梦想，而男性在生活中并没有很好地为女性哺育梦想。

这种情况部分是由刻板角色导致的，它限制了女性的想象力，也扼杀了女性的机会。不过可喜的是，有形的障碍（比如企业声称"不需要雇佣女性"）正在减少，并开始出现越来越多的榜样。

皮格马利翁效应

在愿景载体（心理治疗师、导师、教师或者有"园艺技能"的父母）的激励下，其他人能绽放并发展他们的天赋。这些愿景载体唤起了心理学家罗伯特·罗森塔尔所称的皮格马利翁效应。这个术语以皮格马利翁的名字命名，描述了积极的期望对他人行为产生的影响。皮格马利翁的一尊雕像被阿佛洛狄忒赋予生命，成了伽拉忒亚（Galatea），于是他爱上了自己的完美女人雕塑。[同样，在萧伯纳的戏剧《皮格马利翁》中，亨利·希金斯（Henry Higgins）将伦敦的卖花女变成了一位优雅的女士——然后他爱上了她。萧伯纳的戏剧是艾伦·杰伊·勒纳（Alan Jay Lerner）的百老汇戏剧《窈窕淑女》（My Fair Lady）的基础。]

罗森塔尔发现，有些学生能够实现老师对他们的期望，有些却不能。他研究了贫民区学童，发现他们在学校待的时间越长，学习成绩就会越差。这些孩子的老师往往认为他们没有学习能力。罗森塔尔设计了一个研究项目来确定哪个先出现：期望还是表现。他得出的结论是，我们的期望对其他人产生了非凡的影响，而我们常常对此视而不见。

阅读罗森塔尔的研究时，我想起了我的病人简（Jane），她来自一个讲西班牙语的家庭，起初被学校认为很迟钝。进入四年级时，她在学业上落后于同学，她和她以前的老师一样相信自己并不聪明。但她的四年级老师却以不同的眼光看待她，引导她进行表达，给了她一些挑战，希望她能达到预期。这种关注使这个 9 岁的孩子变成一名尖子生，她开始踊跃地在课堂上发言，并对自己感觉良好。多年后，简也成为一位鼓舞人心的老师，能看到并激发学生的潜力。

我认为阿佛洛狄忒的皮格马利翁效应与她的炼金术有关。当我们被另一个人吸引并坠入爱河时，我们会体验到阿佛洛狄忒的炼金术；当我们被她的转化能力和创造力感动时，我们会感受到它；当我们用自己的爱使得自己所关注的事物变得美丽和有价值时，我们会意识到它的存在。普通的和未开发的事物都是日常生活的"基础"材料，通过阿佛洛狄忒创造性的炼金术的影响，它们可以变成"黄金"——就像皮格马利翁的雕像通过他的爱变成了一个真实的、活生生的名叫伽拉忒亚的女人一样。

第十二章

阿佛洛狄忒：爱与美的女神，具有创造力的女人，情人

女神阿佛洛狄忒

阿佛洛狄忒，爱与美的女神，罗马人称之为维纳斯，是所有女神中最美丽的一位。诗人讲述了她美丽的容颜和身材、金色的头发、闪亮的眼睛、柔软的皮肤和美丽的乳房。对荷马来说，她是"一个爱笑的情人"，有着让人无法抗拒的魅力。她是雕塑家最喜欢的人物，他们将她雕刻成不穿衣服或只穿部分衣服的形象，展现出她优雅、性感的身体——我们通过罗马复制品看到的《米洛的维纳斯》和《克尼多斯的阿佛洛狄忒》是其中最著名的两个雕塑。

"金色"是希腊人描述阿佛洛狄忒的最常用的修饰词——它对希腊人来说意味着"美丽"。根据研究阿佛洛狄忒的著名学者保罗·弗里德里希（Paul Friedrich）的说法，黄金/蜂蜜、黄金/演讲、黄金/精液在语言上是互相关联的，象征着阿佛洛狄忒更深层次的生育和语言创造价值。她与许多事物联系在一起：鸽子、那些咕咕叫的爱情鸟，以及以美丽和成双入对而闻名的天鹅；鲜花，尤其是玫瑰（传统上代表爱情，是送给恋人的礼物）；甜美的香水和水果，尤其是金苹果和红火、热情的红石榴（与珀耳塞福涅共享的象征）。

家谱和神话

在阿佛洛狄忒的神话中，关于她的诞生和起源有两个版本。赫西奥德和荷马讲述了两个相互矛盾的故事。

在荷马的版本中，阿佛洛狄忒有一个很传统的出生方式。她是宙斯和海女神狄俄涅的女儿。

在赫西奥德的版本中，阿佛洛狄忒是暴力行为的结果。克罗诺斯（后来成为提坦的统治者和第一代奥林匹斯神的父亲）拿起镰刀，切断了他父亲乌拉诺斯的生殖器，然后把它扔进了海里。精子和海洋混合在一起，白色的泡沫在周围蔓延开来，阿佛洛狄忒就是从这里诞生的——她作为一个完全长大的女神在海洋中孕育、浮现。

在文艺复兴时期，波提切利在《维纳斯的诞生》中使阿佛洛狄忒从海中出现的形象永垂不朽——有时被不敬地称为"半壳上的维纳斯"。他的画作描绘了一个优雅而精致的裸体形象站在贝壳上，在玫瑰雨中被飞在空中的风神吹到了岸边。

据说阿佛洛狄忒首先在塞西拉岛或塞浦路斯上岸。后来，在厄洛斯（爱）和希梅洛斯（欲望）的陪伴下，她被护送进入众神大会，并被接纳为他们中的一员。

许多神被她的美貌震撼，争相与她联姻。与其他既没能选择配偶也没能选择情人的女神不同（珀耳塞福涅被绑架，赫拉被引诱，德墨忒尔被强奸），阿佛洛狄忒可以自由地去选择。她选择了赫菲斯托斯——跛脚的工匠之神和火神。因此，被赫拉拒绝的儿子成为阿佛洛狄忒的丈夫——并且经常被她戴绿帽子。阿佛洛狄忒和赫菲斯托斯没有孩子。他们的婚姻代表了美与工艺的结合，艺术由此诞生。

在阿佛洛狄忒的婚外情中，她与第二代奥林匹斯男神——儿子的一代，而不是与宙斯、波塞冬和哈迪斯那样的父辈配对。阿佛洛狄忒与战神阿瑞斯有着浪漫关系，他们两人有长期的婚外情和好几个孩子。另一个情人是众神使者赫尔墨斯，他将灵魂引导到冥界，是旅行者、运动员、小偷和商人的守护神，也是沟通之神、乐器发明者和奥林匹斯诡计者。

她和阿瑞斯育有三个孩子：一个女儿哈耳摩尼亚（Harmonia，和谐），两个儿子得摩斯（Deimos，恐怖）和福波斯（Phobos，恐惧），儿子们在战斗中陪伴他们的父亲。阿佛洛狄忒和阿瑞斯代表了两种最无法控制的激情的结合——爱情和战争，当它们达到完美的平衡时，可以产生和谐。

阿佛洛狄忒与赫尔墨斯结合所生的孩子是双性之神赫马佛洛狄忒斯（Hermaphroditus），他继承了父母双方的美貌，拥有他们两个的名字，也兼具两者的性特征。作为一种象征，赫马佛洛狄忒斯可以代表双性恋（对两性的吸引力）或雌雄同体（在一个人身上同时存在传统上被认为是男性和女性的特质）。

根据某些说法，爱神厄洛斯是阿佛洛狄忒的另一个儿子。就像阿佛洛狄忒一样，在他的神话中，关于他何时出现在宇宙中有一些相互矛盾的说法。赫西奥德说，爱神是创造的主要力量，出现在提坦和奥林匹斯神之前。爱神也被视为伴随阿佛洛狄忒从海中出现的神。然而，后来的神话将他描述为阿佛洛狄忒的无父之子。希腊人通常将厄洛斯描绘成一个阳刚的年轻人，罗马人称他为阿莫尔。随着时间的推移，最初在神话中作为主要力量的爱神渐渐变得渺小，直到今天，他所剩下的就是穿着尿布、带着弓和箭的婴儿形象，被称为丘比特。

阿佛洛狄忒和凡人

阿佛洛狄忒与凡人的关系在她的神话中也很重要。在一些神话中，她会帮助那些向她祈求帮助的男人。例如，阿佛洛狄忒在希波墨涅斯与阿塔兰忒赛跑前夕回应了他的祈祷。她给了他三个金苹果，提供了使用建议，这挽救了他的生命并帮助他赢得了心爱的妻子。

如前所述，阿佛洛狄忒也出现在塞浦路斯国王皮格马利翁的传说中。皮格马利翁用象牙雕刻了他理想中的女人——他越是盯着雕像看，就越是迷恋自己的创作。在一个纪念阿佛洛狄忒的节日上，他向她祈祷，希望能有一个像他的雕像一样的妻子。后来，当他亲吻象牙雕像时，雕像活了过来。她是伽拉忒亚，他娶了她——阿佛洛狄忒回应了他的祈祷。

爱与美的女神与凡人也有许多婚外情。例如，当阿佛洛狄忒看到安吉塞斯

（Anchises）在山坡上牧牛时，她被他俘获了（荷马形容他是一个"有着天神一样的身体"的凡人）。她装作美少女，用言语激起他的热情，成功地勾引了他。

后来，当他睡着时，她褪去凡人的伪装，唤醒了沉睡的情人。她透露她将怀上他们的儿子埃涅阿斯（Aeneas），他将来会作为罗马的传奇创始人而闻名，并警告他不要向任何人透露她是他儿子的母亲。据说安吉塞斯后来喝得大醉，吹嘘他与阿佛洛狄忒的恋情——于是他被闪电击中致残。

另一个著名的凡人情人是阿多尼斯——一个英俊、年轻的猎人。阿佛洛狄忒担心他的生命安全，警告他避开凶猛的野兽，但狩猎的快感和他的无畏压倒了她的建议。一天，在外出打猎时，他的狗冲向了一头野猪。阿多尼斯用长矛刺伤了它，这头痛苦不堪的野兽被激怒，它转向他，野蛮地将他撕成碎片。

在阿多尼斯死后，他被允许在一年中的部分日子里从冥界回到阿佛洛狄忒那里（阿佛洛狄忒与珀耳塞福涅分享了他）。这种死亡和回归的神话循环是阿多尼斯崇拜的基础。他每年回到阿佛洛狄忒身边，象征着生育能力的回归。

女性也深受阿佛洛狄忒的影响。如果一个凡人女子被迫听从阿佛洛狄忒的命令，无法抗拒地喜欢上阿佛洛狄忒令她喜欢的人，那么她可能会发现自己处于巨大的危险之中，正如密耳拉（Myrrha，字面意思为"没药"）的神话所示。

作为阿佛洛狄忒的一位祭司的女儿，密耳拉热烈地爱上了自己的父亲。根据这个故事的不同版本，阿佛洛狄忒引起这种禁忌的激情，要么是因为密耳拉的母亲吹嘘她的女儿比阿佛洛狄忒本人更漂亮，要么是因为密耳拉忽视了对阿佛洛狄忒的崇拜。无论如何，她乔装打扮，在黑暗中接近他，成为他的秘密情人。几次暗中会面之后，他才发现，这个妖娆的女人就是自己的亲生女儿。因为他们曾一起享受过禁忌之欢，他的内心充满了恐惧和厌恶，被一股想要惩罚她的念头驱使着，试图杀死她。她逃走了。就在他快要追上她的时候，她祈求神救她。她的祈祷立即得到了回应：她被变成了芬芳的没药树。

费德拉（Phaedra）是阿佛洛狄忒力量的另一个受害者。费德拉是希波吕托斯的命运多舛的继母。希波吕托斯是一个英俊的青年，他献身于阿尔忒弥斯和独身生活。希波吕托斯拒绝尊重爱神或她的仪式，于是阿佛洛狄忒便让费德拉来承载她对希波吕托斯的不满——她让费德拉绝望地爱上了自己的继子。

在神话中，费德拉试图抵抗她的激情，与她的不正当欲望作斗争，最终生了病。终于，一位侍女查明了她痛苦的原因，并告诉了希波吕托斯。他对有关他与继母恋情的暗示感到非常愤怒和恐惧，因此对她进行了长篇控诉。

她感到被羞辱，于是上吊自杀，留下遗书诬告希波吕托斯强奸了她。当他的父亲忒修斯（Theseus）回来找到自己死去的妻子和那张纸条时，他呼唤海神波塞冬来杀死自己的儿子。当希波吕托斯驾着战车沿着海岸线行驶时，波塞冬派出巨浪和一只海怪来吓唬他的马匹。战车倾覆，希波吕托斯被拖死。如此一来，阿佛洛狄忒便以费德拉为代价实施了自己的报复。

普赛克和阿塔兰忒是两个被阿佛洛狄忒转化的凡人女性。在厄洛斯和普赛克的神话中，普赛克长得非常美丽，以至于被男人称为"第二个阿佛洛狄忒"。因此，他们给了她应该给予女神的尊崇和敬畏，而这冒犯了阿佛洛狄忒。

在这个神话中，普赛克找到了被她激怒的女神。阿佛洛狄忒给了她四项不可能完成的任务。最初，每一项任务似乎都超出了她的能力范围。但在每项任务中，由于得到了意想不到的帮助，普赛克都成功地完成了任务。在这里，阿佛洛狄忒扮演了转化者的角色，为普赛克——一个具有脆弱女神特征的凡人——提供了成长的任务。

阿塔兰忒是一个被比作处女女神阿尔忒弥斯的凡人，阿佛洛狄忒也是她的转化者。如前所述，阿塔兰忒在选择捡起阿佛洛狄忒的三个金苹果时输掉了一场赛跑——但收获了一个丈夫。

阿佛洛狄忒原型

阿佛洛狄忒原型掌管女性对爱与美、性欲与感官的享受。情人的世界对许多女人有着强大的吸引力；作为具有女性人格的力量，阿佛洛狄忒可以像赫拉和德墨忒尔（另外两个强烈的本能原型）一样苛刻。阿佛洛狄忒也可以促使女性履行创造性功能和生育功能。

情人

每一个坠入两情相悦的爱河的女人，在那一刻都是阿佛洛狄忒原型的化身。她暂时从一个普通的凡人转化为爱的女神，她觉得自己既迷人又性感，是一个原型情人。

当阿佛洛狄忒作为女性人格中的主要原型出现时，她会很容易且经常地坠入爱河。她有"它"——就像默片明星克拉拉·鲍（Clara Bow）以"它"著称——性吸引力。她有一种个人魅力，可以将其他人拉进一个充满性欲的领域，增强其性意识。当他们相互吸引时，"电压"上升，双方都感到对方充满吸引力和活力。

当女性的性感和性欲被贬低时，体现爱人阿佛洛狄忒的女性被认为是诱惑者或妓女。因此，如果这种原型得以表达，可能会使女性偏离道德标准。阿佛洛狄忒女性可能会被排斥。例如，在霍桑关于新英格兰清教徒的经典小说《红字》中，海丝特·白兰（Hester Prynne）因通奸而被迫佩戴大红色的"A"。女演员英格丽·褒曼（Ingrid Bergman）因与意大利电影导演罗伯托·罗西里尼（Roberto Rossellini）的婚外情和婚姻而遭到舆论谴责并被迫流亡。

坠入爱河

当两个人坠入爱河时，每个人都会看到对方沐浴在一种特殊的、增强的光芒中（阿佛洛狄忒的金色光芒），并被对方的美丽吸引。空气中弥漫着魔力，一种陶醉或迷恋的状态被唤起。每个人都觉得自己很美、很特别，比寻常的自己更像男神或女神。他们之间的能量场变得情感充沛，色情"电"也产生了，从而在彼此之间制造出磁性吸引力。在环绕他们的"金色"空间中，感官印象得到强化：他们听到的音乐更清晰，闻到的香味更鲜明，爱人的味道和触感更加突出。

然而，当一个人爱上一个不爱自己的人时，她会感到自己被一种残酷的欲望和未满足的渴望占据。她一再被所爱的人吸引，也一再被拒绝。这种强度——当爱得到回报时是美妙的——现在反而放大了痛苦。

激活阿佛洛狄忒

就像阿佛洛狄忒的诞生有两个版本一样，这个原型也有两种方式进入意识。

第一种是通过戏剧性的仪式：阿佛洛狄忒突然从无意识的水域中出现，成熟而令人惊叹，自有一种威严气度。当性爱更像一种与爱甚至与唤起她的男人毫无关系的本能反应时，这种性行为就脱离了情感亲密——从隐喻上讲，类似于赫西奥德版本的阿佛洛狄忒在海中出生。

在做心理治疗时，许多女性讲述了意外的初次性行为对自己产生的巨大影响："我充满了不为自己所知的欲望——这既美妙又可怕。"许多年轻女性一旦感受到阿佛洛狄忒的力量，就会发现自己被性亲密吸引。其他女性则在意识到会发生什么之后，尽量避免暴露在这种性亲密中。我的两名女性患者提供了关于上述不同反应的例子。一个人寻求更多："当我回顾我是如何假装享受约会的，我发现自己真正想要的是其中有关性的那部分。"另一个设置了障碍："我全身心地投入学习，拒绝约会，并坚持去了一所女子学校。我想，在我安全地结婚之前，我会把自己关在某个精神修道院里。同时，我最好不要受到诱惑。"在第一次之后，这样的女人知道，一旦她的身体被唤醒并且她的注意力被吸引到男人身上，她就会欲罢不能地想要重复体验这种性亲密。她想与他融合，被带到高涨的性兴奋的波峰上，在这里，她的个性被淹没在超个人的高潮体验中。

原型活跃起来的第二种方式是在关系中实现的。这可能类似于荷马对阿佛洛狄忒出生方式的平淡无奇的描述：作为宙斯和海女狄俄涅的女儿出生、成长。做爱的第一次高潮和对身体亲密的新的渴望预示着信任和爱的增长以及抑制的逐渐减少，这之后，阿佛洛狄忒被召唤或"诞生"出来。一位已婚妇女在婚前有好几个情人，在结婚 2 年后才达到性高潮，她惊叹道："我的身体现在好像知道该怎么做了。"

生育本能

阿佛洛狄忒代表了确保物种延续的动力。作为与性欲和激情相关的原型，阿佛洛狄忒可以将女性变成生育的容器——如果她不进行节育的话。

受德墨忒尔影响的女人因为想要孩子而发生性行为,而受阿佛洛狄忒影响的女人生孩子是出于对男人、性或浪漫的渴望。阿佛洛狄忒低声说不要使用避孕措施,因为它会减损当下的激情,或者会使第一次性行为变得有所预谋。听从女神的话会增加意外怀孕的风险。

与生殖本能吻合的是,一些女性在排卵期,即月经前 14 天——性行为最有可能导致怀孕的时候——能最强烈地感受到阿佛洛狄忒的影响。这个时候她们对性的反应更为敏感并且会做春梦,如果没有性伴侣的话,这也是她们最想做爱的时候。

创造力

阿佛洛狄忒是一股巨大的变革力量。通过她,能够持续地产生吸引、结合、受精、孕育和新生命。当这个过程发生在男人和女人之间的纯生理层面时,就会怀上一个婴儿。在所有其他创造过程中,顺序也是相同的:吸引、结合、受精、孕育、新的创造。创造的产物可以非常抽象,就像两个想法极具创意地结合在一起最终产生新的理论一样。

创意作品源于强烈而热情的参与——几乎就像与情人在一起时,随着一个人(艺术家)与"他者"互动,新的东西便产生了。这个"他者"可能是一幅画、一种舞蹈形式、一首乐曲、一件雕塑、一首诗或一份手稿、一个新的理论或发明,一时令人全神贯注、引人入胜。对许多人来说,创造力也是一个"感性"的过程;它是一种此时此刻的感官体验,涉及触觉、声音、图像、运动,有时甚至包括嗅觉和味觉。一个全神贯注于创作过程的艺术家,就像一个与情人在一起的人一样,经常会发现自己的所有感官体验都得到了加强,而且通过多种渠道获得了感知印象。当艺术家处理视觉图像、口头短语或舞蹈动作时,多种感官印象可能会相互作用以产生结果。

就像作为爱人的阿佛洛狄忒可能会连续地进入一段又一段恋情一样,阿佛洛狄忒作为一种创造性的力量可能会令女人一次又一次地投入高强度的创造性努力中。当一个项目结束时，另一种让她着迷的可能性又出现了。

有时，阿佛洛狄忒具有的创造力和浪漫特质同时存在于同一个女人身上。她建立了强烈的关系，从一个人转移到另一个人身上，也全神贯注于自己的创造性工作。这样的女人会追随令她着迷的任何事物和任何人，而且可能会过着一种非传统的生活，就像舞者伊莎多拉·邓肯（Isadora Duncan）和作家乔治·桑（George Sand）一样。

培养阿佛洛狄忒

阿佛洛狄忒是参与感性或感官体验最多的原型。因此，培养敏锐的感知力和对此时此地的聚焦会激活阿佛洛狄忒：恋人会自然而然地适应彼此的味道、香气和美丽，音乐和触觉的刺激增强了他们的快乐。这就是为什么性治疗师会教大家"聚焦感受"或"享乐"，鼓励夫妻全神贯注于当下，不要担心目标，学习享受愉悦的感觉。

内疚和评判的态度为享受性爱或艺术创作设置了障碍。当人们感到了对享乐、玩耍和其他"非产出性"活动以及性行为的禁止时，就会出现此类障碍。在许多人的评判中，对爱情和美丽的追求往好了说是轻浮的，往坏了说是有罪的。例如，阿尔忒弥斯和雅典娜原型专注于实现目标，使这些女性倾向于贬低阿佛洛狄忒对当下的享受。阿佛洛狄忒经常威胁到赫拉和德墨忒尔原型的优先事项——一夫一妻制或母性角色——因此她们常对阿佛洛狄忒持批判态度。最后，珀耳塞福涅和赫斯提亚原型的内向性使这些女性对"外在"的吸引反应不大。

当女性看到阿佛洛狄忒的价值并寻求在自己身上发展这方面的特质时，她们就迈出了激活原型的重要一步。接下来，她们需要为阿佛洛狄忒的发展提供时间和机会。一对夫妇可能需要离开他们的孩子去度假，在一个轻松的环境中享受自己、交谈和做爱。或者，一个女人可以学着享受按摩，也享受给别人按摩。或者，她可以参加肚皮舞课程，作为放松和享受自己身体的一种方式——这是享受做爱乐趣的先决条件。

在美学领域，培养对艺术、诗歌、舞蹈或音乐的兴趣也能达到类似的目的。人们可以培养完全沉浸在视觉、听觉或动觉体验中的能力。一个人一旦全神贯注，那么在自身与审美媒介之间就会发生一种互动，可能会出现一些新的东西。

作为女性的阿佛洛狄忒

自从女神阿佛洛狄忒从大海中光彩照人地现身，那些婀娜多姿、金发碧眼、性感无比的女性，如电影皇后让·哈洛（Jean Harlow）、拉娜·特纳（Lana Turner）和玛丽莲·梦露（Marilyn Monroe），就成了她的化身。有时，这种女性的外形和预期的一样，有着金发和其他所有特征，但更为典型的阿佛洛狄忒女性是通过自己的吸引力而不只是外表被识别的。阿佛洛狄忒原型创造了一种个人魅力——一种磁力或电力——与身体属性相结合，便能使女性成为"阿佛洛狄忒"。

当阿佛洛狄忒是一个普通女人身上的活跃部分时，这个女人不会把男人从房间的另一头吸引到她身边。然而，那些走近她的人会发现她魅力十足。许多具有阿佛洛狄忒特质的长相普通的女性，以其个性中充满魅力的温暖和自然、不自觉的性感吸引着他人。这些"不起眼的女孩"的生活中似乎总有男人陪伴，而她们那些更有天赋、客观上来说更漂亮的姐妹们可能会坐在电话旁或在舞会上等待着，迷惑不解地说："她有什么我没有的吗？"

年轻的阿佛洛狄忒

作为一个孩子，小阿佛洛狄忒可能是一个天真的小调情者。她可能自有一种回应男人的方式，对他们有兴趣，并且有一种无意识的性感，使得成年人评论道："等她长大了——她会让大家心碎的。"她喜欢成为关注的焦点，喜欢穿漂亮衣服，喜欢被关怀。她通常不是一个害羞的孩子，甚至可能因为自己的即兴表演和其他引人注目的努力而被称为"小戏精"，在当时就能让她的观众为之着迷。

到了八九岁的时候，很多阿佛洛狄忒女孩都急于长大、打扮、化妆。她们迷恋男孩，是性感男歌手或摇滚乐队的"时髦少女"粉丝。一些年轻的阿佛洛狄忒是"性感少女"：她们很早就意识到了自己的性欲，当年长的男人回应她们的挑逗时，她们会享受这种权力感和吸引力。

父母

有些父母会把他们漂亮的女儿培养成小阿佛洛狄忒。他们强调女儿的吸引力，让她们亲吻大人，参加儿童选美比赛，而且一般来说，他们更注重她们的女性魅力，而不是其他特质和能力。

但是，当女孩进入青春期并且可能会有性生活时，她的父母可能会有非常不同的反应。一种常见的破坏性模式可能会出现：父母暗中鼓励她在性上变得活跃，但会在之后惩罚她。这种情况使得父母既是偷窥者又是道德的维护者。

面对阿佛洛狄忒式女儿新出现的性萌动，父亲可能会以各种方式做出反应。许多父亲面对女儿日益增长的吸引力，会在无意间或无意识地挑起冲突，从而在两人之间造成情感和身体上的距离。女儿们似乎也会在这种吵闹中合作，这可以使得双方都意识不到自己的乱伦感情。一些父亲变得过于严苛，根本不让女儿约会，或者变得咄咄逼人、控制欲强，动不动就"盘问"女儿与约会相关的问题，"严厉质问"打电话来的男性。然而，也有一些父亲会变得具有挑逗性。

母亲对阿佛洛狄忒式女儿也有一系列反应。一些母亲变得严格和控制，对女儿听的青少年音乐和着装风格都反应过度（即便这些行为符合其年龄特点）。这样的母亲可能会将自己的"着装要求"强加给女儿——注重掩饰身材而淡化吸引力，并可能会禁止女儿参加很多活动。她们可能会筛选女儿的男女朋友，或者，正如一位女性悲哀地观察到的那样，她们可能会将自己的女儿或儿子或两者都视为"潜在的性瘾者"。像父亲一样，母亲也会对她们的阿佛洛狄忒式女儿产生"狱卒心态"。

相比于父亲，阿佛洛狄忒式女儿的母亲会更频繁地干涉女儿。除因为需要"密切关注"她们迷人的女儿而去干涉外，母亲们有时还会通过女儿来体验生活，希望听到有关她们约会的每一个细节。为了取悦这样的母亲，女儿需要受到男孩的欢迎。

其他母亲对女儿身上出现的阿佛洛狄忒式特质表现得争强好胜。母亲们可能会受到女儿魅力的威胁并且嫉妒她们的青春，进而贬低女孩，做出一些令人不快的比较，与女儿的男朋友调情，并在许多方面破坏女儿正在萌芽的女性气质。在白雪公主的童话里，她的继母反复问道："镜子，镜子，谁是世界上最美丽的女人？"这个童话人物代表受到威胁（因此充满敌意）的好胜的母亲。

最能帮助女儿的父母不会高估或过分强调阿佛洛狄忒特质，也不会把女儿当作漂亮的女人。父母双方都以同样积极的方式肯定女儿的吸引力，就像他们珍视智力、善良或艺术天赋等其他品质那样。对于约会，他们还会提供适合女儿年龄和成熟度的指导和限制。他们会把女儿对男性的吸引力视为她需要意识到的事实（而不是因此指责她）。

青少年和成年初期

青春期和成年初期是阿佛洛狄忒女性的关键时期，这时，她们可能会发现自己被夹在阿佛洛狄忒内心的扰动与他人的反应之间。鉴于双重标准的存在，对性体验的渴望和性欲都像年轻男人一样强烈的高中女生必须权衡后果。如果她按照自己的冲动行事，可能会导致声誉不佳、自尊心受损和负面的自我形象。"好女孩"可能会避开她，与此同时，有性欲的年轻男人可能会蜂拥而至，但不认为她"足够好"，觉得她无法成为一个稳定的恋爱对象或者舞会的约会对象。

不受控制的阿佛洛狄忒原型还有其他问题。意外怀孕是一种可能性。一个活跃的阿佛洛狄忒可能会感染性传播疾病，在以后的生活中患宫颈癌的风险也可能更高。

关于如何处理内心顽固的阿佛洛狄忒，年轻女性几乎没有得到任何帮助。性表达是一种有着严重后果的重大选择。有些人压抑自己的性欲；而那些感到强烈的宗教约束的人可能无论如何都会感到内疚，指责自己有这种不可接受的感受；其他人则在稳定的关系中表达性欲，如果赫拉也是人格的重要组成部分，这种选择就会很有效，尽管这样做可能会导致早婚。

如果雅典娜和阿佛洛狄忒同时是一名年轻女性内心的强大元素，那么她可能会结合使用策略和性爱进行自我保护。一位这样的女性说："一旦我知道自己很容易陷入和走出爱恋，并且这种爱伴有强烈的性欲之后，我就不再把坠入爱河看得太认真。我认真对待的是节育，这个男人是谁，以及对我的这部分生活保密。"

当阿佛洛狄忒式女性上大学后，社交方面的生活对她来说可能是最重要的。她可能会选择一所"派对学校"——一所以社交活动而不是学术研究著称的大学。

她通常不专注于长期的学术目标，也不专注于事业。当她意识到需要克服一些自己并不感兴趣的困难后，她对职业生涯萌发的兴趣就渐渐消失了。只有当她对一门学科着迷时，她才有能力投入大学学习——通常是涉及与人互动的创造性领域。例如，她可能是一名戏剧专业的学生，总是从一个角色转换到另一个角色。每一次，她都沉浸在自己的角色中，挖掘自己与生俱来的热情，因此，她有可能成为学校戏剧专业里最优秀的学生。

工作

不需要阿佛洛狄忒式女性投入感情的工作对她来说没有吸引力。她喜欢多样性和强烈的情感，因此重复性的工作如家务、文书或实验室工作让她感到厌烦。只有当她能够全神贯注于创造时，才能做得很好。因此，她很可能出现在艺术、音乐、写作、舞蹈或戏剧中，或者与那些对她来说很特别的人在一起，例如，她可能是一名教师、心理治疗师、编辑。所以，她要么讨厌她的工作，可能做着一份很平庸的工作；要么很喜欢她的工作，会不假思索地投入额外的时间和精力。她几乎总是更喜欢一份她觉得有趣的工作，而不是一份收入较高但吸引力较小的工作。她可能会因为能够做让自己着迷的事情而获得成功，但与雅典娜或阿尔忒弥斯不同的是，她并没有想要特地踏上通往成功的旅程。

与男性的关系

阿佛洛狄忒式女性倾向于选择那些不一定对她们好的男人。除非其他女神对她们也有影响，否则她们对男人的选择通常与阿佛洛狄忒自己的选择相似——像赫菲斯托斯、阿瑞斯和赫尔墨斯这种富有创造力、特别复杂、喜怒无常或情绪化的男人。这样的男人不追求职业巅峰或权威地位，不想当一家之主，也不想当丈夫和父亲。

性格内向、情感强烈的赫菲斯托斯男人可能压抑了愤怒，从而将其升华为创造性工作。就像锻造之神一样，他可能既是艺术家（在情感上）又是个残疾人。他和父母的关系可能与赫菲斯托斯和父母的关系一样糟糕。他也可能因为没有达到母亲的期望而被母亲拒绝，并且可能与父亲断绝了关系。因此，他与女性之间可能存在着爱恨交织的关系，他所讨厌的是，这些女性对他来说非常重要但又不值得信任。而且他可能会觉得自己与男人不太亲密，经常感到与男人疏远和自卑。

赫菲斯托斯男人通常是一个非常内向的人，他没有闲聊的天赋，在社交场合会感到不自在。因此，其他人不会在他身边逗留。阿佛洛狄忒女人可能是个例外。凭借能将全部注意力集中在别人身上的天赋，她可能会引导他畅所欲言并发现他其实非常迷人。

赫菲斯托斯男人感到了对方的魅力并被她吸引，以他特有的强度做出回应，他们之间可能会爆发出热情的火花。她被他强烈的感情吸引，并以同样的方式回应他的情感，这可能会将其他女性排斥在外。她欣然接纳了他内在的色情本性（可能休眠已久）——随着他的愤怒升华到他的作品中。当她唤起他的激情时，恋人双方可能都会对他高涨的感情惊叹不已。如果他是工匠或艺术家，她可能会被他创造的美丽作品吸引，从而进一步激发他的创造力。

爱一个赫菲斯托斯男人会有很多问题，具体取决于他隐瞒的感情类型和他的心理健康状况。在极端的情况下，他可能是一座被压抑的火山，也许还有些潜在的偏执——他是一个孤独的人，他的工作可能不会得到认可，因为他是如此孤独和充满敌意。此外，阿佛洛狄忒女性的吸引力或她对他人的吸引力可能会在他身上引发愤怒、自卑和害怕失去的感觉。如果他真的像赫菲斯托斯，他或许能够控制住自己的嫉妒。然而，在这些情况下如果与赫菲斯托斯男人在一起，感觉就像住在一座活火山的旁边，总是担心一场火山爆发，从而导致天翻地覆。

一些赫菲斯托斯－阿佛洛狄忒的组合相处得很好。在这种情况下，赫菲斯托斯男人是一个内向、富有创造力的人，他以自己特有的强烈情感和包容的态度感受到一系列情绪（而不是动不动就生气）。他通过工作和一些重要的关系来表达这些情感。他深沉而热烈地爱她，却没有占有欲。他能够在情感上包容她，他对她的承诺提供了她所需要的稳定性。

另一类通常会被阿佛洛狄忒女人吸引的男人是反复无常的，比如阿瑞斯（战神，赫拉和宙斯的儿子）。这类男性的现实生活背景可能与阿瑞斯神话中的家庭结构非常相似：在父亲离开他们后，他由痛苦的母亲抚养长大。他是一个情绪化的、热情的、气势汹汹的人，有着"超级大男子主义"式的做作。由于缺乏一个真正的父亲作为榜样和管教者，而且习惯于和母亲相处，所以他没有耐心，对挫折的容忍度也很低。他喜欢掌控一切，但在压力下他可能会失去理智，这使他无法成为一个好的领导者。

阿佛洛狄忒－阿瑞斯组合是一种易燃的混合物。两者都有活在此时此地的倾向。他们总是一点就炸而不会三思而后行，他们是先行动后思考的人。每当他们聚在一起时，色情的火花或火爆的脾气就会引发激烈的互动。他们既制造爱情又制造战争。这个组合创造了"床头吵架床尾和"式的恋人争吵。

阿佛洛狄忒和阿瑞斯无法维持稳定的关系。除了情绪动辄爆发之外，他狂妄自大的男子气概也经常导致家庭经济状况不稳定。他不能有策略地进行思考，也不明智；一时冲动下，他可能会做一些让自己失去工作的事情。此外，如果这个女人有阿佛洛狄忒的不忠倾向——或者至少有她的轻浮——会进一步威胁他的男子气概并引发他的占有欲。之后他可能会变得暴力，他的爆发可能是残酷的、恐怖的。

然而，尽管有争吵，一些阿瑞斯－阿佛洛狄忒的配对仍然可能会持久并且相对和谐。在这样的配对中，他具有阿瑞斯的性格——冲动、强烈的情绪和好斗的天性——但家庭状况更健康，因此基本上没有敌意。她身上也有足够的赫拉来与他建立持久的联结。

扮演永恒少年的男人也会吸引很多阿佛洛狄忒女性，她们似乎对不成熟、复杂、主观目标明确且具有创造潜力的男性情有独钟。他们与奥林匹斯诸神中最年轻的信使之神赫尔墨斯相似。她发现他的语言才能令人陶醉——尤其是当他富有诗意的时候——并且对他快速地从高处移动到深处的（情感或社交）能力着迷。赫尔墨斯型的人可能是个诡计者，有点像骗子，喜欢在智力上胜过那些"迟钝的"头脑。他充满潜力，尽管不守纪律，但通常有才华有魅力，不致力于工作，也不对她进行承诺。通常，他会轻而易举地在她的生活中进进出出。将他拴在任何事情上就像试图抓住水银一样徒劳。他用"也许"的语气说话，玩弄关于同居或结婚的想象。但她最好不要指望他，因为他是最不可能做出承诺的人。与他发生性关系是不可预知的，而且是充满激情的。他是一个迷人而敏感的情人，一个可能永远都不会长大的顽皮的彼得·潘。

阿佛洛狄忒－赫尔墨斯的组合非常适合一些阿佛洛狄忒女性，因为两者都专注于此时此地，也都缺乏承诺。但是，如果阿佛洛狄忒和赫拉都是强势原型，这对她来说就会是一种非常痛苦的配对。这样的女人会和他建立很深的纽带，所以会被嫉妒折磨。他们之间的性关系很强烈。她是一夫一妻制的，想要结婚的，但通常来说，她必须满足他的安排以方便他来来去去。

然而，一个成熟的赫尔墨斯男人能够致力于工作并投入一段感情（如前所述，他可能会娶一个赫斯提亚女人）；他可能是一个商人或沟通者，而不是一个难以捉摸的永恒少年。如果是这样的话，阿佛洛狄忒－赫尔墨斯的搭配会非常出色。他们的关系可以在调情甚至外遇中幸存下来，因为他们都不是嫉妒或占有欲很强的人。此外，这种关系可以持久，因为他们喜欢彼此的陪伴和对方的行事风格。她能跟上他移动的步伐，这与她自己的步伐协调一致。他们可以在某一刻密切参与彼此的生活，而下一刻又互相独立，这对他们俩来说都很合适。

婚姻

如果阿佛洛狄忒是包括赫拉在内的几个强大原型之一，那么她会通过性和激情增强和激活婚姻。然而，持久的一夫一妻制婚姻对阿佛洛狄忒女性来说往往是难以实现的。除非其他女神发挥影响力，能将阿佛洛狄忒留在婚姻中，或者婚姻本身是一个特别幸运的组合，否则她可能会遵循一种连续性关系的模式。例如，以当代阿佛洛狄忒为公众形象的女演员伊丽莎白·泰勒就有过一系列婚姻。

与女性的关系：不被信任

一个阿佛洛狄忒式女人可能不被其他女人信任，尤其是不被赫拉女人信任。她对自己如何影响了男人越是不自觉或不负责任，她的破坏性就越大。例如，她可能在参加一个聚会时，与那里最有趣的男人进行了激烈的、充满情欲的对话。因此，她激发了许多其他女性的嫉妒、无能感和对失去的恐惧，因为她们看到自己也感兴趣的男人很活跃地回应她，而发生在他们之间的神秘对话在周围投下了金色的光环。

当女人（尤其是嫉妒或报复心强的赫拉）生阿佛洛狄忒式女人的气时，她常常会感到震惊。她很少对其他女人怀恨在心，而且由于她自己没有占有欲或嫉妒心，所以她常常难以理解为什么别人会对她产生敌意。

阿佛洛狄忒式女性通常拥有非常多的女性朋友（没有赫拉女性）和熟人，她们欣赏她的自发性和吸引力。她们中的许多人与她一样，有着阿佛洛狄忒式的特质。其他人似乎是她的随从，要么享受她的陪伴，要么通过代入她多情的冒险来体验生活。然而，当她随意对待她与她们制订的计划时，如果她的朋友不感到被冒犯，友谊才能持续下去。

一个女同性恋阿佛洛狄忒式与异性恋阿佛洛狄忒式的不同之处仅在于她的性偏好。她也将阿佛洛狄忒式意识带入人际关系，所以她也会对自己的炼金术魔法做出反应。她热切地参与到关系中，经常坠入爱河，因此通常会拥有一系列重要的关系。为了体验"生活所提供的一切"，她经常与男人和女人发生性关系。由于不受男人对女人的期望的约束，所以女同性恋阿佛洛狄忒式——也许比她的异性恋伴侣更多地——行使了阿佛洛狄忒式挑选情人的特权。女同性恋社区提供的另类生活方式使她能够过上一种终生不落俗套的生活。

女同性恋者有时会通过与另一个女人的关系发现自己的阿佛洛狄忒式，正如露丝·福克（Ruth Falk）在她的书《女人之爱》（*Women Loving*）中所暗示的那样。她描述道，看着另一个美丽的女人，感受自己的美丽；触摸另一个女人，感觉自己仿佛也被触摸过。在她看来，每个女人都"镜映"了对方，从而使得大家都能找到属于自己的女性性感。

孩子

阿佛洛狄忒式女人喜欢孩子，反过来，孩子们也很喜欢她。一个孩子会感觉到这个女人在用一种不带评判的、欣赏的眼光看待自己。她在引出孩子的感受或能力的过程中，能让孩子感到舒服和被接受。她经常向孩子灌输一种特殊感，这可能会给孩子信心，并有助于培养他们的能力和才华。她可以很容易地进入游戏状态和幻想世界。她似乎能启发孩子们表现良好，她对任何自己感兴趣的事物的热情也能感染和激励他们。这些都是母亲所具有的美好品质。如果德墨忒尔的品质也存在，阿佛洛狄忒式女性的孩子就会茁壮成长并发展他们的个性。

阿佛洛狄忒式母亲会迷住她的孩子，他们认为她美丽而富有魅力，但如果（缺少德墨忒尔）她不考虑他们对情感安全和稳定的需要，她就会前后不一，而这会对他们产生负面影响。上一刻，她的孩子们还陶醉于得到了她的全神贯注，而下一刻她的注意力转移到别处时，他们就会感到沮丧。我的一个病人有一位阿佛洛狄忒式母亲，母亲长期将她留在管家身边。她描述了妈妈回家的特殊场景："妈妈会冲进屋子，张开双臂问候我。我觉得我好像是世界上最重要的人。"她的母亲带来了"阳光"——就好像女神回来了。她曾怨恨母亲的缺席，甚至在接到她要回来的消息时闷闷不乐，不过这些都不重要了：当她沐浴在母亲魅力四射的阿佛洛狄忒光芒中时，一切都可以被原谅。她在长大的过程中一直对自己的能力不确信（事实上她的能力是非凡的），不得不应对毫无价值和抑郁的感受，这与她母亲不在时的感受相似。

当阿佛洛狄忒式母亲那不稳定又强烈的注意力集中在儿子身上时，这会影响儿子未来与女性的关系，也会影响到他的自尊，甚至可能使他患上抑郁症。她在他们之间建立了一种特殊的亲密关系，引诱了儿子内心中正在萌芽的男人，并将他吸引到自己身边，然后就她将注意力转向了其他地方。一个对她情有独钟的对手——通常是一个新男人，有时是其他令人着迷的事物——把她带走，让他感到沮丧、无能为力、愤怒，有时还感到被羞辱。儿子感受到了竞争，这是他反复输给母亲生活中的男人的竞争，这是大多数女儿都不必体会的感受。作为一个成年男子，他渴望拥有曾经与母亲一起感受到的那种强烈的情感和特殊感，只是这一次，他想要掌控一切。根据他与母亲在一起的童年经历，他不信任女人的忠诚，并且可能觉得自己没有能力留住她们。

中年

如果阿佛洛狄忒式女性的吸引力一直是自己获得满足感的主要来源，那么衰老的必然性对于她来说可能是一个毁灭性的现实。一旦变得局促不安或担心自己的美丽正在消失，她的注意力可能就会转移，从而阻止她全神贯注于另一个人。她可能没有意识到这种阿佛洛狄忒式特质——甚至比她的外在美貌——更吸引人。

在中年，阿佛洛狄忒式女性也常常对自己选择的伴侣感到不满。她可能会注意到自己频繁地被非传统的、有时是不合适的男人吸引。她现在可能想安定下来——这是一种曾被她拒绝过的可能性。

不过，对于从事创造性工作的阿佛洛狄忒式女性来说，中年并不难。通常，这些女性会热情地投入她们感兴趣的工作中。这时她们有更多的经验汲取灵感，也有更完善的技能来表达自己。

晚年

一些阿佛洛狄忒式女性保留了看到美的能力，总是能够发现和爱她们所关注的人和事物中的美好的那一面。她们优雅和充满活力地变老。对他人的兴趣或参与创造性工作仍然是她们生活中最重要的部分。当她们不自觉地从一种经验转到另一种经验，从一个人转到另一个人，对接下来发生的一切着迷时，会一直保持着一种年轻的心态。她们通常有一颗年轻的心，会吸引到其他人，并拥有各个年龄段的朋友。例如，即使在 90 多岁的时候，伊莫金·坎宁安（Imogene Cunningham）

仍然是一位精神焕发的摄影师，她继续捕捉在胶卷上看到的美，并反过来吸引其他人为她拍照。

心理困境

拥有阿佛洛狄忒这样一个强大的原型并不容易。追随阿佛洛狄忒本能性欲的女性往往会陷入左右为难的境地：一方面，她们自己渴望性关系，也能挑逗别人的性欲；另一方面，我们的文化认为，如果一个女人实践自己的欲望就会滥交，而如果她不这样做，就会被人戏弄和嘲笑。

向阿佛洛狄忒认同

外向的女人通常最认同阿佛洛狄忒，她对生活充满渴望，而且她的个性中具有热情的元素。她喜欢男人，并且依靠自己的吸引力以及她对他们的兴趣使得他们靠近自己。她的专注是诱人的，她让男人觉得他自己既特别又性感。这种关注会在他身上引起相应的反应，在他们之间产生情欲吸引力，从而导致对性亲密的渴望。如果她认同阿佛洛狄忒，她会不计后果地按照这种愿望行事。但这样做会造成一系列后果：被社会谴责，只能得到一系列肤浅的关系，被只想与她发生性关系的男人利用，自尊心受损。她需要知道如何在某些情况下遏制阿佛洛狄忒，以及如何在其他情况下做出回应——如何明智地选择"何时、与谁"，以及如何不被这个原型推向毁灭。

她热情而专注的交往方式可能也会被某些男人误读，他们可能错误地认为她对他们特别感兴趣或他们对她有性吸引力。然后，当她断然拒绝他们时，她可能会被认为是一个令人心碎的人或挑逗者，被指责诱导男人。这样的男人可能会感到被欺骗、感到怨恨，也可能会变得充满敌意和愤怒。阿佛洛狄忒女人可能会承受她并不想要的迷恋，也可能会被愤怒地拒绝，这令她感到受伤和生气，搞不明白自己到底做了什么，使得对方产生这样的反应。当阿佛洛狄忒女人意识到这种模式时，对于自己不感兴趣的男人，她可以学会抑制对方萌芽的热情。她可以向他表明自己不是单身，或者在相处时变得更中立。

否认阿佛洛狄忒

当一个阿佛洛狄忒女人在一个谴责女性性欲的环境中长大时，她可能会试图扼杀自己对男人的兴趣，淡化自己的吸引力，并认为自己不适合拥有性欲。表达自己的阿佛洛狄忒天性使她感到内疚和冲突，进而导致她感到沮丧和焦虑。如果她出色地扼杀了自己这部分魅力，以至于她将自己的性欲和肉欲从意识中分离出来，她将失去与真实自我的主要联系，从而失去活力和自发性。

活在当下的缺陷

阿佛洛狄忒式女性倾向于活在当下，把生活当作一种纯粹的感官体验。在抓住当下的时候，这样的女人可能会表现得好像她的行为不会对将来造成什么后果，或者不会与当前的忠诚发生冲突。这种做法比一般的冲动事件造成的破坏性更大，会牵一发而动全身。例如，她可能会买一些自己负担不起的漂亮东西，或者习惯性地"失约"。她以极大的热情制订计划，并打算认真执行这些计划，但到了约定的时间，她可能会全神贯注于其他事或其他人。

虽然这些教训是痛苦的，但经验是阿佛洛狄忒式女人最好的老师。她了解到，当她对他人"眼不见心不念"时，他们会受到伤害并感到愤怒。如果在冲动消费之前没有考虑自己的财务状况时，她会发现账单失控，催款信也随之而来。她会不断地重复这种给自己和他人带来痛苦的模式，直到她发现活在"此时此地"让自己活得不计明天，并开始抵制"此时此地"的束缚。

当一个阿佛洛狄忒式女人学会在行动之前反思后果时，她的反应就会少一些冲动，表现得更加负责任。然而，情感优先事项仍将比实际考量更重要。即使她事先考虑了自己的行动方针，她的行为仍然可能会伤害别人，因为她最终会跟随自己的心。

爱情的受害者

当阿佛洛狄忒女人"爱他们并离开他们"时，男人可能会成为受害者。她很容易坠入爱河，每次都真诚地相信自己找到了完美的男人。在"当下"那神奇的魔法的作用下，他可能会觉得自己是一个爱上女神的男神，结果却马上被抛弃和取代了。因此，她身后留下了一连串受伤的、被拒绝的、抑郁的或愤怒的男人，他们感到被利用和被抛弃了。

一个阿佛洛狄忒女人可能会经历一系列激烈的爱情，每次都被恋爱的魔力（或原型体验）吸引。为了结束这种模式，她必须学会去爱一个"有缺陷的人"——一个不完美的人，而不是一个男神。首先，她必须对轻率的迷恋不再抱有幻想——通常只有经验才能带来这样的幻灭。只有这样，她才能相对长久地待在一段关系中，接受伴侣和她自己的人性缺陷，并发现爱情中的人性维度。

爱情的诅咒

女神阿佛洛狄忒令他人去爱的力量可能具有破坏性。例如，她有时会强迫一个女人去爱一个没有或不能回报她的爱的人。有时，她创造了可耻或非法的激情，会导致冲突或羞辱，最终会摧毁这个女人或她的积极品质。密耳拉、费德拉和美狄亚是神话中三个被诅咒的女性。她们都因爱"生病了"。当阿佛洛狄忒对普赛克生气时，她计划让她爱上"最糟糕的男人"。女神很清楚爱情会带来痛苦。

被爱情束缚的不幸的女人可能是阿佛洛狄忒的当代受害者。她们中的一些人会因为痛苦寻求精神科的帮助。有两种典型的模式曾在我的工作中浮现。在第一种模式中，女人爱上了一个对她不好或贬低她的男人。为了偶尔从他那里得到零碎的关注，她将生活中的其他一切置于次要地位。这种情况可能会持续一段时间，也可能持续数十年。典型的情景是，尽管有相反的证据，但她仍被这段关系折磨，也因为她努力说服自己他真的爱自己而感到痛苦。她抑郁、不快乐，可是，她对于是否要改变自己的处境非常矛盾。但为了能感到好受些，她必须放弃这种让自己上瘾的破坏性的关系。

第二种模式显得更加无助：女人爱上了一个明确表示不想与她发生任何关系的男人。他感到自己被她的单相思诅咒，所以会尽可能地避开她。她对他的痴迷可能会持续数年，这有效地阻止了其他关系的产生。为了追求他，她可能会跟着他去另一个城市（就像我的一个病人所做的那样），或者可能因擅自闯入他的房子而被捕，又或者被强行驱逐出他的房子。

从阿佛洛狄忒的诅咒中解脱出来是很困难的。为了改变，女人必须看到这种执着的破坏性，愿意放下这段关系。要避免想要见到他的诱惑并避免重新与他交往，需要付出巨大的努力，但她必须这样做才能将自己的情绪投入其他地方。

成长方式

关于阿佛洛狄忒女性原型模式的知识对所有类型的女性来说都是有用的信息，尤其是对阿佛洛狄忒女性而言。如果她们知道容易坠入爱河、能够体验到情色吸引力、有别的许多女性没有的强烈性欲，都是"女神赐予"她们的天性，那她们心里可能会好受一些。这些知识可以帮助阿佛洛狄忒女性免于对自己的身份感到内疚。同时，她们必须意识到，务必要留心自己的最大利益，因为这个女神不会这样做。

尽管其他女神原型在阿佛洛狄忒女性内心可能是不突出的，但她们通常至少以潜在形式存在。有了某些生活阅历之后，她们的影响力就会增长，可以抵消或改变阿佛洛狄忒在女性心灵中的力量。如果阿佛洛狄忒女性发展技能或接受教育，阿尔忒弥斯和雅典娜的重要性可能会增加。如果她结婚生子，赫拉和德墨忒尔可能会在其中产生稳定的影响。如果她通过冥想发展赫斯提亚，可能会更容易抵抗情欲吸引力的外向拉力。培养珀耳塞福涅的内向性，可能会让阿佛洛狄忒女性在幻想中而不是在现实中体验性行为。

当一个阿佛洛狄忒女人意识到自己的模式，并决定修改它以使自己或自己所爱的人不受到伤害时，一个重大转变就会产生。一旦她能够厘清自己的优先事项并采取行动，就使得做出选择并决定后果成为可能。普赛克的神话中描述了她可以遵循的发展道路。

普赛克神话：关于心灵成长的寓言

厄洛斯（阿莫尔）和普赛克的神话已被几位荣格分析师当作女性心理学的隐喻——最著名的是埃利希·诺伊曼的《阿莫尔与普赛克》和罗伯特·约翰逊（Robert Johnson）的《她》（*She*）。普赛克是一个怀孕的凡人妇女，她想要与她的丈夫爱神，即阿佛洛狄忒的儿子厄洛斯团聚。普赛克意识到，要想与厄洛斯和解，她必须服从充满愤怒和敌意的阿佛洛狄忒，所以她找到了女神。阿佛洛狄忒给了她四项任务来测试她。

阿佛洛狄忒的四项任务具有重要的象征意义。每一个都代表了女性需要发展的一种能力。每当普赛克完成一项任务，她就会获得一种她以前没有的能力——在荣格心理学中，这种能力等同于女性人格中的阿尼姆斯或男性层面。尽管这些能力对于像普赛克一样需要努力发展它们的女性来说往往是"男性化的"，但它们却是阿尔忒弥斯和雅典娜女性的自然属性。

作为一个神话人物，普赛克是一位情人（像阿佛洛狄忒）、一名妻子（像赫拉）和一个怀孕的母亲（像德墨忒尔）。此外，在她的神话中，她还去了冥界并返回地面（所以也很像珀耳塞福涅）。将人际关系放在首位，并且总是通过本能或情感来对他人做出反应的女性，需要培养每项任务所象征的能力。只有这样，她们才能评估自己的选择，并为自己的最大利益果断地采取行动。

任务 1：对种子进行分类。阿佛洛狄忒带着普赛克走进一个房间，向她展示了一大堆杂乱无章的种子——玉米、大麦、小米、罂粟、鹰嘴豆、小扁豆和大豆——并告诉她必须在晚上之前将每一类种子或谷物归到特定的谷堆里。这项任务看起来是不可能完成的，直到一群卑微的蚂蚁来帮助她，一粒一粒地将每一类种子放在特定的谷堆中。

与此类似，当一个女人必须做出关键决定时，她通常必须首先将混乱的感情和相互矛盾的忠诚理清。当阿佛洛狄忒参与其中时，情况往往特别令人困惑。因此，"整理种子"是一项内在的任务，要求一个女人诚实地审视内心，筛选自己的感受、价值观和动机，将真正重要的事物与无关紧要的事物区分开来。

当一个女人学会待在混乱的情形中，直到眼前变得清晰才采取行动时，她就学会了信任"蚂蚁"。这类似于一个由直觉推动的过程，其运作超出了意识的控制。或者，如果她能够通过有意识的努力去系统地或有逻辑地评估和分配决策中涉及的许多元素的优先级，清晰的画面也会由此显现。

任务2：获得一些金羊毛。接下来，阿佛洛狄忒命令普赛克从可怕的太阳公羊身上获取一些金羊毛。这些公羊是巨大的、好斗的、有角的野兽，常常在田野中相互攻击。如果普赛克走到它们中间夺走它们的金羊毛，肯定会被践踏或压碎。再一次，这项任务看起来似乎是不可能完成的，直到一根绿色的芦苇来帮助她，建议她等到日落时分公羊散开时再行动。那时，她就可以安全地从公羊擦过的荆棘上摘下几缕金羊毛。

从隐喻层面看，金羊毛代表着权力，而女人需要在不被摧毁的前提下去获取这样的权力。在这个竞争激烈的世界中，几乎所有人都在雄心勃勃地争夺权力和地位，而当一个阿佛洛狄忒女性（或脆弱女神类型的女性）进入这个世界时，如果她没有意识到危险，那么她可能会受到伤害，她的幻想也会因此破灭。她可能会变得冷酷和愤世嫉俗；她关心和信任的自我可能会成为受害者，"被踩在脚下"。身披铠甲的雅典娜可以身处战场之中，直接参与战略和政治，但像普赛克这样的女人更擅长观察和等待，慢慢地间接地获得权力。

在不摧毁普赛克的情况下获得金羊毛是一个隐喻：获得权力并始终做一个富有同情心的人。在我的精神病学实践中，我发现牢记这项任务对每个正在学习变得果敢的女性都很有帮助。否则，如果只专注于表达自己的需求或愤怒，她的谈话就会变成使人疏远的对抗，这无助于实现她想要的东西，而且会使她呈现出苛刻、破坏性的一面。

任务 3：用溪水填满水晶瓶。在第三项任务中，阿佛洛狄忒将一个小水晶瓶放在普赛克的手中，并告诉她必须用来自一条令人生畏的溪流的水将其装满。这条溪流从最高的悬崖顶上倾泻而下，流向冥界的最深处，然后穿过大地再次从泉水中涌出。这条溪流深深地刻在锯齿状的悬崖上，被巨龙守护着。她凝视着冰冷的溪流，觉得给瓶子装满水似乎是一项不可能完成的任务。这一次，一只老鹰来帮助她。

从隐喻层面看，这条溪流代表生命的循环流动，普赛克必须浸入其中才能装满她的瓶子。老鹰象征着从一个较远的角度看风景，并俯冲下来抓住自己需要的东西的能力。对于像普赛克这样的女性来说，这不是通常的感知模式，她是如此地沉浸于自身，以至于"只见树木不见森林"。

对于阿佛洛狄忒女性来说，在关系中保持一定的情感距离尤为重要，因为这可以使她了解整体模式并筛选出重要的细节，以便能够掌握最重要的东西。接下来，她就可以吸收经验并塑造自己的生活。

任务 4：学会说"不"。在第四项也是最后一项任务中，阿佛洛狄忒命令普赛克带着一个小盒子进入冥界，让珀耳塞福涅在里面装满美容药膏。普赛克将这项任务与死亡画了等号。轮到远见塔（a far-seeing tower）为她出谋划策了。

因为阿佛洛狄忒将这项任务变得格外困难，所以它不仅仅是对英雄的勇气和决心的考验。普赛克被告知她会在路上遇到一些可怜的人，他们会向她求助，她将不得不"硬下心来拒绝"他们三次——无视他们的恳求，继续前行。如果不这样做，她将永远留在冥界。

面对求助，设定一个目标并坚持下去，对于处女女神类型之外的所有女性来说尤其困难。母性的德墨忒尔女性和乐于助人的珀耳塞福涅女性对他人的需求最敏感，而赫拉和阿佛洛狄忒女性则介于两者之间。

当普赛克三次说"不"时，她所完成的任务是行使选择权。许多女性允许自己被强加一些任务，并且允许别人扰乱自己正在做的事情。在学会说"不"之前，她们无法完成自己打算做的任何事情，或者对自己来说最好的事情。无论让她分心的是一些需要陪伴的人还是需要安慰的人，抑或者极具吸引力的充满情欲的关系，除非她能够对自己的特殊易感性说"不"，否则她无法决定自己的人生轨迹。

通过完成这四项任务，普赛克进化了。当她的勇气和决心受到考验时，她的能力和优势也得到了发展。然而，尽管她收获了很多，但她的基本天性和优先事项仍然没有改变：她珍视爱情关系，为它甘冒一切风险，并赢得了最终的胜利。

第十三章

哪位女神能得到金苹果？

女神之间的竞争、冲突和联盟会在女性的心灵中发生——正如这些女神曾经在奥林匹斯山上所做的那样。女性会关注哪一位女神？忽略哪一位女神？她有多少选择权？这些代表强大原型模式的内在人物争相表达，就像希腊女神自己曾经争夺金苹果一样——那个由帕里斯裁决的奖品。

帕里斯的裁决

除了纠纷与不和女神厄里斯（Eris，一位次要的女神）之外，所有的奥林匹斯神都被邀请参加色萨利（Thessaly）国王珀琉斯（Peleus）与美丽的海女神忒提斯（Thetis）的婚礼。厄里斯不请自来地出现在这个盛大的场合，并为自己所受的轻视报了仇——她朝参加宴会的宾客扔了一个金苹果，上面写着"献给最美丽的女神"，扰乱了庆祝活动。苹果滚过地板，立即被赫拉、雅典娜和阿佛洛狄忒认领——她们都觉得这个金苹果理所当然地属于自己。当然，她们无法自己决定谁最美丽，所以她们请求宙斯做出裁决。宙斯拒绝做出选择，他指示她们去寻找牧羊人帕里斯（一个善于鉴赏美女的凡人），让他裁判。

三位女神在伊达山的山坡上发现了帕里斯，他正与一位山中仙女过着田园般的生活。一个接一个地，三位美丽的女神都试图通过贿赂来影响他的裁决。赫拉主动提出，如果他能把金苹果判给自己，她就给予他统治亚洲所有王国的权力。雅典娜许诺会令他在所有战斗中都获胜。阿佛洛狄忒则承诺给他世界上最美丽的女人。帕里斯毫不犹豫地宣布阿佛洛狄忒是最美丽的女神，并把金苹果给了她，这招致了赫拉和雅典娜永恒的仇恨。

帕里斯的这一裁决导致了特洛伊战争。牧羊人帕里斯是特洛伊的王子。世界上最美丽的女人是希腊国王墨涅拉奥斯（Menelaus）的妻子海伦。帕里斯绑架了海伦，带着她回到了特洛伊。这一行为引发了希腊人和特洛伊人之间持续10年的战争，最后以特洛伊的毁灭而告终。

五位奥林匹斯神站在希腊人一边：赫拉和雅典娜（这两位女神对希腊英雄的偏袒受到了她们对帕里斯的敌意的影响），还有波塞冬、赫尔墨斯和赫菲斯托斯。四位男神和女神则站在特洛伊人一边：阿佛洛狄忒、阿波罗、阿瑞斯和阿尔忒弥斯。

帕里斯的裁决也启发了西方文明中一些伟大的文学和戏剧。该决定引发的一系列事件在《伊利亚特》《奥德赛》和《埃涅阿斯纪》（三大古典史诗）以及埃斯库罗斯、索福克勒斯和欧里庇得斯的悲剧中永垂不朽。

新版帕里斯裁决

每个当代女性都面临着自己的帕里斯裁决。这些问题与神话中提出的问题相同："哪位女神能得到金苹果？"以及"谁来评判？"

哪位女神能得到金苹果？

在神话中，只有三位在场的女神想将金苹果据为己有。这三位女神分别是赫拉、雅典娜和阿佛洛狄忒。然而，在每个女性的心灵中，竞争者可能会有所不同。也许只有两位在争夺金苹果，也许有三位，或者有四位——七位女神的任何组合都可能发生冲突。在每个女人内心，被激活的原型往往会争夺霸权或竞争主导地位。

考虑到最初的神话，选择"最美丽的女神"究竟是什么意思呢——赫拉、雅典娜和阿佛洛狄忒难道在争夺相对其他两位女神的卓越地位？思考这三位女神的象征意义时，我惊奇地发现，她们代表一个女人可以在生活中遵循的三个主要方向——这也是一个女人内心经常发生冲突的方面。赫拉把婚姻放在首位，认同赫拉目标的女人也是如此。雅典娜重视运用智慧来达到精通目的，一个将她尊为最美丽的女神的女人会把自己的事业放在第一位。阿佛洛狄忒将美、爱、激情以及创造力作为终极价值观，而认同这些价值观的女人会将个人生活的活力置于持久的关系和成就之上。

这些选择从根本上来说是不同的，因为这三位女神中的每一位都属于不同的类别。赫拉是脆弱女神，雅典娜是处女女神，而阿佛洛狄忒是炼金术女神。在女性的生活中，这些类别所代表的三种风格中的某一种通常会占据主导地位。

谁来决定哪位女神能得到金苹果？

在神话中，一个凡人男子做出了这个决定。在父权文化中，由凡人男性做决定：当然，如果由男性决定女性的位置，那么选择就仅限于男性觉得合适的地方。例如，3K——Kinder、Küche、Kirche（儿童、厨房和教堂）——曾经定义了大多数德国女性的生活。

在个人层面，"哪位女神能得到金苹果"描述了一种持续的竞争。从她的父母和亲戚开始，延伸到老师和同学、朋友、约会对象、丈夫，甚至孩子——帕里斯的裁决不停地上演，每个人都通过分发或扣留"金苹果"，对她的取悦给予奖惩。例如，一个性格安静、孤独的小女孩（多亏了赫斯提亚），同时也是一名有竞争力的网球运动员（这可能受到了阿尔忒弥斯或雅典娜的影响），在与她的小表妹相处时，她的母亲（德墨忒尔）特质会显露出来，她会发现自己在某些事情上获得的认可比在其他事情上获得的认可多。她的父亲会夸她网球打得好，还是夸她是个很好的小妈妈？她妈妈看重什么？这是一个内向的家庭，希望家庭成员们独自度过安静的时光吗？或者这是一个外向的家庭，认为任何想独处的人都是古怪的？难道女孩子就该忍着，不表现出自己的反击技巧有多好，总是让男人打败她吗？考虑到别人的期望，她会做些什么?

如果一个女人让别人来决定对她来说什么是重要的,那么她将不会辜负父母的期望,去做符合她所属社会阶层的事情。在她的一生中,要尊崇哪位女神,是由别人决定的。

如果一个女人自己决定"哪位女神能得到金苹果",将这一决定建立在她内心的女神力量之上,那么无论她做什么决定,对她来说都是有意义的。不管她的家庭和所属的文化是否支持这个决定,它都会让人感觉到真实。

冲突中的女神:以委员会作隐喻

在一个女性的内心,女神们可能相互竞争,也可能只由其中一位统治。每当这个女人必须做出重大决定时,可能就会出现女神们互相争夺金苹果的情况。如果是这样,女性是否会在互相竞争的优先事项、本能和模式中做出决定?或者,她选择的道路是由女神决定的?

约瑟夫·维尔怀特(Joseph Wheelwright)是一位荣格分析师,也是我的指导老师,他说,在我们头脑中发生的事情可以被认为像一个委员会,我们人格的各个方面都坐在桌子旁——男性和女性,年轻人和老年人,有的吵闹且要求高,有的安静且疏离。如果我们幸运的话,一个健康的自我会坐在桌子的首席作为主席主持委员会,决定何时该轮到谁发言。主席作为善于观察的参与者和有效的执行者来维持秩序——这是运作良好的自我所拥有的品质。当自我运转良好时,一个人的行为举止自然是恰当的。

主持委员会并不是一件容易的差事,尤其是在每个女人内心都有女神的情况下:她们要求和索取权力,有时还彼此冲突。当女性的自我无法维持秩序时,某个女神原型可能会介入并接管人格。因此,从隐喻上说,这位女神统治着凡人。或者,当同样强大的原型元素发生冲突时,可能会发生类似奥林匹斯战争那样的内在冲突。

当一个人陷入内心冲突时，其结果取决于她的"委员会成员"如何一起工作。像所有委员会一样，团体的运作取决于主席和成员——她们是谁，她们的观点有多坚定，团体的合作程度或争议程度如何，以及主席能够在多大程度上维持秩序。

有序的过程：自我像主席一样运转良好，所有女神都有机会被倾听

第一种可能性是有一个有序的过程，由一个善于观察的自我主持，可以根据足够的信息做出明确的选择。自我能够意识到组成人员都有谁，并且察觉到不同的需求和动机，人格的所有相关方面都被听到，现实被考虑，紧张也被容忍。由于每位女神都代表了特定本能、价值或女性心灵（她人格的整体）的一个方面，因此任何一位女神的决定权都取决于该特定原型有多强，它在特定议程中的参与程度如何，以及自我（作为主席）允许女神拥有多少发言权。

例如，一个女人可能要决定星期天做什么。赫斯提亚喜欢独处，建议在家里度过安静的一天。赫拉觉得她有义务去探望丈夫的亲戚。雅典娜提醒她，她还有一些未完成的工作要做。阿尔忒弥斯则主张她去参加一个妇女会议。

或者，一个女人可能要决定她的下半生做什么。这时，人格的每一个方面以及每一位女神，都可能在结果中拥有一些既得利益。例如，既然孩子们都长大了，现在可以结束一段不满意的婚姻吗？对此，德墨忒尔可能会起决定性作用。在过去，为了孩子们，她与赫拉结盟，处于不愉快的境地。现在，她会与阿尔忒弥斯联手并支持独立吗？

或者，现在是回到学校或改变职业的时候，所以应该听取雅典娜或阿尔忒弥斯的意见？

还是说，终于轮到德墨忒尔或赫拉被倾听了？这位女士是否将所有的精力都放在发展她的事业或成为专业人士上？而到了中年——她已经到达了目的地或处于稳定期——她是否感到德墨忒尔所带来的母性本能的高涨？或许她知道自己很孤独，羡慕地看着别的情侣，想要结婚——或许，可能直到现在，她还拒绝听赫拉的话？

或者，那位缺席的女神是最安静的女神——随着中年生活带来反思和寻找精神价值的需要，是否轮到赫斯提亚登场了？

中年可能会造就新的女神形态，或者凸显某位女神的地位。这种潜在的转变发生在人生中每一个重要的新阶段——青春期、成年期、退休期、更年期以及中年时期。当过渡时期到来时，如果自我负责一个有序、反思、有意识的过程，那么女性会考虑优先事项、忠诚度、价值观和现实因素。她不强行解决相互冲突的选择——在问题变得清晰之后，才会有更好的解决办法。当她决定星期天做什么时，这个过程可能只需要5分钟。当她正在考虑重大的生活变化时，则可能需要5年时间。

例如，我看到过有女性为解决"生孩子的问题"而抗争多年。这样的女人想知道如何处理她的母性本能，如何对待她的事业。如果她的丈夫和她有分歧——一个想要孩子而另一个不想要，她该怎么办？现在她已经30多岁了，而做母亲是有时间限制的，她应该怎么做呢？

所有这些问题都困扰着从未有过孩子的艺术家乔治亚·欧姬芙（Georgia O′Keeffe）。从劳拉·莱尔（Laura Lisle）的传记中，我们知道欧姬芙从小就有一种想要成为艺术家的内在动力。我们也知道，在她20多岁时，曾向一位朋友吐露心声："我必须生孩子——如果不生孩子，我的人生就不会完整。"当"生孩子的问题"成为一个大问题时，她深深地爱上了艺术家阿尔弗雷德·斯蒂格利茨（Alfrde Stieglitz），他们先是同居，然后结婚。他代表的是现代艺术中最有影响力的一股力量之一。他的画廊以及他对艺术和艺术家的看法成就了诸多艺术家。斯蒂格利茨坚信欧姬芙不应该成为母亲，因为这会使她从绘画中分心。斯蒂格利茨比欧姬芙大30岁，是一个有成年子女的父亲，所以他再也不想当父亲了。

在生孩子的问题上，她内心的冲突以及她与他的冲突，从1918年开始持续了5年，最终显然是在两件事情的影响下才得到解决。1923年，她的100幅画作被展出。这也许是她第一次从外部确认，成为一名成功艺术家的梦想是有可能实现的。同年，斯蒂格利茨的女儿生了一个儿子，自此患上了严重的产后抑郁症，从未完全康复。

对斯蒂格利茨、他们的关系以及她作为艺术家的事业的担心使得欧姬芙的许多部分都与强烈的母性本能相对抗。赫拉、阿佛洛狄忒、阿尔忒弥斯和雅典娜都站在了德墨忒尔的对立面。

尽管女神的这种组合加上环境的影响打败了生孩子的决定，但欧姬芙需要无怨无悔地放弃成为母亲的可能性，否则这个问题（或任何问题）就不算完全被解决。当一个人觉得自己别无选择，被外部环境或内在的强制力裹挟着，被迫放弃一些重要的事情时，她会感到愤怒、无能为力和抑郁。怨恨会削弱她的活力，使她无法集中精力做任何事情，不管这件事情多么有意义。为了让欧姬芙（或任何女性）能够体验到失去某些重要事物，然后投入创造性的工作中去——她的自我不能仅仅用来统计各个原型的投票结果，它必须超越"被动的观察者"这一身份。所以，她必须积极地认可这个投票结果。要做到这一点，女人必须能够说："我知道我是谁，也了解当下的情况。我以自己的身份确认这些品质，我接受现实的本来面目。"只有这样，束缚在一个问题上的能量才能被释放并用于其他用途。

跷跷板式的矛盾心理：随着相互竞争的女神争夺统治权，自我变得无效

虽然有序的流程是最好的解决方案，但不幸的是，它并不是处理内部冲突的唯一方式。如果自我被动地与暂时掌权的一方合作，那么就会出现一种跷跷板模式，也就是首先有一方"获胜"并得逞，然后轮到另一方。

例如，已婚妇女可能对是否要结束婚外情犹豫不决。（她知道如果不结束婚外情，就意味着婚姻的终结。）她内心的冲突可能像特洛伊战争一样，一度似乎无法解决、无休无止。一个有着无效自我的女性会一再地结束婚外情，然后又一次次地被卷入其中。

特洛伊战争是对这种情况的恰当比喻。被争夺的奖品海伦，就像一个处于"婚姻－外遇"冲突中的被动自我。被动的自我被挟持着，先是一方的占有物，然后又被另一方占有。

希腊军队的目的是将海伦归还给她的丈夫。站在他们一边的是婚姻的拥护者。

这其中，最重要的一个角色是婚姻女神赫拉，她坚持要继续斗争，直到特洛伊被摧毁、海伦回到她的丈夫墨涅拉奥斯身边。帮助希腊人的还有为阿喀琉斯制作盔甲的锻造之神赫菲斯托斯。赫菲斯托斯对希腊立场的同情是可以理解的，因为他是被阿佛洛狄忒戴了绿帽子的丈夫。希腊人的另一位盟友是波塞冬，他是住在海底的父权制男神。而父权制的维护者雅典娜，自然也站在了合法丈夫这边。

这些奥林匹斯神代表了一个女人内心的态度，它会令她采取行动以维持婚姻。他们将婚姻视为神圣的誓言和合法的制度，认为妻子是丈夫的财产，对丈夫表示同情。

阿佛洛狄忒——爱神和金苹果的获得者，当然会站在特洛伊一边。有趣的是，阿尔忒弥斯和阿波罗也站在这一边，这对雌雄同体的双胞胎可能象征着男性和女性的非刻板角色，只有在父权制的权力受到挑战时才被允许出现。特洛伊一方的第四位奥林匹斯神是战神阿瑞斯，他是阿佛洛狄忒的情人。

这四位奥林匹斯神代表了女性心理中的元素或态度，这些元素或态度经常在婚外情中结合在一起。他们代表性的激情，也代表了爱。他们还维护了自主权——坚持认为她的性欲是属于她自己的，而不是婚姻或丈夫的财产。这四位奥林匹斯神都在反抗传统角色，而且很容易冲动。因此，他们协力对她丈夫宣战。

如果一个女人的自我被动地顺从内部冲突和外部竞争的临时胜出者，她将在三角关系中的两个男人之间被来回撕扯。这种矛盾心理会伤害与这两个男人的关系以及所有相关人士。

委员会的混乱：自我被相互冲突的女神淹没

当一个女人的心灵发生激烈的冲突而自我无法维持秩序时，是无法启动一个有序的进程的。许多声音都提高了音量，由此产生了刺耳的内部噪声——好像女神们都在尖叫着说出他们的担忧，试图盖过她人的声音。女人的自我无法厘清这些声音，与此同时，内在的压力也越来越大。正在经历这种混乱的女人无法清晰地思考，她感到困惑，也觉得自己被迫要做某些事。

我的一位病人在她 40 多岁时打算离开丈夫。就在此时，这种"委员会的混乱"突然出现了。她的婚姻并没有牵扯其他男人，而且在别人眼中，是历经 20 年的理想婚姻。刚开始，当她仅仅是在心中盘算要分居的事情时，就听到了许多相互竞争的观点，这些声音或多或少都是理性的。但当她告诉丈夫自己正在考虑的事情，并试图去捋顺想法时，内部混乱爆发了。她说，这种感觉就像"脑子里有一台转动的洗衣机"或"身处洗衣机里"。对于这一真实可靠却又充满风险的决定，她自身的某些方面感到恐惧和充满警觉。

有一阵子她动弹不得——她的自我暂时不知所措。但她没有放弃也没有回头，而是坚信自己需要解决问题，并与朋友们待在一起，直到内心变得更明晰。渐渐地，她的自我回到了正常的位置，她听到并认真考量了那些警觉和恐惧的声音。最后，她离开了丈夫。1 年后，她终于确信这是一个正确的决定。

在这种情况下，为了能够启动进程来整理这些互相竞争的议题，可以将相互冲突的恐惧和冲动告诉他人，或将它们写下来。当一大堆问题被分解为不同的关注点时，自我可能就不会再感到不知所措。

面对新的、具有威胁性的事物，在最初的混乱反应过后，会有一个短暂的间隔，也就是说，这种"委员会的混乱"通常是暂时的。不久之后，自我恢复了秩序。然而，如果自我不能恢复秩序，精神错乱就会导致崩溃。头脑中仍然会充满相互竞争的情绪、思虑和形象；逻辑思考变得不可能；这个人停止了运作。

怀有偏见的委员会主席：偏爱一些女神，拒绝承认其他女神

作为主席，怀有偏见的自我只承认某些受青睐的委员会成员。如果其他成员表达了不受它认可的需求、感受或观点，它便通过批评她们不守规矩而使其沉默。它审查任何自己不想看到或不想听到的事物，因此表面上似乎不存在冲突。被偏爱的少数甚至一位女神具有崇高的地位，其观点也占主导地位。她们是自我所认同的女神。

同时，那些不受欢迎的女神的观点以及她们的优先事项遭到了压制。她们可能是沉默的，或者甚至没有出现在委员会中。因此，她们只能在"委员会会议室之外"或意识之外产生影响。行动、心身症状和情绪可能都是这些被审查的女神的表达。

"付诸行动"是一种无意识地被驱动的行为，可以减少由相互冲突的感觉造成的紧张感。例如，一位名叫芭芭拉的已婚妇女对她丈夫的妹妹苏珊感到很不满，因为苏珊总是想当然地认为她能搭芭芭拉的便车。芭芭拉若是拒绝，则可能感到自私和内疚，她也不能生气，因为愤怒是不可接受的。因此，她的自我作为主席，是支持赫拉和德墨忒尔的，这两位女神坚持让她做一个照顾丈夫亲戚的好妻子，做一个养育者和照顾者。她的自我压制了讨厌照顾他人的处女女神。由于内心的紧张感逐渐增强，她便通过"付诸行动"来释放焦虑。芭芭拉"忘记了"要去接苏珊的约定。故意放苏珊的鸽子会显得非常有敌意——阿尔忒弥斯或雅典娜甚至可能会鼓励她故意这样做。然而，通过"忘记"，芭芭拉将敌意"付诸行动"并成功地治好了苏珊的坏毛病。但对于她自己的愤怒和独立主张，芭芭拉仍然是"无辜"的（因为她没有明确地表达过）。

关于付诸行动，我的一个病人提供了另一个更重要的例子。她即将参加一部重要电影的配角试镜。选角导演见过她，认为她可能适合这个角色，所以他让她试演一下。这是她的重要机会。这位 30 岁的女演员是一家小型剧院的成员，与剧院的导演生活在一起。他们之间的关系断断续续地维系了 3 年。

他不能容忍她比他更成功，对此，她或多或少也是知道的。但她压抑了这个洞见——连同其他一些能够保护她的见解，这使她无法看到他的真实面目。当参演电影的机会来临时，她为试镜做准备，全神贯注地排练到最后 1 分钟，以至于"忘记了时间"。她错过了这次面试。

因此，她将自己的矛盾心理"付诸行动"——尽管她想得到这个角色并且有意识地进行了努力。阿尔忒弥斯给了她雄心壮志，阿佛洛狄忒帮助她表现了自己的才华。但她不自觉地害怕得到这个角色，也害怕考验她的关系：赫拉把关系放在首位，德墨忒尔保护这个男人免受威胁或感到无能。她不去试演这个角色的决定是在意识之外做出的。

心身症状可能是被审查的女神的表达。例如，具有雅典娜特质的独立女性从不寻求帮助，似乎也不需要任何人，她可能会患上哮喘或溃疡。也许这是她的自我允许依赖性的珀耳塞福涅得到一些母性养育的唯一方式。或者，爱奉献的、天生母亲类型的女性可能会有不稳定性高血压。在她看起来特别无私的时候，血压常常会从正常值飙升到高值。虽然她可能没有足够的阿尔忒弥斯来专注于自己的优先事项，但当她如此轻易地将他人的需求放在首位时，她会感到紧张和怨恨。

情绪也是被审查的女神的表达。当听到选择不同道路的朋友的消息时，一个幸福的已婚女子所陷入的那种莫名的惆怅的情绪，可能代表着处女女神的搅动。职业女性在月经来潮时感到的那种模糊的不满，可能折射出了一个不满意的德墨忒尔。

换挡：当几位女神轮流出现时

当几位女神轮流产生主要影响时，女性经常认为自己"不止一个人"。例如，卡罗琳每年销售超过 100 万美元的保险；她掌握了无数细节性信息，并积极地争取客户。在工作中，她是雅典娜和阿尔忒弥斯的有效结合体。在家里，商业老虎变成了一只孤独的猫咪，心满意足地在自己的房子和花园周围徘徊，就像一个内向的赫斯提亚享受着孤独的乐趣。

莱斯利是广告公司的创意人员。她的演讲火花四溅。她的创造力和说服力使她做事非常高效。她是阿尔忒弥斯和阿佛洛狄忒的动态组合，但很容易迅速转换为对丈夫顺从的珀耳塞福涅。

两位女性都意识到，随着她们换挡并从个性的一个方面转到另一个方面，她们的行为表现得就像两个不同的人；每天的变化对她们来说都是非常自然的。在每种情况下，她们都觉得自己对自己——或者对"轮流出现"在她们身上的女神是忠实的。

了解自己的性格变化后，心理类型测试的"非此即彼"选择经常使许多女性感到困惑或有趣——她们很清楚答案取决于当下的感受。她们描述的反应是来自工作中的自我还是私人的自我、源自内心的母亲还是艺术家，以及她们当时是独自一人还是与另一半在一起，都会影响她们的答案。相应的答案以及性格特征似乎常常取决于女性内心的"哪个女神"正在接受测试。正如一位女性心理学家所说："我在派对上非常外向，这不仅仅是因为我戴上了人格面具或派对面孔，而是我真的玩得很开心！然而，若是你撞见正在做研究的我，会发现那是一个非常不同的人。"在一个环境中，她是活泼的阿佛洛狄忒，外向、情绪敏感、感性。而在另一个环境中，她是细心的雅典娜，正一丝不苟地推进着一个她深思熟虑的项目，现在必须收集证据来验证。

当有一个主要的女神原型主导女性的性格时，她的心理类型测试通常符合荣格的理论。她将始终外向（直接对外部事件和人做出反应）或内向（对自己的内在意象做出反应）；她将使用思维（理性的权衡与考量）或情感（权衡价值、意义）来评估人和情形；她要么相信通过五种感官获得的信息，要么相信通过直觉获得的信息。有时，四种功能（思维、情感、感受、直觉）中只有一种得到了很好的发展。

当有两个或两个以上的女神原型占主导地位时，一个女人不一定只符合一种心理类型。她可能既内向又外向，这取决于具体情况以及占主导地位的女神：外向的阿尔忒弥斯或德墨忒尔可能在一种情况下"得到金苹果"，但在另一种情况下却将它递给了内向的赫斯提亚或珀耳塞福涅。

根据荣格的理论，思维和情感是评估功能，感受和直觉是感知功能。当这四个功能中的某一个最发达时，从理论上来说，它的对立面（一对中的另一个）就是最不在意识之内的。当一种女神模式构成整个人格的基础时，理论是成立的：虽然雅典娜女性的思维非常清晰，但通常来说，她评估情感价值的能力几乎是不存在的。但当重要女神不止一位时，情况可能并非如此。例如，如果阿尔忒弥斯作为被激活的原型加入雅典娜，那么与理论相反，情感和思维可能会得到平等的发展。

在这些情况下——当女神们开始合作并轮流在女性内心进行表达时——"哪位女神能得到金苹果"取决于当时的情况和手头的任务。

意识和选择

一旦一个女人（通过观察自我）意识到女神原型的存在，并发展出对委员会的欣赏，将其视为内在过程的隐喻，她就有了两个非常有用的洞察工具。她可以用敏感的耳朵倾听自己内心的声音，识别出"谁"在说话，并觉察到影响她的女神是谁。当她们代表了她必须解决的内心冲突的各个方面时，便可以调整每个女神的需求和关注点，然后为自己决定什么是最重要的。

如果某些女神不善辞令且难以辨认——她们的存在只能通过行动、心身症状或情绪来推测——她可能需要花时间和注意力来了解她们是谁。对原型模式有一定的了解并知晓女神们的特征，可以帮助她识别那些需要被辨认出来的女神。

由于所有女神都是每个女人内在与生俱来的模式，因此个别女性可能会意识到自己需要更好地了解某个特定的女神。在这种情况下，发展或加强某个特定女神的影响力的种种努力可能会成功。例如，当丹娜撰写论文时，她通常很难集中精力进行文献检索。但将自己想象成狩猎中的阿尔忒弥斯，便能给予她足够的动力去图书馆寻找她所需的文献。自己作为阿尔忒弥斯的形象激活了她完成这项任务所需的能量。

积极地去想象女神可以帮助女性了解活跃在自己心灵中的原型。她可能会想象出一个女神：一旦她的脑海中出现一个栩栩如生的形象，就可以尝试着与这个想象的人物进行对话。在使用荣格所发现的"积极想象"的过程中，她可能会发现，自己可以提出问题并得到答案。如果一个答案并不是她有意识地发明出来的，但她仍然愿意去聆听这个答案，那么，这个使用积极想象的女人通常会发现自己好像处于一场真正的谈话中。这场谈话增进了她对一个原型人物的了解，而这个原型人物正是她自己的一部分。

一旦女性通过调频聆听到自己的不同部分，并且倾听、观察或感受到自己不同的优先事项和相互竞争的忠诚，她就可以将它们整理清楚，并衡量它们对自己的重要性。接下来，她便可以做出有意识的选择：当冲突发生时，她可以决定哪些事项是优于其他事项的，以及她将采取什么行动。因此，她的抉择解决了内部冲突，而不是挑起内部战争。她一步一步地成为一个有意识的选择者，不断地为自己决定哪位女神能得到金苹果。

第十四章

每个女人内在的女英雄

每个女人内心都有一个潜在的女英雄。她是自己人生故事的女主角，这段旅程贯穿她的一生。走在自己特定的道路上，她无疑会遭遇苦难，感到孤独、脆弱，并认知到自身的局限。她可能也会找到意义，发展性格，体验爱和恩典，学习智慧。

她被自己的选择、自己的信仰和爱的能力、自己从经验中学习和作出承诺的能力所塑造。当困难出现时，如果她懂得评估自己能做什么，能够决定自己将要做什么，并以符合自己价值观和感受的方式行事，她就是自己神话中的女主角。

尽管生活中充满了自己无法选择的境遇，但总有做抉择的时刻，有决定事件走向或改变性格的节点。要成为自己英雄之旅的女主角，女性必须一开始就抱有一种态度：自己的选择确实很重要（哪怕表现得"好像很重要"）。在以此为前提生活的过程中，会发生一些事情，使一个女人成为一个选择者，一个能够塑造她自己的女英雄。她所做或不做的事情以及她所持有的态度，要么使她成长，要么将她削弱。

我的病人让我明白，塑造她们的，不仅仅是发生在她们身上的事情，还有在她们内心所发生的事情。她们的感受以及她们对内在和外在的反应，比她们所遭遇的逆境，更能够决定她们会成为什么样的人。例如，我遇到过在充满匮乏、残酷、殴打或性虐待的童年中幸存下来的人。她们不仅幸存下来了，而且并没有变成（如预期的那样）像虐待她们的成年人一样的人。尽管经历了诸多不幸，但无论是当时还是现在，她们都怀有悲悯之心。创伤经历留下了印记；她们并非毫发无伤，但一种信任之情、一种爱和希望的能力、一种自我意识仍然存在。当我推测出原因时，我开始理解女英雄和受害者之间的区别。

作为孩子，这些人都以某种方式将自己视为一出恐怖戏剧的主角。每个人都有内心的神话、幻想的生活或想象中的同伴。一个被虐待她的父亲殴打和羞辱，也没有得到抑郁的母亲保护的女儿回忆，她小时候告诉自己，她与这个没有受过教育的、偏远落后的家庭没有血缘关系，她其实是一个正在经历磨难、接受考验的公主。另一个被殴打和性骚扰的孩子，在自己成年后并没有重复同样的模式（被殴打的孩子最终会殴打自己的孩子），她逃到了一种与此不同的、极其生动的幻想生活中。第三个病人认为自己是一名女战士。这些孩子提前考虑并计划当她们足够大的时候该如何逃离家人。她们也决定了在此期间自己该做何反应。一个人说："我永远不会让任何人看到我哭泣。"（相反，她会走进山麓，在旁人看不见的地方哭泣。）另一个人说："我想我的思想离开了我的身体。每当他开始碰我，我就到了别的地方。"

这些孩子是女英雄和选择者。不管他人怎么对待她们，她们始终维持着一种自我感。她们评估了当下的境况，决定了自己该如何应对，并为将来做了计划。

作为女英雄，她们不像半神阿喀琉斯或赫拉克勒斯那样结实强大，这些半神在希腊神话中比凡人更强大也更受保护——就像漫画中的超级英雄或者约翰·韦恩式（John Wayne）的角色。作为早熟的人类女英雄，这些孩子更像《格林童话》中的汉赛尔（Hansel）与格莱特（Gretel），当他们被遗弃在森林里，或者女巫为了把汉赛尔当晚饭吃掉而养肥他时，他们不得不动脑筋保护自己。这些孩子也像理查德·亚当斯（Richard Adams）的小说《沃特希普荒原》（*Watership Down*）中的兔子，他们跟随一个幻象来到新家：他们渺小而无能为力，被内心的神话支撑——他们觉得如果自己能坚持下去，将来就会抵达一个更好的地方。

作家琼·奥尔（Jean M. Auel）的小说《爱拉与穴熊族》（*The Clan of the Cave Bear*）和《野马河谷》（*The Valley of Horses*）讲述了爱拉的英勇旅程，她是来自欧洲史前冰河时代的神话女英雄。虽然神话中的时间和细节与当代的情境有所不同且充满戏剧性，但其主题却与当代人类女英雄所面临的主题非常相似。爱拉必须一再地决定面临反对或危险时要做些什么。她是一个在克罗马农（Cro–Magnon）文化中长大的新石器时代的孤儿，这种文化贬低了她的价值并限制了她的能力，只因为她是一名女性。她的外表、她的勇气，她沟通、哭泣的能力和思考能力，都是其所处的文化用来针对她的不利因素。但是，处在由不得她选择的境况时，她的勇气会随之增强。在《野马河谷》中展开的一场冒险之旅，并不是由一次英勇的探索演变而来的（与人类男英雄所经历的典型旅程不同），而是始于一次寻找同类的旅程。同样，在人类女性的真实故事中，就像在女英雄的神话中一样，关键要素是与他人缔结的情感纽带或从属关系。一个女英雄是能够去爱或能够学习如何去爱的人。她要么与其他人一同旅行，要么在自己的追求中寻求结合或团聚。

女英雄的路径

每条道路都有关键的岔路口，在那里需要做出决定。要走哪条路？遵循哪个方向？继续坚守自己的原则，还是随大流？说实话，还是欺骗？去上大学，还是去工作？生下孩子，还是堕胎？放弃一段感情，还是继续？结婚，还是对某个男人说"不"？发现乳房有肿块后立即去求医，还是推迟？要退学或辞职，去别处看看吗？要为了外遇将婚姻置于险境吗？放弃还是坚持到底？做哪种选择？选哪条路？会付出什么代价？

我想起在大学经济学课程中学到的生动一课，多年来我发现它很适用于精神病学：任何事物的真正成本其实是我们为了拥有它而放弃的东西。这是少有人走的路。承担起做出选择的责任是至关重要的，而且并不总是那么容易。女英雄之所以被定义为女英雄，就是因为她做到了这一点。

与此相反，"非女英雄"的女人会顺应别人的选择。她不去积极地决断这是不是自己想做的事情，而是顺从默许。结果就是，她往往会成为一个自食其果的受害者，（并在木已成舟后）说道："我真的不想这样做。这都是你的主意。"（"我们陷入这个烂摊子"，或者"搬到这里"，或者"我不开心"，"都是你的错"。）或者，她可能会感到自己是受害者并指责道"我们总是在做你想做的事"，不承认她从未表过态或坚持过自己的立场。从最简单的问题"你今晚想做什么"，到她回答"你想做什么便做什么"，她的顺从习惯会逐渐养成，直到她在生活中的所作所为不再受自己的掌控。

还有另一种"非女英雄"模式。那些停在十字路口不清楚自己的感受，作为选择者感到不舒服，或者因为不想放弃任何选项而不愿意做出选择的女人，都活出了这种模式。这样的女人通常很聪明、有才华、有魅力，她游戏人生，远离那些对她来说变得过于严肃的关系，逃离那些需要投入太多时间和精力的职业。当然，她不做决定的立场实际上是选择了不作为。在她意识到生活正与自己擦肩而过之前，可能已在十字路口等待了 10 年。

因此，女性需要成为能够做选择的女英雄，而不是被动服从者、受害者－殉道者以及被他人或环境左右的棋子。对于内心被脆弱女神原型管控的女性来说，成为女英雄是一种启迪人心的新的可能性。对于像珀耳塞福涅一样顺从的女性，或者像赫拉那样把她们的男人放在首位的女性，或者像德墨忒尔一样照顾他人需求的女性来说，坚持做自己是一项英勇的任务。因为在从小到大的成长过程中，她们并不是这样被教导的。

此外，成为选择者－女英雄会让很多女性感到震惊，因为她们错误地以为自己已经是选择者了。认同处女女神的女性，在心理上可能像雅典娜一样有"铠甲"，可能像阿尔忒弥斯一样不被男人的意见左右，或者像赫斯提亚一样自给自足和踽踽独行。她们的英勇任务是冒险走进亲密关系或者在情感上变得脆弱。对她们来说，需要勇气的选择是去相信他人、需要他人、对他人负责。对于这样的女性来说，在世界上大声疾呼或进行冒险可能是很容易的，但进入婚姻和成为母亲反而需要勇气。

每当处于十字路口时，女英雄－选择者都必须重复普赛克的第一项任务"将种子分类"，并且必须决定现在该做什么。她必须停下来厘清自己的优先事项和动机，以及所处境地隐含的潜在可能性。她需要看到有哪些选择，可能付出的情感代价是什么，这些决定将把自己引向何方，以及直觉上对自己来说最重要的是什么。根据她是谁以及她所知道的信息，她必须做出决定，选择一条路前进。

在此，我再次提及我在自己的第一本书《心理学之道》中所提出的一个主题：选择"心之道"的必要性。我觉得人们必须深思熟虑之后再行动，必须用理性的思维审视每一个人生选择，然后再根据自己的心来做决定。没有其他人可以告诉你，你的心是否参与了进来，逻辑是无法给出答案的。

通常，当一个女人面临那些会极大地影响自己生活的非此即彼的选择时，他人会迫使她下定决心："结婚吧！""生个孩子吧！""卖房子！""换工作！""退出！""行动！""说是！""说不！"很多时候，一个女人不得不在他人的不耐烦所造成的压力环境下下定决心。要成为一个选择者，她必须靠自己，花时间来做决定，必须明白这是她自己的生活，承担后果的也是她自己。

为了发展出清晰的思路，她还需要顶住内心的压力，不在仓促间做决定。最初，阿尔忒弥斯或阿佛洛狄忒、赫拉或德墨忒尔可能会以其特有的强度或本能反应占据主导地位。她们可能会试图排挤赫斯提亚的感受、珀耳塞福涅的内省或雅典娜的冷静思考。但是，后面这几位女神如果能受到关注，就会提供一个关于当下境况的更完整的画面，并允许女性做出能够顾及自己所有方面的决定。

女英雄的旅程

当一个女人踏上女英雄的旅程时，她要面对任务、障碍和危险。她的应对方式以及她所做的一切将会改变她。一路走来，她会意识到对自己来说什么是重要的，以及她是否有勇气按照自己所知道的去做。她的勇气和同情心将受到考验。她会遇到自己性格中黑暗、阴影的一面，与此同时，有的时候她的优势也会变得更加明显，她的自信心会增强，但有的时候恐惧也会笼罩着她。当经历丧失、限制或失败时，她可能会感到悲伤。女英雄之旅是一次发现和发展自我的旅程，在此期间，她会将自己的各个方面整合成一个完整而复杂的人格。

拿回蛇的力量

每个女英雄都必须拿回蛇的力量。要了解这项任务的本质，我们需要回到女神本身，回到女性的梦想。

赫拉的许多雕像上都有蛇缠绕在她的长袍上，而雅典娜则被描绘成蛇环绕在她的盾牌周围。蛇曾是古欧洲前希腊时期大母神的象征，象征性地提醒了（或残存了）女性神曾经拥有的权力。一个著名的早期神的代表（公元前 2000 年至公元前 1800 年，克里特岛）是一位女性神，她袒露乳房，伸出双臂，双手各握一条蛇。

当女性开始感知到她能够在生活中施展自己的力量时，蛇便会时常出现在她的梦里。在梦里，蛇是一个陌生的、令人惊惧的象征，做梦者小心翼翼地向它靠近。例如，一名 30 岁的已婚女子在即将分居并独自一人生活时，做了这样的梦："我走在一条乡间小路上，发现道路前方有一棵大树。一条巨大的母蛇平静地盘绕在最下面的树枝上。我知道它没有毒，我也没被攻击——事实上，它很美丽，但我犹豫了。"许多这样的梦浮现在女性的脑海中，做梦者或敬畏或意识到了蛇的力量，而不是对它可能造成的危险感到恐惧："我的桌子下面盘着一条蛇。""我看到一条蛇蜷缩在走廊上。""房间里有三条蛇。"

每当女性开始认领自己的权力，或作出决定，或对自己的政治力量、精神力量、个人权力有了新的认识时，蛇梦就会变得很常见。蛇似乎代表了这种新的力量。作为一种象征，它代表了女神曾经拥有的权力，也代表了阴茎或男性的权力以及阿尼姆斯特质。做梦者通常会感知到它是公蛇还是母蛇，这有助于阐明蛇具体象征着什么样的力量。

与这些梦相吻合的是，在醒着的时候，做梦者可能正在应对她在权威或者自主的位置上担任新角色后出现的问题，例如："我能成功吗？""这个角色将如何改变我？""如果我变强大了，人们还会喜欢我吗？""这个角色会威胁到我最重要的人际关系吗？"对于以前从未意识到自己的力量的女人来说，她们的梦仿佛在告诉她们，必须小心翼翼地接近权力，就像靠近一条陌生的蛇一样。

我认为，获得自己的力量和权力感的女性就是"拿回了蛇的力量"。当父权宗教剥夺了女神的权力和影响力，蛇被视为伊甸园中的邪恶元素，女性成为次等性别时，女性神和人类女性便失去了这种蛇的力量。我随之想到了一个形象，对我来说，它代表了女性重新拥有权力、美丽和养育能力的可能性。那是一个赤土陶器，上面画着从大地上站起身来的美丽的女人或女神（她被认为代表德墨忒尔，藏于罗马的泰尔梅博物馆），她每只手都拿着一捆小麦、鲜花和一条蛇。

抵抗熊的力量

与男性不同，女英雄－选择者可能会受到母性本能力量的压倒性的威胁。如果女性无法抵抗阿佛洛狄忒或德墨忒尔，她可能会在不合时宜或不利的情况下怀孕。当这种情况发生时，她可能会偏离自己所选择的道路——选择者最终沦为自己本能的俘虏。

例如，我认识的一位女研究生几乎忘记了自己的目标，因为她感到自己被怀孕的冲动吸引。当痴迷于生孩子的想法时，她已结婚且正在攻读博士学位。在此期间，她做了一个梦：一只大母熊用牙齿咬住了女人的手臂，不肯松口。那个女人试图逃脱，但没有成功。随后，她向一些男人求助，但他们没有起到任何作用。在梦中，她徘徊游荡着，直到她看到一尊母熊和她的幼崽的雕像——让人想起旧金山医疗中心的布法诺（Bufano）雕像。当她把手放在雕像上时，熊放开了她。

当她想起这个梦时，她觉得熊象征了母性。现实中的熊是极好的母亲，会极力呵护和保护脆弱的幼崽。然后，当长大的幼崽需要独立生活时，即便它们不想离开，熊妈妈也会强硬地坚持让它们离开她，到外面的世界去自谋生路。这个母性的象征紧紧抓住了做梦者，直到她触摸到母熊的形象才放手。

对做梦者来说，梦所传达的信息很明显。如果她能够保证在完成学位时仍然保留要生孩子的意图（仅仅再将其延长 2 年），那么她想马上怀孕的执念便会消失。果然，在她和丈夫决定要孩子，而且她发自内心地承诺一毕业就要怀孕之后，这种执念就消失了。这样她就可以再次专注于学习，不受怀孕的念头干扰。只要她能紧紧把握住这个意象，本能就会失去它的掌控。她知道，如果她想要同时拥有事业和家庭，就必须花足够长的时间来抵抗熊的力量以获得博士学位。

原型存在于时间之外，不关心女性生活的现实或她的需求。当女神施加影响时，作为女英雄，女性必须对他人的要求说"是"、"不是"或者"现在不行"。如果她不有意识地进行选择，那么本能或原型模式将占据主导地位。如果一个女人受制于母性本能，那么她既需要"抵抗熊的力量"，同时也要尊重这种力量，因为它对她非常重要。

抵御死亡和毁灭

在英雄神话中，每个主人公都会遇到一些破坏性的或危险的东西，这些东西可能会摧毁她。这也是女性梦境中很常见的主题。

例如，一位女律师梦见自己刚走出童年时代的教堂，就被两条野蛮的黑狗袭击了。它们扑向她，试图咬住她的脖子——"感觉它们就是冲着脖子来的"。当她抬起手臂挡住攻击时，她从噩梦中醒来了。

自从她开始在一家机构工作以来，她对自己受到的待遇感到越来越痛苦。男人们常常想当然地觉得她只是个秘书。即使他们知道她是谁，她也常常感到被怠慢或被轻视。因此，她变得挑剔和充满敌意。

起初，对她来说这个梦似乎是对自身感受的夸张表达——一直"受到攻击"。接着，她认真考虑自己身上有没有像野狗一样的东西。她想了想自己在这份工作中的遭遇，并为自己的洞察力感到惊惧和苦恼："我要变成一个充满敌意的坏女人了！"她回忆起那些与童年时代相关的仁厚态度和更快乐的时光，她知道自己已经"走出"了那个地方。梦产生了影响。做梦者的人格正面临真正的危险，可能会被她所感受到的敌意和她针对他人的敌意摧毁。她变得愤世嫉俗和充满敌意。现实和梦里一样，处于危险之中的人是她，而不是她的痛苦指向的那些人。

同样，女神的负面影响或阴影也可能具有破坏性。赫拉嫉妒、报复或怨恨的一面可能是有毒的。一个女人如果被这些感觉占有，并且对此心知肚明，心情便会起伏不定：她时而充满报复心，时而对自己的感觉和行为感到震惊。作为女英雄，在与女神的斗争中，她可能会梦到自己被蛇袭击（象征它们所代表的力量对做梦者来说是危险的）。在一个这样的梦中，一条毒蛇扑向做梦者的心脏；在另一个梦中，一条蛇把尖牙刺进了做梦者的腿，不肯松口。现实生活中，两个女人都在试图克服一场背叛（"snake in the grass" behavior，"阴险小人"的行为），并面临着被愤怒感打败的危险。（就像野狗的梦一样，这个梦有两个层面的意义——关于她的外在遭遇和内在遭遇的隐喻。）

当做梦者面临的危险以人的形式出现时，比如有攻击性的或不祥的男人或女人，危险往往来自不友好的批评或破坏性的角色（而动物通常代表感受或本能）。例如，一个女人在她的孩子上小学后回到了大学，她梦见"一个大块头的监狱女看守"挡住了她的去路。她不得不越过的这个形象，这似乎体现了她母亲对她的负面评价，以及她所认同的母亲角色；她的梦提醒她这种身份认同正在禁锢她。

来自内在自我的恶意评判往往是破坏性的，例如："你不能这样做，因为你是坏的（丑陋的、无能的、愚蠢的、没有才华的）。"她们总是说"你没有权利渴求更多"，这些信息会打败一个女人，扼杀她的信心或计划。这种攻击性的批评者，在梦中经常被描绘成有威胁性的男人。内心的批评通常意味着女性在环境中遇到的反对或敌意，批评者在复述她所在的家庭或文化传达出的信息。

从心理上看，梦境或神话中的女英雄所面对的每一个敌人或恶魔都代表着人类心灵中试图压倒和击败她的东西：具有破坏性的、原始的、未开发的、扭曲的或邪恶的东西。梦见野狗和危险的蛇的女性明白，当她们在与他人施加的伤害或敌意作斗争时，她们也同样被内心发生的事情威胁。敌人或恶魔可能是她自己心灵的负面部分，是一种威胁要击败她的同情心和才能的阴影元素；敌人或恶魔也可能存在于其他想要伤害、支配、羞辱或控制她的人的心灵中；或者通常情况下，她可能会同时陷入这两种危险。

例如，在《爱拉与穴熊族》中，爱拉的能力激起了野蛮而骄傲的氏族领袖布劳德（Broud）的敌意，他羞辱并强奸了她。在《沃特希普荒原》中，兔子先锋队必须面对那个独眼兔子将军，也就是那个权力狂、法西斯。在《魔戒》中，那些勇敢的、有着毛茸茸的脚的、孩童般大小的霍比特人，一直在对抗魔多的君主索伦（Sauron of Mordor）和他那可怕的魔戒所代表的邪恶力量。

在丧失和哀悼中存活

丧失和哀悼是女性生活和女英雄神话中的另一个主题。在生活或神话中，总会有人死去或必须被抛在后面。一段关系的丧失在女性的生活中扮演着重要的角色，因为大多数女性都是通过她们的关系而不是她们的成就来定义自己。当某人死亡、离开、搬走或与自己疏远时，其结果往往是双重丧失：关系本身的丧失，关系作为一种身份认同的丧失。

许多在一段关系中一直依赖伴侣的女人，在遭受丧失后才发现自己踏上了女英雄之旅。例如，怀孕的普赛克被她的丈夫厄洛斯遗弃了。在寻求团聚的过程中，她承担了使自己进化的任务。任何年龄的离婚和丧偶妇女可能都不得不做出选择，并且第一次尝试独立生活。例如，一位情人－伴侣的去世促使阿塔兰忒回到了自己父亲的王国，在那里举行了著名的赛跑。这与经历一段关系的丧失后开始职业生涯的女性的历程相似。爱拉被迫离开穴熊族，没有儿子杜克（Durc）在身边，只是带着自己的回忆和哀伤上路。

从隐喻上讲，每当我们被迫放弃某事或某人，并且必须为丧失而哀悼时，就会发生心理上的死亡。死去的可能是我们自己的一个方面、一个旧角色、一个以前的职位，或者是已经消失且必须哀悼的年轻人所特有的品质，比如美丽；或者是一个逝去的梦想，又或者可能是一段因死亡或距离而结束的关系，留给我们的只有悲伤。

女人内心的女英雄会不会在丧失中出现或幸存下来？她会在哀伤后继续前行吗？还是说，她会放弃，变得痛苦，最终被抑郁症打败？她会在这个时候停止自己的旅程吗？如果继续前进，她将会选择女英雄的道路。

穿过黑暗而狭窄的通道

大多数英雄之旅都要通过一个黑暗的地方——穿过山洞、地下世界或迷宫般的通道，最终走进光明。或者她们可能要穿越孤寂的荒地或沙漠，到达绿洲。这段旅程类似于走出抑郁症。在神话以及生活中，旅行者需要继续前进，做必须做的事情，与同伴保持联系或独自面对一切，不停止、不放弃（即使她感到迷失），在黑暗中保持希望。

黑暗可能代表人们想要摆脱抑郁就必须经历的那些黑暗、压抑的感受（愤怒、绝望、怨恨、责备、复仇、背叛、恐惧和内疚）。这是灵魂的黑夜，在光或爱缺席的情况下，生活似乎毫无意义，就像一个宇宙笑话。哀伤和宽恕通常是一条出路。此后，活力和光明可能会回归。

认识到这一点是很有帮助的：在神话和梦境中，死亡和重生是丧失、抑郁和康复的隐喻。许多这样的黑暗时期最终被证明是一种成长仪式，一个女人可以从中学到一些有价值的东西，获得成长。或者，在某段时间内，她可能像冥界中的珀耳塞福涅一样是一个临时的俘虏，但后来却成为其他人的向导。

唤起超越的功能

在标准的英雄神话中，主人公在踏上征途，遇到并战胜危险、恶龙和邪恶势力之后，总是被卡住，进退不得。在任何一个方向上可能都存在不可逾越的障碍。或者，她可能需要先解开一个谜题，道路才会打开。当她拥有的意识层面的知识不足以解决问题时，她该怎么办？或者，面对这种情况，她的矛盾心理如此强烈，以至于似乎不可能做出决定时该怎么办？当她左右为难、进退维谷之时，又该如何？

当女英雄－选择者发现自己处于模糊地带，每条路线或每个选择似乎都是灾难性的，或者往好了说是死胡同时，她面临的第一个考验就是继续做自己。在每一次危机中，女人都想要成为受害者，而不是成为女英雄。如果她忠于自己内心的女英雄，那么她就会知道，尽管自己处境艰难，可能会被打败，但事情仍然可能会发生变化。如果她变成受害者，那么她就会怪罪他人或诅咒命运、酗酒或吸毒、贬低自己、彻底放弃，甚至会考虑自杀。或者，她可能会通过变得动弹不得、歇斯底里或惊慌失措、冲动或不理智地行事放弃女英雄的身份，直到被其他人接任。

无论在神话还是在生活中，当女英雄陷入两难境地时，她所能做的就是坚持做自己，坚守自己的原则和忠诚，直到意外的帮助降临。保持现状、期待答案的到来，就是为荣格所说的"超越功能"搭建了内在舞台。荣格的意思是，从无意识中产生的东西可以解决问题，也可以为需要向超越自身的事物（或她自己的内心）求助的自我（或女英雄）指明道路。

例如，在厄洛斯和普赛克的神话中，阿佛洛狄忒给了普赛克四项任务，这些任务超出了她的知识范围。每一次，在最初的时候她都不知所措，但是紧接着，帮助或建议就会到来——通过蚂蚁、绿芦苇、鹰和塔。同样，希波墨涅斯知道他必须参加比赛才能赢得阿塔兰忒的芳心，因为他爱她。但他也知道自己跑得不够快，无法获胜，甚至还会因此失去生命。比赛前夕，他向阿佛洛狄忒祈求帮助，阿佛洛狄忒帮他赢得了比赛和阿塔兰忒。在《沃特希普荒原》中，当勇敢的兔子们陷入困境时，吵闹的海鸥可哈尔（Kehaar）在千钧一发之际赶到——就像巫师甘道夫（Gandalf）为霍比特人所做的那样。所有这些故事都是经典西部片中同一种情节的变体——勇敢但数量上不占优势的群体突然听到号角，知道骑兵要来营救他们。

"天降奇兵"是原型情节。拯救的主题讲述了一个真理，作为女英雄的女人需要留意这一主题。当陷入内心危机，不知道该怎么办时，她绝不能放弃或被恐惧驱使。将两难困境留在意识中，等待新的洞察力到来或环境发生改变，冥想或祈求一个更清晰的图景，所有这些都可以帮助她从无意识中找到超越僵局的解决方案。

例如，梦到熊的女人当时正处于个人危机中，明明正忙于博士学位，却产生了生孩子的冲动。母性本能以一种不可抗拒的力量牢牢攥住了她，这种力量来自以前被压抑现在要讨回公道的事物。在做这个梦之前，她陷入了一种非此即彼且选择哪种方式都没有出路的境地。为了改善状况，她需要感知到解决方案，而不是靠逻辑找到出路。只有当这个梦在原型层面给她留下深刻的印象，并且她完全确信自己将来依然想要生孩子时，她才能舒舒服服地推迟怀孕。她的无意识拯救她脱离了困境，这个梦便是无意识给出的答案。当这种象征性的体验加深了她的理解并为她提供了一种能直观地感受到的洞察力时，冲突就消失了。

超越功能也可以通过共时性事件来表达，即发生在内在心理状况和外在事件之间的有意义的巧合。当共时性事件发生时，感觉就像一个奇迹，令人心潮澎湃。例如，几年前，我的一位患者发起了一个针对女性的自助项目。如果能在截止日期前筹集到一定数额的资金，她就可以从某个基金会拿到等额的资金，从而保证项目的正常运转。随着截止日期的临近，她仍然没有筹到足够的款项。然而，她知道这个项目是大家所需要的，所以她没有放弃。后来，在她收到的一封邮件中，寄来了她所需要的支票，数额刚刚好。这笔出乎意料的款项是两年前被她当作坏账的借款。

大多数共时性事件并没有为困境提供如此切实可感的答案。相反，它们一般通过提供清晰的情感或象征性的洞察力来帮助女性解决问题。例如，之前的出版商曾向我施压，说要由他们指定写手重写这本书，他的任务是大大缩短这本书的篇幅，并以更通俗流行的风格来表达我的想法。两年来，我收到的"这还不够好"的信息一直在心理上捶打着我，我已经精疲力竭了。我的一部分（感觉就像一个顺从的珀耳塞福涅）已经准备好放手让其他人去做，这样就能完成这本书了。我一厢情愿地以为这样做结果就会变好。在关键的一周中——那周之后，这本书将被交给出版商指定的写手——一个共时性事件帮到了我。一位来自英国的作家，恰好在那周与我的一个朋友谈到了他的经历：他的书在类似的情况下曾被同一位写手重写。他说出了我从未用语言表达过，但直觉上知道会发生的事情："灵魂从我的书中被抽出。"听到这句话时，我突然获得了一种洞察力。他形象地描绘了我的书会遭遇什么，而这把我的矛盾心理一掌击碎，使得我可以果断地采取行动：我聘请了自己的文案编辑，然后靠自己完成了这本书。

我清楚又响亮地听到了那个共时性事件所传达的信息。随后，我获得了更深刻的洞察力以及进一步的帮助。我很感激自己得到的教训，我记得中国有句古话表达了对共时性和超越功能的信心——"当学生准备好了，老师就会出现"。

创造性洞察力的功能也类似于超越的功能。在一个创造性的过程中，当一个问题还没有已知的解决方案时，艺术家-发明家-问题解决者便坚信答案是存在的，并坚持不懈地努力，直到解决方案出现。创作者经常处于高度紧张的状态。所有能做的或能想到的，都已经尝试过了。这个人还相信新的事物会从某个孵化过程中浮现。化学家凯库勒（Kekule）发现苯分子结构的故事就是一个经典例子。他一直在努力研究苯分子结构却始终弄不明白，直到他梦见一条蛇将尾巴叼在嘴里。直觉告诉他这就是自己所寻找的答案——碳原子形成了一个环。接下来，他通过实验证明了这个假设是正确的。

从受害者到女英雄

在思考女英雄之旅时，我被匿名戒酒会（AA）震撼到了：它能将酗酒者从受害者转变为女英雄或男英雄。它唤起了超越功能，而且实际上，它会教大家如何成为选择者。

对于酗酒者来说，这趟旅程始于承认自己处于绝望的两难境地：她不能继续喝酒，也不能停下来。这时，在绝望中，她加入了一个同路人互相帮助的团体。她被告知，必须求助于一种比她自己更强大的力量才能走出这场危机。

匿名戒酒会强调要接受不能改变的，改变可以改变的，并学会区分两者的不同。它在教导人们不过多地为未来感到焦虑、顺其自然地过好每一天时，也阐明了当一个人处于不稳定的情绪状态并且看不清楚前方的路时到底需要什么。渐渐地，酗酒者一步一个脚印地成为一个选择者。她发现，她可以从比自我更强大的力量中获得帮助。她发现，人们可以彼此帮助、彼此宽恕。她发现，她能够成为有才能的自己，也可以对他人心存怜悯。

同样，女英雄的旅程也是一次自性化之旅。在这条路上行进的女英雄，可能会找到、失去和重新发现对自己有意义的东西，在各种考验中找到自己的价值观。她可能会反复遇到威胁，直到失去自我的危险彻底消失。

在我的办公室里，有一幅我在多年前画的鹦鹉螺壳内部图。它凸显了贝壳的螺旋图案，并提醒我们，我们所走的道路通常是螺旋形的。我们通过一些模式循环着，反复回到我们必然遇到和战胜的劫难附近。掌控我们的常常是某个女神的消极方面：德墨忒尔或珀耳塞福涅式的抑郁症，赫拉的嫉妒和不信任，阿佛洛狄忒的拈花惹草，雅典娜的肆无忌惮或阿尔忒弥斯的无情。生活不断地为我们提供机会，让我们面对自己所恐惧的、需要意识到的以及需要掌握的东西。但愿每当我们在螺旋式的道路上遇到困难时，都能获得更多的领悟，并在下一次回到原地时更明智地去应对——直到我们最终能够不受女神消极方面的影响，平静地穿过那个劫难之地，并与我们最深刻的价值观和谐相处。

旅途的结束

神话的最后发生了什么？厄洛斯和普赛克重聚，他们的婚姻获得了奥林匹斯诸神的尊重，普赛克生了一个女儿，名叫乔伊（Joy，意为"快乐"）。阿塔兰忒选择了苹果，输掉了赛跑，并与希波墨涅斯结婚。爱拉穿越欧洲大草原，找到了和她一样的人；她在马谷结束了自己的这段传奇——乔达拉尔（Jondalar）作为她的伴侣被他人微笑着接纳了。注意，在证明自己的勇气和能力之后，女英雄并没有像西部牛仔英雄原型那样独自骑马进入落日。她也不是从征服四方的英雄的模子里塑造出来的。结合、团聚和家庭是她旅程的终点。

自性化之旅——对完整性的心理追求——以对立面的结合而结束；以人格的

"男性"方面和"女性"方面的内在融合而结束（可以用中国文化太极图中的阴阳鱼的形象来象征）。在不考虑性别的情况下，更抽象的说法是，通向完整性的旅程的结果是获得既主动又接受、既自主又亲密、去工作也去爱的能力。这些是我们从最开始就拥有的人类潜力，也是我们可以通过生活经验去发掘的自身固有的部分。

在《魔戒》的最后几章中，佩戴魔戒的最终诱惑被克服了，权力之戒彻底被摧毁了。随着英勇任务的结束，霍比特人回到了他们的家乡夏尔（Shire）。《沃特希普荒原》中的兔子们也在经历英雄之旅后幸存下来，回到了新的和平社区。T. S. 艾略特在《四个四重奏》中写道：

> 我们不会停止探索，
>
> 在我们所有探索的尽头，
>
> 将会到达我们开始的地方，
>
> 并且第一次了解这个地方。

所有看起来平淡无奇的结局，都与现实生活相映照。康复的酗酒者可能已经下过地狱，又作为一个清醒的普通人回归。抵挡住敌对攻击、夺回自己的力量、与女神斗争的女英雄，似乎也同样平凡——最终学会了与自己和平相处。然而，就像在家乡夏尔的霍比特人一样，她不知道是否或何时会迎来一次新的冒险，再次考验她。

当我和患者共同完成工作，即将道别时，我觉得自己陪伴她们度过了一段艰难而重要的旅程。到了她们自己继续前行的时候了。也许，当她们陷入进退维谷的境地时，我加入了她们。也许，我帮助她们找回了迷失的道路。也许，我和她们在一条黑暗的通道里待了一段时间。大多数情况下，我会帮助她们把视野变得更清晰并做出自己的选择。

在本书的结尾，我希望自己已经成为你的伙伴，与你分享我学到的东西，帮助你在属于自己的特定旅程中成为一个选择者。

爱你们。

附录 1

希腊神话中的神和英雄

阿喀琉斯（Achilles），特洛伊战争中的希腊英雄，被雅典娜偏爱。

阿佛洛狄忒（Aphrodite），爱与美的女神，被罗马人称为维纳斯。她是跛脚的锻造之神赫菲斯托斯的不忠的妻子。她有许多绯闻，并与众多情人生育了许多后代。战神阿瑞斯、信使之神赫尔墨斯、埃涅阿斯（罗马人声称是他的后裔）的父亲安吉塞斯是她的诸多情人中最突出的几位。她是唯一的一位炼金术女神。

阿波罗（Apollo），被罗马人称为阿波罗。他是英俊的太阳神，也是美术、医学和音乐之神。他是十二位奥林匹斯神之一，是宙斯和勒托的儿子、阿尔忒弥斯的孪生弟弟。他有时也被称为赫利俄斯。

阿瑞斯（Ares），被罗马人称为马尔斯，是好战的战神。阿瑞斯是奥林匹斯十二神之一，是宙斯和赫拉的儿子。根据荷马的说法，他因酷似母亲而受到父亲的厌恶。阿瑞斯是阿佛洛狄忒的情人之一，他们育有三个孩子。

阿尔忒弥斯（Artemis），罗马人称她为戴安娜，是狩猎和月亮女神。她是三位处女女神之一，是宙斯和勒托的女儿、太阳神阿波罗的孪生姐姐。

阿塔兰忒（Atalanta），一个凡人女性，杰出的猎人和跑步者。在阿佛洛狄忒的三个金苹果的帮助下，她在一场赛跑中被希波墨涅斯击败，成了他的妻子。

雅典娜（Athena），被罗马人称为密涅瓦。她是智慧与手工艺女神以及与她同名的城市雅典的守护神，也是无数男英雄的保护者。她通常被描绘成穿着盔甲的形象，并被称为最好的战略家。她只承认宙斯是自己的父母，但她也被认为是宙斯的第一个配偶墨提斯的女儿。她是处女女神。

克罗诺斯（Cronos），罗马名为萨图恩。他是一位提坦，是盖亚和乌拉诺斯最小的儿子。他阉割了自己的父亲，成了主神。他是瑞亚的丈夫、六位奥林匹斯神（赫斯提亚、德墨忒尔、赫拉、哈迪斯、波塞冬、宙斯，他们在出生时被他吞下）的父亲。他最后被自己的小儿子宙斯打败了。

德墨忒尔（Demeter），被罗马人称为克瑞斯。德墨忒尔是谷物或农业女神。在她最重要的神话中，突出了她作为珀耳塞福涅之母的角色。她是脆弱女神。

狄俄尼索斯（Dionysus），被罗马人称为巴克斯。他是酒神和狂喜之神。她的女性崇拜者每年都在山上通过狂欢或宴会寻求与他进行亲密交流。

厄洛斯（Eros），爱神，被罗马人称为阿莫尔。他是普赛克的丈夫。

盖亚（Gaea），大地女神。乌拉诺斯（天空之神）的母亲和妻子、提坦们的母亲。

哈迪斯（Hades），又叫普鲁托。他是冥界的统治者、瑞亚和克罗诺斯的儿子以及珀耳塞福涅的诱拐者和丈夫，也是十二位奥林匹斯神之一。

赫卡忒（Hecate），是十字路口女神，总是朝向三个不同的方向。她与奇异和神秘有关，是智慧女巫的化身。赫卡忒与珀耳塞福涅紧密相关，当后者从冥界归来时她在身旁陪伴，她也与月亮女神阿尔忒弥斯关系密切。

赫菲斯托斯（Hephaestus），被罗马人称为伏尔甘，是锻造之神和工匠的守护神。他是被阿佛洛狄忒戴绿帽子的丈夫，也是被赫拉嫌弃的跛脚的儿子。

赫拉（Hera），被罗马人称为朱诺。赫拉是婚姻女神。作为宙斯的正式配偶和妻子，她是奥林匹斯山上最高级别的女神。她是克罗诺斯和瑞亚的女儿，也是宙斯等第一代奥林匹斯神的妹妹。荷马把她描绘成善妒的悍妇，但是她却作为婚姻女神被世人敬仰和膜拜。她是三位脆弱女神之一，也是妻子原型的化身。

赫尔墨斯（Hermes），其罗马名字墨丘利更广为人知：他是众神的使者，也是贸易、通讯、旅行者和小偷的守护神。他将灵魂引导到哈迪斯那里，被宙斯派去将珀耳塞福涅带回给德墨忒尔。他与阿佛洛狄忒有婚外情，并在家庭和神殿的宗教仪式中与赫斯提亚联系在一起。

赫斯提亚（Hestia），又名罗马女神维斯塔。她是炉灶女神，也是奥林匹斯诸神中最不为人知的女神。她的火焰使家庭和神殿变得神圣。她是处女女神，也是自我原型的化身。

帕里斯（Paris），特洛伊王子，他将刻有"献给最美丽的女神"字样的金苹果判给了阿佛洛狄忒，作为交易，阿佛洛狄忒则将世界上最美丽的女人海伦送给了他。帕里斯带着海伦去了特洛伊，因此挑起了特洛伊战争，因为她已经嫁给了希腊国王墨涅拉奥斯。

珀耳塞福涅（Persephone），希腊人也称其为科瑞或少女，罗马人称其为普洛塞庇娜。她是德墨忒尔被拐走的女儿，后来成为冥后。

波塞冬（Poseidon），海神。他是奥林匹斯十二神之一，其罗马名字尼普顿更广为人知。在德墨忒尔寻找被绑架的女儿珀耳塞福涅时，波塞冬强奸了她。

普赛克（Psyche），凡人女英雄。她完成了阿佛洛狄忒考验她的四项任务，最终与丈夫厄洛斯重聚。

瑞亚（Rhea），盖亚和乌拉诺斯的女儿、克罗诺斯的姐姐和妻子。她也是赫斯提亚、德墨忒尔、赫拉、哈迪斯、波塞冬和宙斯的母亲。

乌拉诺斯（Uranus），又称天空、天父或天国。他与盖亚一起生下提坦们，并被自己的儿子克罗诺斯阉割。后者将他的生殖器扔到了海里，由此诞生了阿佛洛狄忒（根据其中一个版本）。

宙斯（Zeus），被罗马人称为朱庇特。他是天地的主宰、奥林匹斯山的主神。他是瑞亚和克罗诺斯最小的儿子，推翻了提坦们的统治，确立了奥林匹斯神作为宇宙统治者的至高无上的地位。作为赫拉的花心丈夫，他有过许多妻子以及婚外情，并且与这些情人生了许多后代——其中很多是第二代奥林匹斯神或希腊神话中的男英雄。

附录 2

女神表

女神	类别	原型角色	重要关系
阿尔忒弥斯（戴安娜） 狩猎和月亮女神	处女女神	姐妹 竞争者 女性主义者	姐妹伙伴（仙女们） 母亲（勒托） 兄弟（阿波罗）
雅典娜（密涅瓦） 智慧和手工艺女神	处女女神	父亲的女儿 战略家	父亲（宙斯） 自己选择的男英雄
赫斯提亚（维斯塔） 炉灶和神殿女神	处女女神	未婚姑妈 智慧女性	无
赫拉（朱诺） 婚姻女神	脆弱女神	妻子 承诺缔结者	丈夫（宙斯）
德墨忒尔（克瑞斯） 谷物女神	脆弱女神	母亲 养育者	女儿（珀耳塞福涅） 或孩子
珀耳塞福涅（普洛塞庇娜） 少女和冥后	脆弱女神	母亲的女儿 乐于接受的女人	母亲（德墨忒尔） 丈夫（哈迪斯／ 狄俄尼索斯）
阿佛洛狄忒（维纳斯） 爱与美的女神	炼金术女神	情人（性感的女人） 有创造力的女人	情人（阿瑞斯、赫尔墨斯） 丈夫（赫菲斯托斯）

女神	荣格心理类型	心理困境	优点
阿尔忒弥斯	通常外向 通常直觉 通常情感	情感淡漠 无情 愤怒	能够设定并实现目标 独立自主 能与女性建立友谊
雅典娜	通常外向 绝对思维 通常感受	情感淡漠 狡猾 缺乏同理心	善于思考、解决实际问题 并制定策略 能与男性结成强大的联盟
赫斯提亚	绝对内向 通常情感 通常直觉	情感淡漠 缺乏社交人格面具	能够享受孤独 注重精神价值
赫拉	通常外向 通常情感 通常感受	嫉妒、报复、愤怒 没有能力离开毁灭性的关系	能够做出终身承诺 忠诚
德墨忒尔	通常外向 通常情感	抑郁 耗竭 无法培养依赖性 易意外怀孕	富有母性且善于养育他人 慷慨大方
珀耳塞福涅	通常内向 通常感受	抑郁 易受控制 逃入幻境	乐于接受 能够欣赏想象力和梦 具有潜在的灵性能力
阿佛洛狄忒	绝对外向 绝对感受	滥情 很难考虑后果	能够享受欢乐和美 性感以及有创造力

致　谢

　　本书的每一章都有许多未具名的贡献者——患者、朋友、同事，他们或者代表着不同的女神原型，或者对此提出了富有洞察力的见解。我将自己在各种场合中认识的女性，尤其是通过20年的精神病学实践所了解的女性，融合在了本书的叙述中。很荣幸，我能够被她们信任，有机会走进她们内心深处，从而对他人及自己的心理有了更深刻的认识。我的患者是我最好的老师。感谢他们每一个人。

　　在我写作这部书的三年中，收到了许多编辑的祝福，也遭受了来自他们的"磨难"。他们每一位都为本书的最终成型作出了贡献，帮助我成为更好的作家：这其中包括来自克里斯汀·格里姆斯塔、金·切尔宁、玛丽莲·兰道、杰里米·塔彻和斯蒂芬妮·伯恩斯坦的编辑指导和修改意见，以及琳达·伯林顿的润稿工作。我也由此学会在身处不同观点之中时，依然坚定地相信自己的声音和眼光。这对我来说是很好的一课，我也因此换了出版商。在此过程中，来自金·切尔宁的鼓励尤为珍贵。

　　我还要感谢南希·伯里，每当我向她寻求帮助时，她都能快速熟练地使用打字机和计算机来解决问题；感谢我的文学经纪人约翰·布罗克曼和卡廷卡·美森，他们从专业的角度助力了本书的诞生；感谢我的出版商——哈珀与罗出版社的克莱顿·卡尔森，出于直觉也出于对我第一本书《心理学之道》的喜爱，他给了我，也给了《女人如何活出自我：女性生命中的强大原型》这本书充分的信任。

　　当我在家中努力写作本书时，我的家人一直坚定地支持着我。从很久以前我就决定，绝不会因为写作而远离家人或者拒绝与他们交流。我对他们来说会是触手可及的，而与此同时我也需要他们的照顾和体谅。我的丈夫吉姆以及我的孩子梅洛迪和安迪在我写作本书的时候一直陪伴着我。作为一名编辑，吉姆除了提供情感支持以外，还会时不时地用职业的眼光来审视我的写作，鼓励我相信自己的直觉，保留那些能唤起情感的例子和意象。

我还要衷心感谢那些"共时性"地支持我完成这本书的朋友们——每当我感到灰心丧气时，他们都会提醒我，这本书能够对他人有所帮助。我的任务是坚持不懈，直到这本书完成为止。因为我知道，一旦出版，这本书便会有自己的命运，能够找到那些它所需要抵达的人。